PLC系统设计与运行维护

主　编　张　政　拾以超
副主编　李　静　张　颖　李　萌　殷沐林　唐媛红　金大青　于保佺
主　审　李　宏

江苏大学出版社
JIANGSU UNIVERSITY PRESS
镇　江

图书在版编目(CIP)数据

PLC系统设计与运行维护/张政，拾以超主编．—
镇江：江苏大学出版社，2015.7
ISBN 978-7-81130-972-0

Ⅰ．①P… Ⅱ．①张…②拾… Ⅲ．①plc技术 Ⅳ．
①TM571.6

中国版本图书馆CIP数据核字(2015)第148455号

PLC系统设计与运行维护
PLC Xitong Sheji Yu Yunxing Weihu

主　　编/张　政　拾以超
责任编辑/李经晶
出版发行/江苏大学出版社
地　　址/江苏省镇江市梦溪园巷30号(邮编：212003)
电　　话/0511-84446464(传真)
网　　址/http://press.ujs.edu.cn
排　　版/镇江文苑制版印刷有限责任公司
印　　刷/丹阳市兴华印刷厂
经　　销/江苏省新华书店
开　　本/787 mm×1 092 mm　1/16
印　　张/14
字　　数/326千字
版　　次/2015年7月第1版　2015年7月第1次印刷
书　　号/ISBN 978-7-81130-972-0
定　　价/30.00元

前言

PREFACE

本教材是根据学生毕业后从事职业的实际需要，确定学生应具备的知识能力结构，将理论知识和应用技能整合在一起，而形成的以任务驱动为导向的模块化教材。本书的特点如下：

(1) 采用食品行业自动化设备典型的案例进行教学，使学生在学习 PLC 的过程中，也熟悉各种不同的食品自动化设备的工作流程。

(2) 采用模块化的结构，以任务驱动的形式编写，难易适中，加强了实践内容，突出针对性、实用性和先进性。全书尽可能多地利用图片，做到图文并茂，以增强教学效果。

(3) 本教材的各个任务均来自生产现场，每个任务的编写完整，不仅有硬件的分析、软件的设计，还有详细的过程分析。

全书共分为三大部分。第一部分为电气控制基本知识，以最广泛的实际案例引入，由浅入深地讲述了常用低压电器的结构原理、使用和选择方法，以及常用电机、机床的结构特点、线路分析和故障排除技能。第二部分为 PLC 程序设计，分为四大模块，分别为 PLC 的基本指令学习、PLC 应用指令的学习、PLC 其他指令、系统设计综合案例。第三部分为 PLC 系统运行与维护。最后附录介绍了西门子 S7-300 的相关内容及可编程控制器设计师的职业认证。

本书建议总学时为 80 学时，具体实施时，可以根据专业需要，选取不同的模块进行教学或调整学时。

本书由李宏任主审，张政、拾以超任主编。其中，第一部分由张颖编写；第二部分内容中，张政编写了五个任务，高邮中专的金大青老师编写了两个任务，殷沐林编写了两个任务，拾以超编写了四个任务，唐媛红编写了两个任务，李静编写了三个任务；第三部分由张颖及金凤集团的于保佺老师编写；附录由李萌编写。

本书在编写过程中，参考了许多同行专家的论著，同时，也得到了江苏旺旺集团、清江正大制药有限公司、江苏李龙食品公司的调研支持，在此一并表示真诚的感谢。

由于编者的学识水平和实践经验有限，书中疏漏之处在所难免，敬请使用本书的读者批评指正。

编　者

2014 年 12 月

目 录

第一部分

工厂电气控制基础

模块一 常用低压电器

电器是电工器件的简称。凡是用来接通、断开电路，以达到控制、调节、转换和保护目的的电工器件都称为电器。若想用电动机拖动生产机械运行，以满足生产机械的各种不同的工艺要求，就必须有一套控制装置。尽管电力拖动自动控制系统已经向无触点、连续控制、微电子控制、计算机控制等方向发展，但由于继电器-接触器控制系统所用的控制电器结构简单、价格便宜，能够满足生产机械的一般要求，因此，目前仍然获得广泛的应用。

生产机械中所用的控制电器多属低压电器。低压电器是指工作在交流 1 200 V、直流 1 500 V 及以下的电器。低压电器种类繁多，构造各异，用途广泛，分类方法也不同。

(1) 按操作方式可分为以下两类：

① 手动电器，通过人力操作而动作的电器。例如：开关、按钮等。

② 自动电器，按照输入信号或本身参数的变化而自动动作的电器。例如：接触器、继电器等。

(2) 按用途不同可分为以下四类：

① 控制电器，用来控制电路的通断。例如：开关、继电器、接触器等。

② 保护电器，用来保护电源、电路及用电设备，使它们避免在短路、过载状态下运行而造成损坏。例如：熔断器、电流继电器、热继电器等。

③ 主令电器，用来控制自动电器的动作，发出控制“指令”。例如：按钮、微动开关、接近开关等。

④ 执行电器，用来完成某种动作或传递功率。例如：电磁铁、电磁离合器等。

低压电器是电力拖动控制系统的基本组成元件。控制系统性能的好坏与所用低压电器直接相关。电气技术人员必须熟悉常用低压电器的基本结构、工作原理、规格型号和主要用途，并能正确选择、使用与维护。

一　开　关

开关是手动操作的低压电器，一般用于接通或分断低压配电电源和用电设备，也常用来直接起动小容量的异步电动机。

(一) 刀开关

刀开关又称闸刀开关，是结构最简单且应用最广泛的一种手动电器。图 1.1.1 为刀开关的典型结构，由操作手柄、触刀、静夹座和绝缘底板组成。推动手柄使触刀插入静夹座中，电路就会被接通。为了保证刀开关合闸时触刀与静夹座有良好的接触，触刀与静夹座之间应有一定的接触压力。

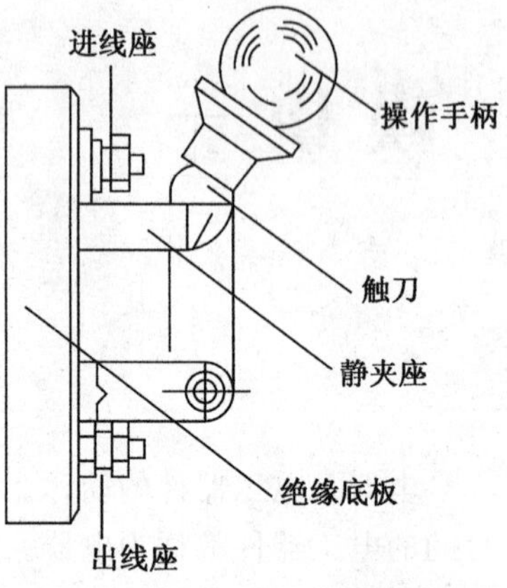

图 1.1.1　刀开关的典型结构

刀开关的种类很多。按刀的极数可分为单极、双极和三极；按刀的转换方向可分为单掷和双掷；按操作方式可分为直接手柄操作式和远距离连杆操作式；按灭弧情况可分为有灭弧罩和无灭弧罩等。常用的刀开关有开启式负荷开关和封闭式负荷开关两种。

开启式负荷开关又名瓷底胶盖闸刀开关，由刀开关和熔断器组合而成，装在瓷底板上，图 1.1.2(a)、(b)为 HK 系列闸刀开关结构图。

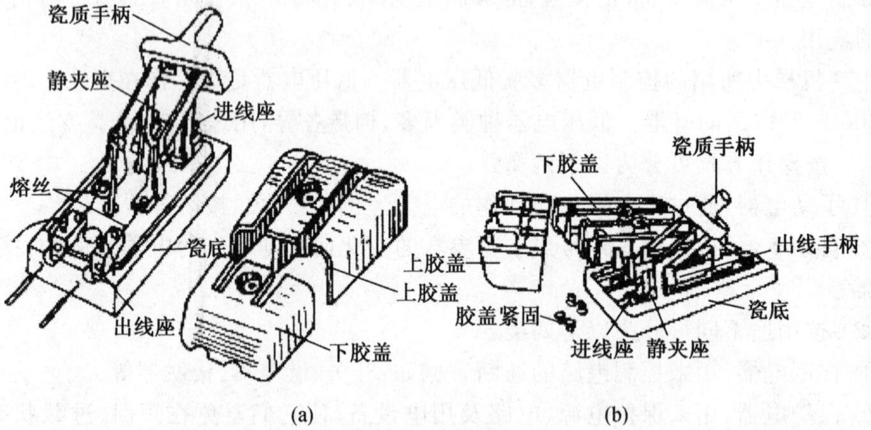

图 1.1.2　HK 系列闸刀开关结构图

HK 系列闸刀开关的图形符号如图 1.1.3 所示。

这种开关结构简单，价格低廉，常用作照明电路的电源开关，也可用来控制 5.5 kW 以下异步电动机的起动和停止。但这种开关没有专门的灭弧装置，不宜用于频繁地分、合电路。

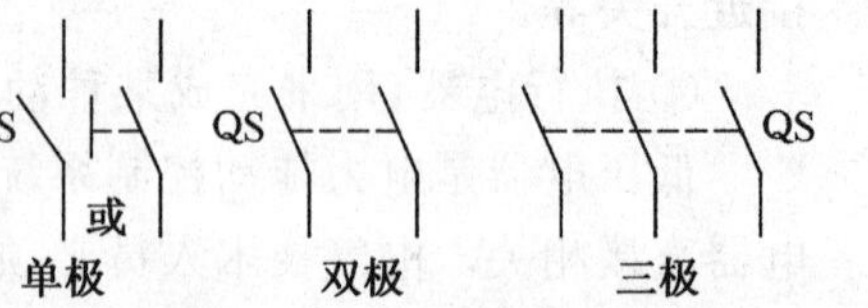

图 1.1.3　HK 系列闸刀开关图形的符号

闸刀开关型号含义：

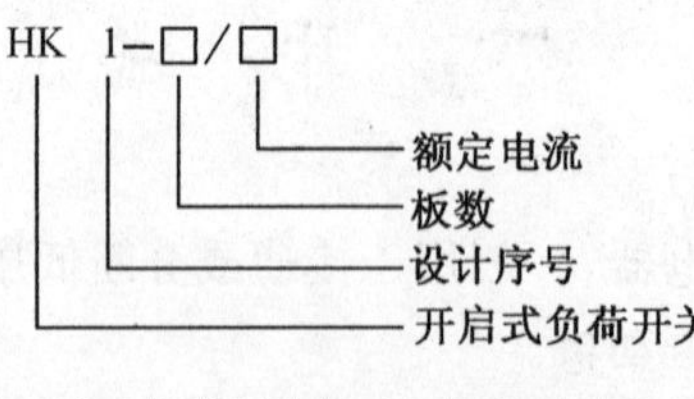

对于普通负载，闸刀开关可以根据额定电流来选择；而对于电动机，开关额定电流可选为电动机额定电流的 3 倍左右。

闸刀开关在安装和使用时应注意下列事项：

(1) 电源进线应接在静触点一边的进线端(进线座应在上方),用电设备应接在动触点一边的出线端。这样当开关断开时,闸刀和熔丝均不带电,以保证更换熔丝时的安全。

(2) 安装时,刀开关在合闸状态下手柄应该向上,不能倒装或平装,以防止闸刀松动落下时误合闸。

(二) 转换开关(组合开关)

转换开关实质上也是一种刀开关,它由装在同一根轴上的单个或多个单极旋转开关叠装在一起组成,不过它的刀片是转动的。转换开关分单极、双极、三极和多极结构,根据动触片和静触片的不同组合有多种接线方式。图 1.1.4 所示为常用的 HZ10 系列组合开关的外形和图形符号。它有三对静触片,每个触片的一端固定在绝缘垫板上,另一端伸出盒外,连在接线上,三个动触片套在装有手柄的绝缘轴上。转动手柄就可将三个触点同时接通或断开。

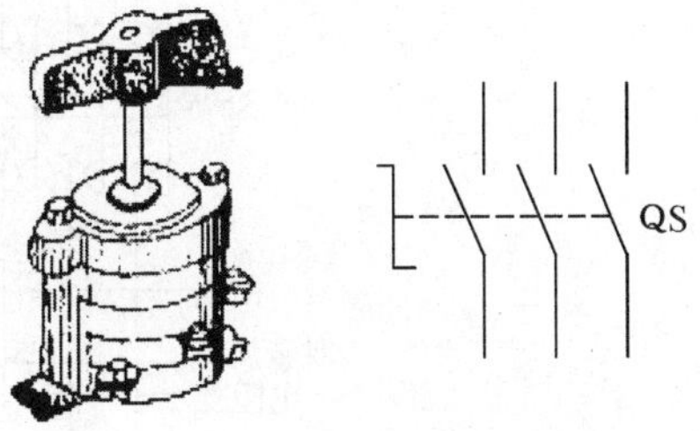

(a) 外形　　(b) 图形符号

图 1.1.4　HZ10 系列组合开关的外形和图形符号

HZ 系列转换开关型号含义:

HZ10 — □ □ / □

- □(最后):级数
- □(第二):类型(P 为二路切换,S 为三路切换)
- □(第一):额定电流
- 10:设计序号
- HZ:组合开关

组合开关常用作交流 50 Hz,380 V 和直流 220 V 以下的电源引入开关,5 kW 以下电动机的直接起动和正反转控制,及机床照明电路中的控制开关。

(三) 自动开关

自动开关又称低压断路器,是低压配电网络和电力拖动系统中非常重要的一种电器,除能完成接通和分断电路外,还能对电路或电气设备发生的短路、过载及失压等进行保护,同时也可用于不频繁地起停电动机。

DZ5-20 型自动空气开关的外形及结构如图 1.1.5 所示。

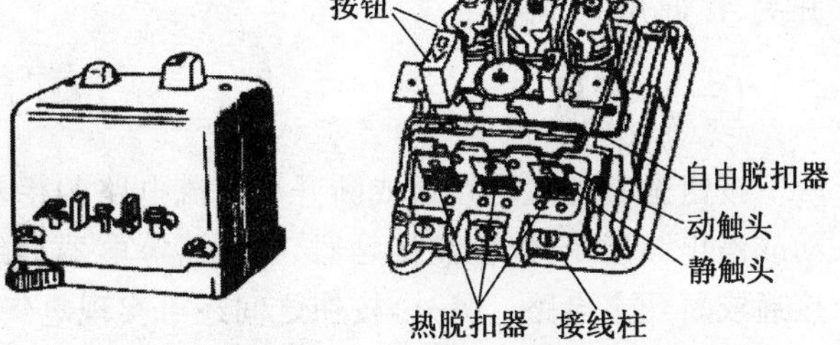

(a) 外形　　(b) 结构

图 1.1.5　DZ5-20 型自动空气开关的外形和结构

自动空气开关的工作原理如图 1.1.6 所示。图中是一个三级断路器,三个主触头串接于三相电路中,经操作机构将其闭合,此时传动杆由锁扣钩住，保持主触头的闭合状态，同时分闸弹簧被拉伸。当主电路出现过电流故障且电流大小达到过电流脱扣器的动作电流时，过电流脱扣器的衔铁吸合，顶杆向上将锁扣顶开，在分闸弹簧的作用下使主触头断开。当主电路出现欠压、失压或过载时，则欠压、失压脱扣器及过载脱扣器分别将锁扣顶开，使主触头断开。

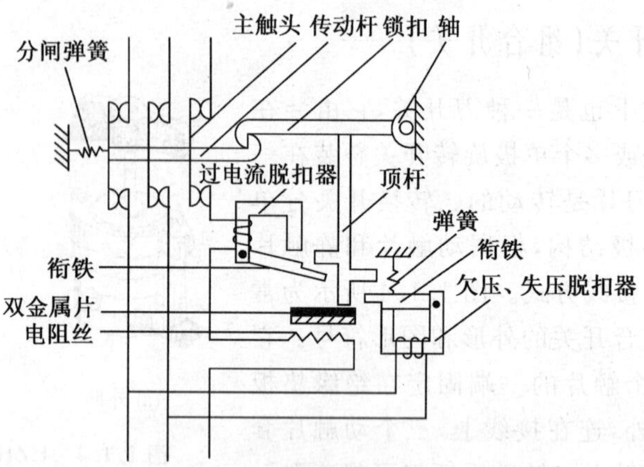

图 1.1.6　自动空气开关工作原理

自动空气开关与带熔断器的刀开关相比，具有以下优点：结构紧凑，安装方便，操作安全，而且在进行过载、短路保护时，用电磁脱扣器将三相电源同时切断，可避免电动机缺相运行。另外，自动开关的脱扣器可以重复使用，不必更换。

自动空气开关的主要参数是额定电压、额定电流和允许切断的极限电流。选用自动空气开关时要注意：

(1) 其允许切断的极限电流应该略大于线路最大短路电流。

(2) 额定电压和额定电流应不小于电路正常工作电压和电流。

(3) 热脱扣器的整定电流应与负载额定电流相等。

(4) 电磁脱扣器的瞬时脱扣整定电流应大于正常工作时的冲击电流。

二　主令电器

主令电器是指在自动控制系统中发出指令或信号的电器，主要用来接通和分断控制电路以达到发号施令的目的。主令电器应用广泛，种类繁多，最常见的有按钮、行程开关、接近开关等。

(一) 按钮

按钮是一种短时接通或断开小电流电路的手动电器，通常用于控制电路发出的起动或停止等指令，以控制接触器、继电器等电器的线圈电流的接通或断开，再由它们去接通或断开主电路。另外，按钮之间还可实现电气联锁。

按钮一般是由按钮帽、复位弹簧、动触头、静触头和外壳等组成。图 1.1.7 所示为 LA19 系列按钮的外形和按钮的图形符号。

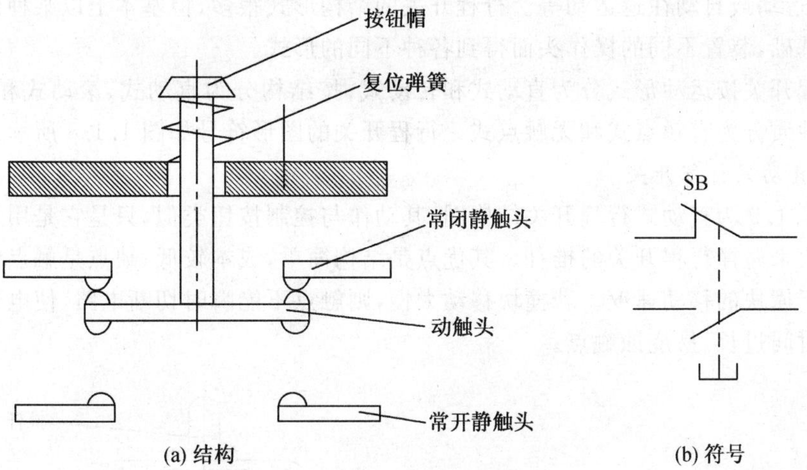

(a) 结构　　　　(b) 符号

图 1.1.7　控制按钮结构与符号

常开按钮:手指未按下时,触头是断开的,当手指按下按钮帽时,触头被接通;手指松开后,触头在复位弹簧作用下返回原位而断开。常开按钮在控制电路中常用作起动按钮,其触头称为常开触点或动合触点。

常闭按钮:手指未按下时,触头是闭合的,当手指按下时,触头被断开;手指松开后,触头在复位弹簧作用下恢复闭合。常闭按钮在控制电路中常用作停止按钮,其触头称为常闭触点或动断触点。

复合按钮:当手指未按下时,常闭触头是闭合的,常开触头是断开的;当手指按下时,先断开常闭触头,后接通常开触头;而手指松开后,触头在复位弹簧作用下全部复位。复合按钮在控制电路中常用于电气联锁。

按钮的主要技术参数有:规格、结构、触点对数和按钮的颜色。通常新选用的规格为交流额定电压 500 V,允许持续电流 5 A。按钮的颜色有红、绿、黑、黄以及白、蓝等,供不同场合选用。全国统一设计的按钮新型号为 LA25 系列,其他常用的有 LA2,LA10,LA18,LA19,LA20 等系列。

为了便于识别各个按钮的作用,避免误操作,通常在按钮帽上作不同标记或涂不同的颜色。例如:蘑菇形表示急停按钮;一般红色表示停止按钮;绿色表示起动按钮。更换按钮时应注意:“停止”按钮必须是红色;“急停”按钮必须用红色蘑菇按钮;“起动”按钮是绿色的。按钮必须有金属的防护挡圈,且挡圈必须高于按钮帽,这样可以防止意外触动按钮帽时产生误动作。

安装按钮的按钮板和按钮盒必须是金属的,并与机械的总接地母线相连。悬挂式按钮应有专用接地线。

(二) 行程开关

行程开关又称位置开关或限位开关,是一种很重要的小电流主令电器。行程开关是利用生产设备中某些运动部件的机械位移碰撞位置开关,使其触头动作,将机械信号变为电信号,接通、断开或变换某些控制电路的指令,借以实现对机械的电气控制要求,这类开关常被用来限制机械运动的位置或行程,使运动机械按一定位置或行程自动停止、反向运动或自动往返运动等。行程开关的结构形式很多，但基本上以某种位置开关元件为基础，装置不同的操作头而得到各种不同的形式。

行程开关按运动形式分为直动式和转动式；按结构分为直动式、滚动式和微动式；按触点性质分为有触点式和无触点式。行程开关的图形符号如图 1.1.8 所示。

1. 直动式行程开关

图 1.1.9 为直动式行程开关结构图，其动作与控制按钮类似，只是它是用运动部件上的撞块来碰撞行程开关的推杆。其优点是结构简单，成本较低；缺点是触点的分合速度取决于撞块的移动速度。若撞块移动太慢，则触点不能瞬时切断电路，使电弧在触点上停留时间过长，易烧蚀触点。

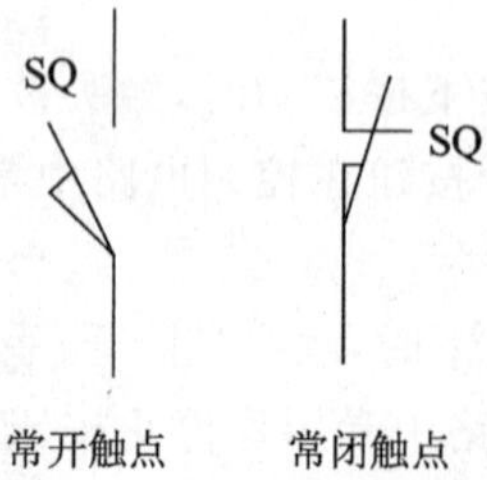

图 1.1.8　行程开关的图形符号

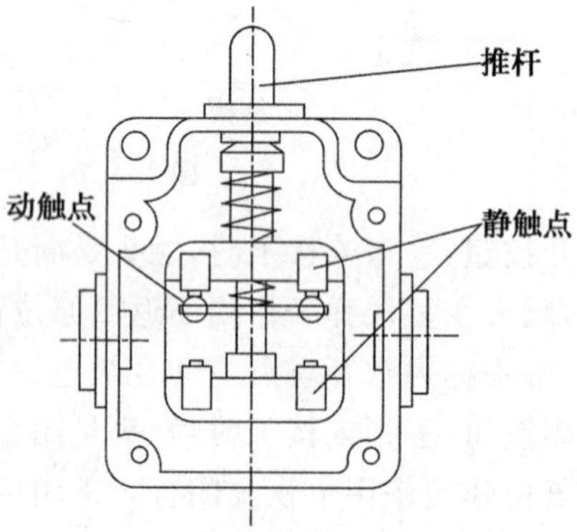

图 1.1.9　JLXK1 直动式行程开关

2. 微动开关

为克服直动式结构的缺点，可采用具有弯片状弹簧的瞬动机构，如图 1.1.10 所示。当推杆被压下时，弹簧片发生变形，储存能量并产生位移，当达到预定的临界点时，弹簧片连同动触点产生瞬时跳跃，从而导致电路的接通、分断或转换。同样，减小操作力时，弹簧片会向相反方向跳跃。

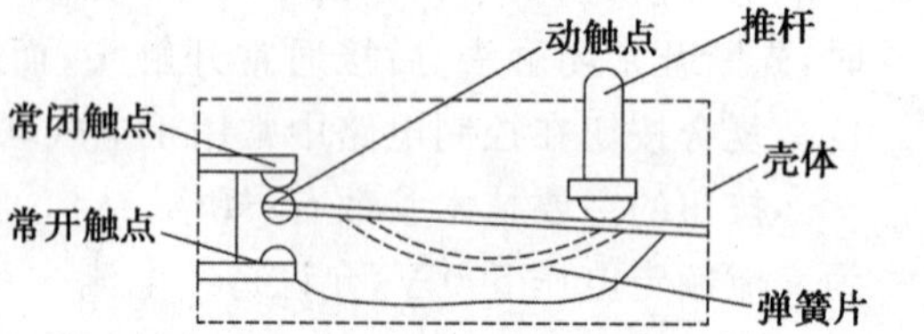

图 1.1.10　LX31 微动开关

微动开关体积小、动作灵敏，适合在小型机构中使用。

行程开关选用原则：

(1) 根据安装使用环境选择防护形式；

(2) 根据控制回路的电压和电流选择行程开关系列；

(3) 根据运动机械与行程开关的传力和位移关系选择行程开关的头部形式。

(三) 接近开关

接近开关又称无触点的行程开关，不同于普通行程开关，接近开关是一种非接触式的检测装置，当运动着的物体在一定范围内接近时，它就能发出信号，控制运动物体的位置。

根据工作原理，分电磁感应式和光电式等，而电磁感应式接近开关有高频振荡型、电容型、霍尔效应型、感应电桥型等，其中以高频振荡型为最常用。高频振荡型接近开关由感应头、振荡器、开关器、输出器等组成。当装在生产机械上的金属物体接近感应头时，由于感应作用，处于高频振荡器线圈磁场中的金属物体内部产生涡流损耗，使振荡回路因能耗增加而导致振荡减弱，直到振荡停止。此时开关器导通，并通过输出器发出信号，以起到控制作用。

接近开关具有定位精度高、操作频率高、功率损耗小、寿命长、使用面广、能适应恶劣工作环境等优点。目前，接近开关已逐渐得到推广应用。

三　熔断器

熔断器是一种当流过其内部的电流超过规定值一定时间后，以其自身产生的热量使熔体熔化，在配电系统和用电设备中主要起短路保护作用。使用时，熔断器串接在被保护的电路中，正常情况下相当于一根导线。当流过熔断器的电流超过规定值时，熔体产生的热量使自身熔化而切断电路。熔体是用低熔点的金属丝或金属薄片做成的。

熔断器具有结构简单、使用方便、价格低廉等优点，其应用极为广泛。

熔断器主要由熔体和绝缘底座组成。熔体材料基本上分为两类：一类由铅、锌、锡及锡铅合金等低熔点金属制成，主要用于小电流电路；另一类由银或铜等较高熔点的金属制成，用于大电流电路。熔断器的图形和文字符号如图 1.1.11 所示。

图 1.1.11　熔断器的符号

熔断器的主要技术参数：

(1) 额定电压。这是从灭弧的角度出发，规定保证熔断器能长期正常工作的电压。

(2) 额定电流。额定电流是指保证熔断器能长期正常工作的电流。应该注意的是熔断器的额定电流应大于或等于所装熔体的额定电流。

(3) 极限分断电流。极限分断电流是指熔断器在额定电压下所能断开的最大短路电流。它取决于熔断器的灭弧能力，与熔体额定电流无关。

熔断器型号的含义：

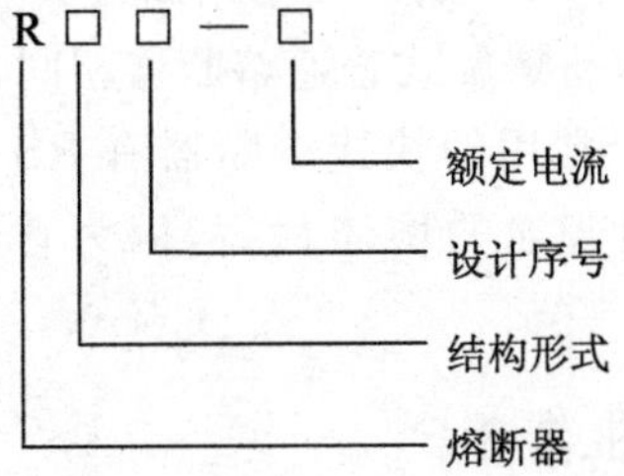

常用的熔断器有无填料瓷插式熔断器、无填料封闭管式熔断器、有填料螺旋式熔断器和快速熔断器等。

(一) 无填料瓷插式熔断器

瓷插式熔断器又名插入式熔断器，由瓷盖、瓷底座、静触头、动触头和熔体组成。

RC1A 系列瓷插式熔断器外形与结构如图 1.1.12 所示。它是一种结构简单的最常见的熔断器，熔体更换方便、价格低廉。一般用于交流 50 Hz，额定电压 380 V，额定电流 200 A 以下的线路中，作为电气设备的短路保护及一定程度上的过载保护。

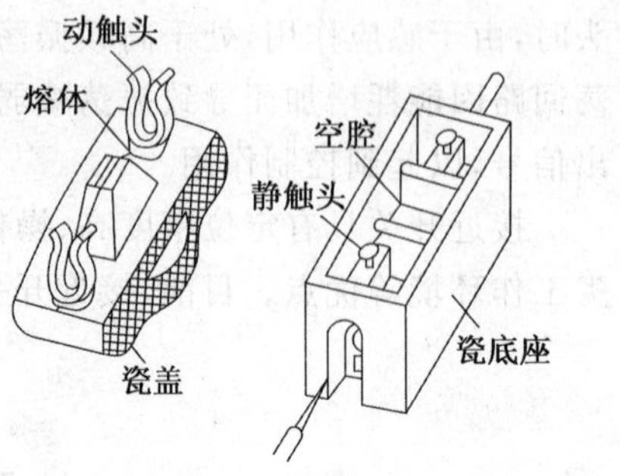

图 1.1.12 RC1A 系列瓷插式熔断器

（二）有填料螺旋式熔断器

有填料螺旋式熔断器由瓷帽、熔管、瓷套及瓷底座等组成。熔管是一个瓷管，内装熔体和石英砂，熔体的两端焊在熔管两端的导电金属盖上，其上端盖中间有一熔断指示器，当熔体熔断时指示器弹出，通过瓷帽上的玻璃窗口可以看见。

RL1 系列螺旋式熔断器的外形与结构如图 1.1.13 所示。这种熔断器的特点是其熔管内充满石英砂填料，增强了熔断器的灭弧能力。石英砂填料之所以有助于灭弧，是因为石英砂具有很大的热惯性与较高的绝缘性能，并且因其为颗粒状，同电弧的接触面较大，能大量吸收电弧的能量，使电弧很快冷却，从而加速电弧熄灭过程。

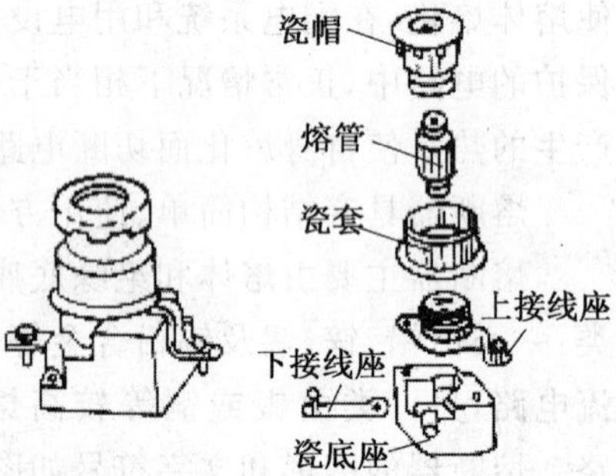

图 1.1.13 RL1 系列螺旋式熔断器

螺旋式熔断器具有体积小、灭弧能力强、有熔断指示和防振等优点，被大量用于配电及机电设备中。此外，有填料的封闭管式熔断器，具有分断能力高、有醒目的熔断指示和使用安全等优点，被广泛用于短路电流很大的电力网络或配电装置中。

（三）快速熔断器

快速熔断器主要用于半导体功率元件和变流装置的短路保护。因为半导体功率元件的过载能力差，只能在极短的一段时间内承受过载电流（例如 70 A 晶闸管元件能承受 6 倍额定电流的时间仅为 10 ms），所以要求熔断器具有快速熔断的特性。

螺旋式快速熔断器的结构与螺旋式普通熔断器相同，不同的只是熔体，快速熔断器的熔体具有快速熔断的特性。常用的快速熔断器有 RS 和 RLS 系列。使用时应当注意，快速熔断器的熔体不能用普通的熔体代替，因为普通的熔体不具有快速熔断的特性。

（四）熔断器的选择和维护

根据被保护电路的要求，首先选择熔体的规格，再根据熔体去确定熔断器的规格。

1. 熔体额定电流的选择

(1) 对于电炉和照明等电阻性负载，可用作过载保护和短路保护，熔体的额定电流应稍大于或等于负载的额定电流。

(2) 电动机的起动电流很大，熔体的额定电流要考虑起动时熔体不能被熔断而应选得较大，因此对电动机而言，熔断器只宜作短路保护而不能作过载保护。

对于单台电动机，熔体的额定电流（I_{fN}）应不小于电动机额定电流（I_N）的1.5～2.5倍，即$I_{fN} \geqslant (1.5 \sim 2.5) I_N$。轻载起动或起动时间较短时，系数可取近1.5；带负载起动、起动时间较长或起动较频繁时，系数可取2.5。

对于多台电动机的短路保护，熔体的额定电流（I_{fN}）应不小于最大一台电动机的额定电流（I_{Nmax}）的1.5～2.5倍，加上同时使用的其他电动机额定电流之和（$\sum I_N$），即$I_{fN} \geqslant (1.5 \sim 2.5) I_{Nmax} + \sum I_N$。

2. 熔断器的选择

熔断器的额定电压和额定电流应不小于线路的额定电压和所装熔体的额定电流。其结构形式根据线路要求和安装条件而定。

四　交流接触器

接触器是一种自动控制电器，可用来频繁地接通和断开主电路。它主要的控制对象是电动机、变压器等电力负载，可以实现远距离接通或分断电路，允许频繁操作。接触器工作可靠，还具有零压保护、欠压释放保护等作用。接触器是电力拖动自动控制系统中应用最广泛的电器。

接触器按其线圈通过电流种类不同，分为交流接触器和直流接触器。本节只介绍交流接触器。

（一）交流接触器结构

交流接触器主要由电磁系统、触头系统、灭弧装置等部分组成，其结构和符号如图1.1.14所示。

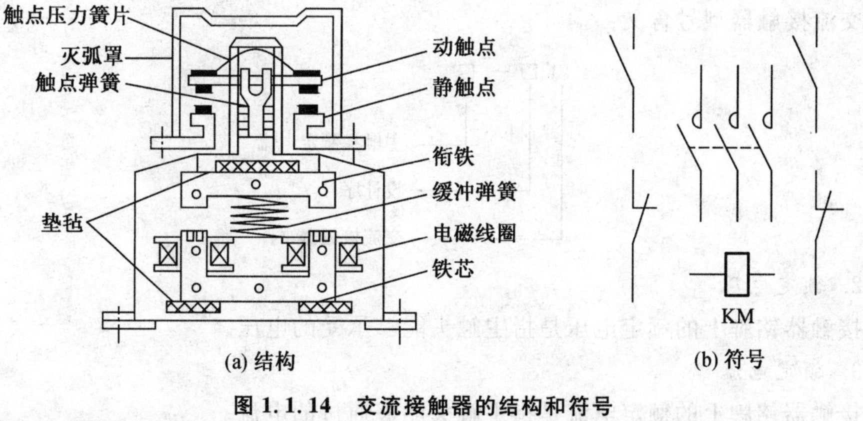

(a) 结构　(b) 符号

图 1.1.14　交流接触器的结构和符号

1. 电磁系统

电磁系统由线圈、动铁芯、静铁芯组成。铁芯用相互绝缘的硅钢片叠压铆成，以减少交变磁场在铁芯中产生涡流及磁滞损耗，避免铁芯过热。铁芯上装有短路铜环，以减少衔铁吸合后的振动和噪声。铁芯大多采用衔铁直线运动的双E形结构。交流接触器线圈在其额定电压的85%～105%时，能可靠工作。电压过高，则磁路严重饱和，线圈内电流将显著增大，有被烧坏的危险；电压过低，则吸不牢衔铁，触头跳动，影响电路正常工作。

2. 触头系统

触头系统是接触器的执行元件，用以接通或分断所控制的电路，必须工作可靠，接触良好。主触头截面积较大，一般在接触器中央。复合辅助触头分别位于主触头的左右两侧，上方为辅助常闭触头，下方为辅助常开触头。辅助触头用于控制电路，常起电气联锁作用，故又称联锁（自保或互锁）触头。

3. 灭弧装置

交流接触器在分断大电流电路时，往往会在动、静触点之间产生很强的电弧。电弧是触点间气体在强电场作用下产生的放电现象。电弧一方面会烧伤触点，另一方面会使电路的切断时间延长，甚至引起其他事故。因此，灭弧是接触器的主要任务之一。电弧的熄灭方法一般采用双断口结构的电动力灭弧和半封闭式绝缘栅片陶土灭弧罩。前者适用于容量较小（10 A 以下）的接触器，而后者适用于容量较大（20 A 以上）的接触器。

（二）工作原理

当交流接触器的电磁线圈通电后，会产生磁场，使静铁芯产生足够的吸力，克服反作用弹簧与动触头压力弹簧片的反作用力，将衔铁吸合，使动触头和静触头的状态发生改变，其中三对常开主触头闭合。常闭辅助触点首先断开，接着，常开辅助触点闭合。当电磁线圈断电后，由于铁芯电磁吸力消失，衔铁在反作用弹簧作用下释放，各触头也随之恢复原始状态。

（三）型号和主要技术数据

1. 型号

交流接触器型号含义：

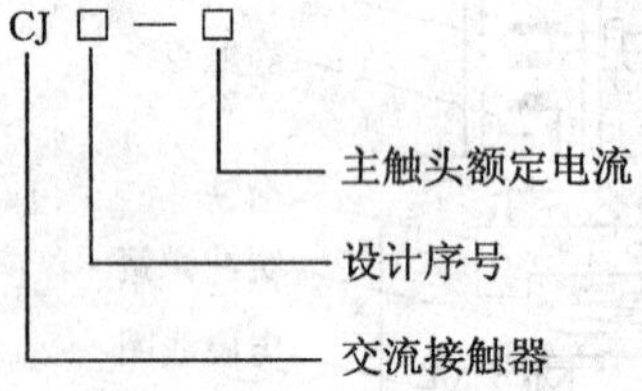

2. 额定电压

接触器铭牌上的额定电压是指主触头能够承受的电压。

3. 额定电流

接触器铭牌上的额定电流是指主触头能够通过的电流。

4. 吸引线圈的额定电压

吸引线圈的额定电压等于控制电路的电压，交流电压有 36 V，110 V，220 V，380 V等。

5. 额定操作频率

额定操作频率是指接触器每小时允许的操作次数，一般为 600 次/小时。

（四）接触器的选用

根据所控制对象电流类型来选用交流或直流接触器。如控制系统中主要是交流对象，而直流对象容量较小，也可全用交流接触器，但触头的额定电流要选大些。

接触器的额定电压应大于或等于负载回路的额定电压。主触头的额定电流应大于或等于负载的额定电流。在频繁起动、制动和正反转的场合，主触头的额定电流要选大一些。

线圈电压从人身及设备安全角度考虑，可选择低一些。但从简化控制线路，节省变压器角度考虑，也可选用 380 V。线圈电压应与控制电路电压一致。

接触器的触头数量和种类应满足控制电路要求。

五　继电器

继电器是一种根据电量（电压、电流）或非电量（时间、温度、速度、压力等）的变化自动接通或断开控制电路，以完成控制或保护任务的电器，广泛应用于电力拖动系统、电力保护系统及各类遥控和通信系统中。

继电器一般由输入感测机构和输出执行机构两部分组成。前者用于反映输入量的高低，后者用于接通或分断电路。

继电器的种类很多。下面仅对几种常用继电器的结构、动作原理和用途作简单介绍。

（一）电磁式继电器

电磁式继电器是电气控制系统中用得最多的一种继电器，其动作原理与接触器相似，其结构如图 1.1.15 所示。它主要由电磁机构和触头系统组成，因为继电器无须分断大电流电路，故触头均采用无灭弧装置的桥式触头。

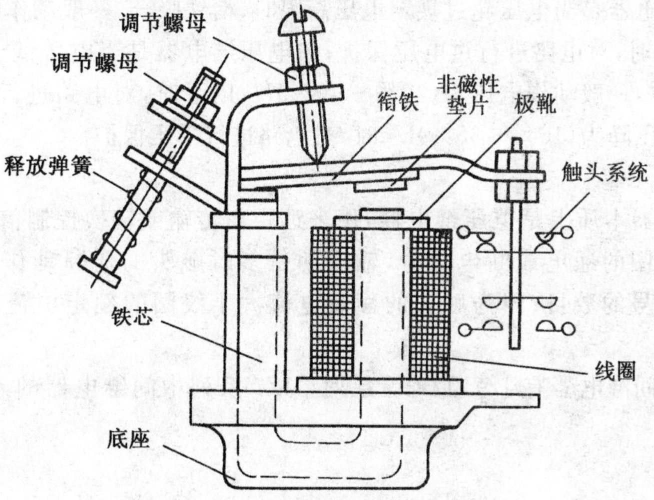

图 1.1.15　电磁式继电器的典型结构

1. 电流继电器

根据线圈中电流的大小而动作的继电器称为电流继电器。这种继电器的线圈导线粗、匝数少，能通过大电流，串联在主电路中。线圈中电流高于整定值而动作的继电器称为过电流继电器，低于整定值而动作的继电器则称为欠电流继电器。电流继电器的符号如图 1.1.16 所示。

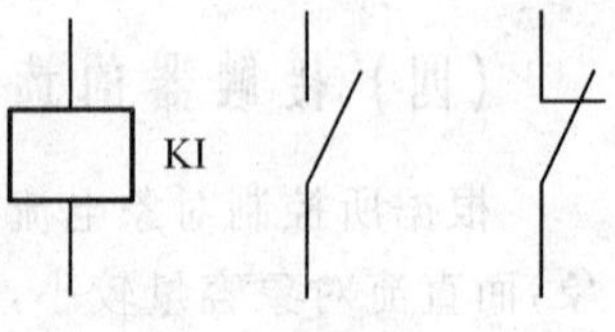

图 1.1.16 电流继电器的符号

过电流继电器在正常工作时电磁吸力不足以克服反力弹簧的力，衔铁处于释放状态；当线圈电流超过某一整定值时，衔铁动作，于是常开触点闭合，常闭触点断开，分断负载电路，起过电流保护作用。

欠电流继电器是当线圈电流降到低于某一整定值时释放的继电器，所以在线圈电流正常时衔铁是吸合的。欠电流继电器在电路中起欠电流保护作用。

2. 电压继电器

根据电压大小而动作的继电器称为电压继电器。这种继电器线圈的导线细、匝数多，并联在主电路中。电压继电器有过电压继电器和欠电压（或零压）继电器之分。电压继电器的符号如图 1.1.17 所示。

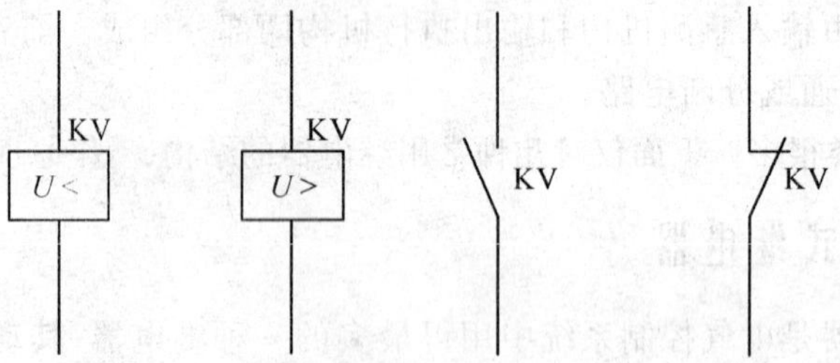

图 1.1.17 电压继电器的符号

过电压继电器是当电压超过规定电压高限时，衔铁吸合，一般动作电压为（105%～120%）U_N以上时，对电路进行过电压保护；欠电压继电器是当电压低于规定的电压低限时，衔铁释放，一般动作电压为（40%～70%）U_N以下时，对电路进行欠电压保护；零压继电器在电压降为（10%～35%）U_N时，对电路进行零压保护。

3. 中间继电器

中间继电器本质上是电压继电器，用来远距离传输或转换控制信号的中间元件。它输入的是线圈的通电或断电信号，输出的是多对触头的通断动作。因此，它可用于增加控制信号的数目；因为触头的额定电流大于线圈的额定电流，故又可用来放大信号。

常用的中间继电器有 JZ7，JZ8 等系列。JZ7 系列中间继电器的外形与结构如图 1.1.18 所示。

(a) 结构

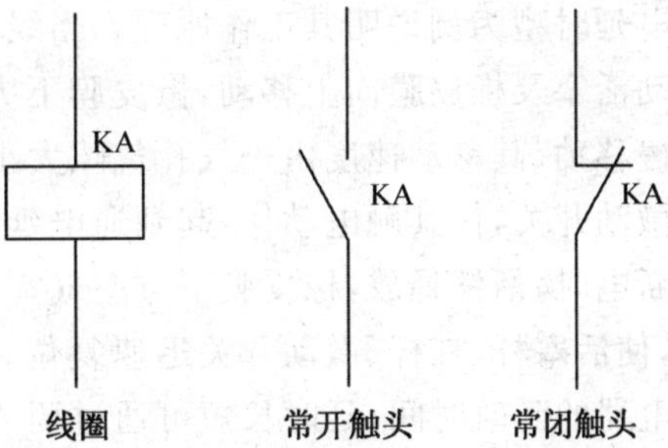

(b) 符号

图 1.1.18　JZ7 系列中间继电器外形及符号

该继电器的结构与交流接触器相似，由静铁芯、动铁芯、线圈、触头系统、反作用弹簧和复位弹簧等组成。其触头对数较多，没有主、辅触头之分，各对触头允许通过的额定电流是一样的，都为 5 A。吸引线圈的额定电压有 12 V，24 V，36 V，110 V，127 V，220 V，380 V 等多种可供选择。

(二) 时间继电器

继电器的感测部分接受输入信号，经过一段时间后才能使执行部分动作的继电器称为时间继电器。时间继电器主要有空气阻尼式、电动式及电子式等；延时方式有通电延时和断电延时两种。

1. 空气阻尼式时间继电器

JS7-A 时间继电器由电磁系统、触头系统和延时机构等组成，它是利用空气阻尼原理达到延时的目的的。这种继电器分为通电延时和断电延时两种。其外观区别在于：当衔铁位于铁芯和延时机构之间时为通电延时型；当铁芯位于衔铁和延时机构之间时为断电延时型。图 1.1.19 为 JS7-A 系列空气阻尼式时间继电器结构原理图。

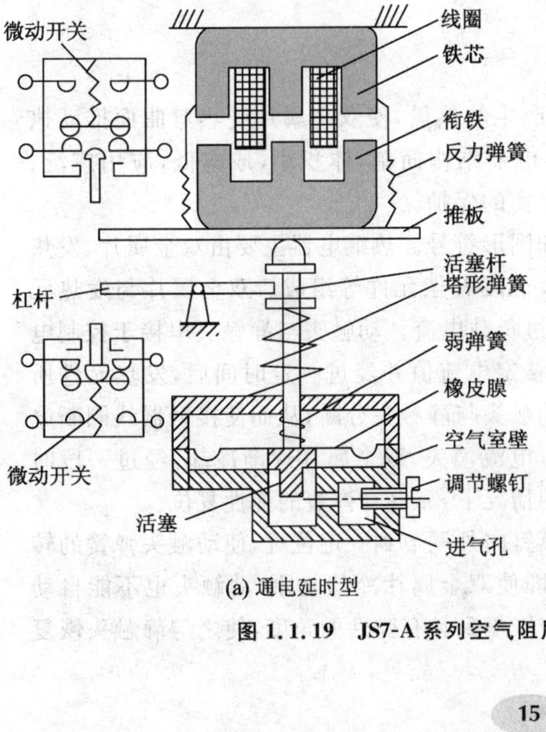

(a) 通电延时型

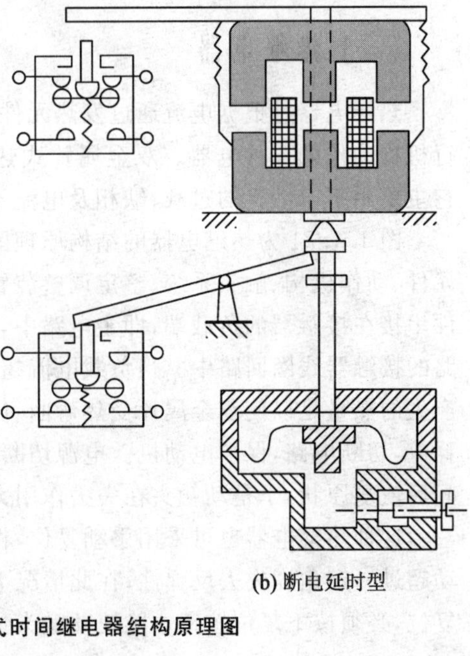

(b) 断电延时型

图 1.1.19　JS7-A 系列空气阻尼式时间继电器结构原理图

现以通电延时型为例说明其工作原理。当线圈通电后,衔铁吸合,活塞杆在塔形弹簧作用下带动活塞及橡皮膜向上移动,橡皮膜下方空气室的空气变稀薄,形成负压,活塞杆只能缓慢移动,其移动速度由进气孔气隙大小来决定。经过一段延时后,活塞杆通过杠杆压动微动开关,使其触电动作,起到通电延时作用。

当线圈断电时,衔铁释放,橡皮膜下方空气室内的空气通过活塞肩部所形成的单向阀迅速排出,使活塞杆、杠杆、微动开关迅速复位。由线圈通电至触头动作的一段时间即为时间继电器的延时时间,延时长短可通过调节螺钉来调节进气孔气隙大小来改变。

空气阻尼式时间继电器具有结构简单、延时范围较大、价格较低的优点,但其延时精度较低,没有调节指示,适用于延时精度要求不高的场合。

时间继电器的文字符号为 KT,各种常开、常闭触头的符号比较复杂,如图 1.1.20 所示。线圈符号与其他继电器一样。

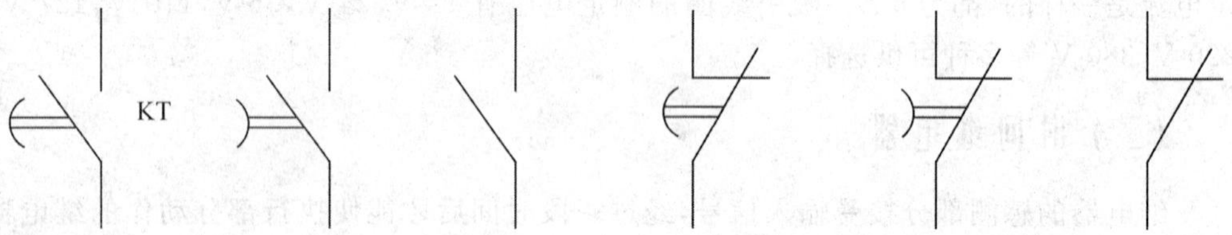

图 1.1.20 时间继电器的触头符号

2. 电子式时间继电器

电子式时间继电器是目前应用比较广泛的时间继电器。它具有体积小、重量轻、延时时间长(可达几十小时)、延时精度高、调节范围广(0.1 s～9 999 min)、工作可靠和使用寿命长等优点,逐渐取代机电式时间继电器。

(三) 热继电器

热继电器是根据电流通过发热元件所产生的热量,使双金属片受热弯曲而推动执行机构动作的一种电器。双金属片式热继电器结构简单,体积小,成本低,应用广泛。它主要用于电动机的过载、缺相及电流不平衡的保护。

图 1.1.21 为热继电器的结构原理图和图形符号。热继电器主要由双金属片、发热元件、动作机构、触头系统、整定调整装置及温度补偿元件等组成。双金属片与发热元件串接在接触器的负载端,即主电路中,流过负载电流。动触头与静触头串接于控制电路的接触器线圈回路中。当负载电流超过整定电流值并经过一定时间后,发热元件所产生的热量足以使双金属片受热弯曲,使动触头与静触头分断,从而使接触器线圈断电释放,切断电路,保护电动机。电源切断后,电流消失,双金属片逐渐冷却,经过一段时间后恢复原状,于是动触头在失去作用力的情况下,靠自身弹簧的弹性复位。

这种热继电器也可采用手动复位,将螺钉向外调节到一定位置,使动触头弹簧的转动超过一定角度失去反弹性;在此情况下,即使双金属片冷却复原,动触头也不能自动复位,必须按下复位按钮才能使动触头弹簧恢复到具有弹性的角度,使之与静触头恢复

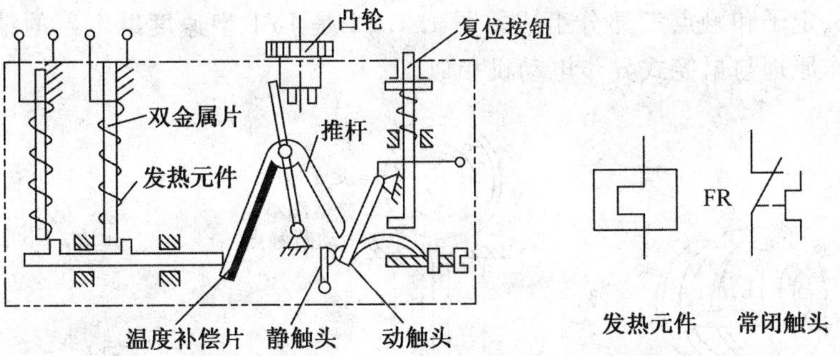

(a) 结构原理图　　(b) 图形符号

图 1.1.21　热继电器

闭合。这在某些要求故障未被消除时防止带故障再投入运行的场合是必要的。

热继电器的主要技术数据是整定电流。所谓整定电流是指长期通过发热元件而不动作的最大电流。电流超过整定电流的 20%时,热继电器应当在 20 min 内动作,超过的数值越大,则发生动作的时间越短。整定电流的大小在一定范围内可以通过旋转凸轮来调节。选用热继电器时应取其整定电流等于电动机的额定电流。

热继电器型号含义:

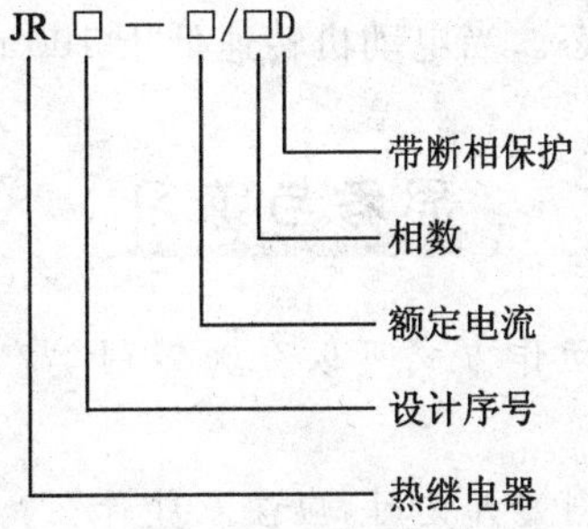

使用热继电器时必须注意:它不能起短路保护作用。在发生短路时,要求立即断开电路,而热继电器由于热惯性不能立即动作。但这个热惯性也有好处,在电动机起动或短时过载时,热继电器不会立即动作,避免了电动机不必要的停车。

星形(Y形)连接的电动机可选两相或三相结构式的热继电器。当发生一相断路时,另两相发生过载,由于流过发热元件的电流(线电流)就是电动机绕组的电流(相电流),故两相或三相结构都可起保护作用。

而对于三角形(△形)连接的电动机,在运行中若有一相断电,这时的线电流将近似等于电流较大那一相的 1.5 倍,由于热继电器整定电流为电动机额定电流,若采用两相结构的热继电器,则其不会动作,但电流较大那一相电流超过额定值,就有过热的危险。若采用三相带缺相保护的热继电器,则热继电器在缺相时会由于三相电流不平衡而动作,使电动机停转而得到保护。

(四) 速度继电器

速度继电器是一种当转速达到规定值时动作的继电器。它常用于电动机反接制动的控制电路中,当反接制动的转速下降到接近零时,它能自动及时地切断电路。速度继电器由转子、定子和触点三部分组成。图 1.1.22 是 JY1 型速度继电器的结构和图形符号,其工作原理与鼠笼式异步电动机相似。

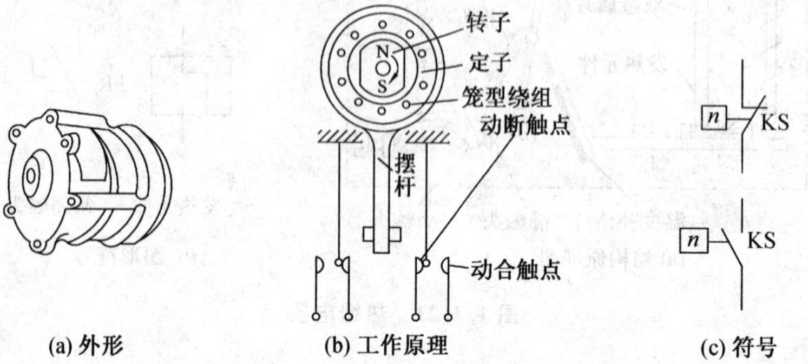

图 1.1.22 JY1 型速度继电器

速度继电器的转子是一块永久磁铁,与电动机或机械转轴连在一起,随轴转动。它的外边有一个可以转动一定角度的定子,装有笼型绕组。当转轴带动永久磁铁旋转时,定子中的笼型绕组因切割磁力线而产生感应电动势和感应电流,该电流在转子磁场作用下产生电磁转矩,使定子跟随转动一个角度。如果永久磁铁逆时针方向转动,定子带着摆杆向右边动作,使右边的动断触点断开,动合触点接通;当永久磁铁顺时针方向旋转时,则使左边的触点改变状态。当电动机转速低于 100 r/min 时,触头复位。

思考与练习

1. 什么是低压电器?按动作方式可以分为哪两类?按用途不同可分为哪几类?常用的低压电器有哪些?
2. 在使用和安装 HK 系列刀开关时,应注意些什么?
3. 转换开关的用途是什么?
4. 小容量电动机需要正、反转控制时应选用什么开关?
5. 自动开关一般具有哪几种保护功能?
6. 常见的主令电器有哪几种?
7. 画出各种按钮的图形符号。按钮的颜色是如何规定的?
8. 行程开关的作用是什么?
9. 熔断器的作用是什么?熔体的额定电流是如何选择的?
10. 交流接触器有什么用途?交流接触器型号 CJ10-60 的含义是什么?
11. 常用的继电器有哪些?分别画出它们的符号。
12. 继电器中电压线圈与电流线圈在结构上有什么区别?能否互换?
13. 空气阻尼式时间继电器延时的工作原理是什么?
14. 电动机起动时电流很大,为什么热继电器不会动作?
15. 在电动机控制电路中,熔断器与热继电器能否互换?为什么?
16. 交流接触器线圈断电后,触头不能复位,电动机不停。请分析故障原因,应如何处理?

模块二

继电器—接触器电气控制电路

电力拖动自动控制设备在各行业的机械生产中得到广泛使用。它们是以各类电动机或其他执行电器为控制对象，采用电气控制的方法来实现对电动机或其他执行电器的起动、停止、正反转、调速、制动等运行方式的控制，并以此来实现生产过程自动化，满足生产加工工艺要求的。

电气控制的方法有继电接触器控制法、可编程逻辑控制法和计算机（单片机、可编程序控制器）控制法等，其中继电接触器控制法是最基本、应用最广泛的方法，也是其他控制方法的基础。

继电接触器控制法是由各种开关器件经导线的连接来实现各种逻辑控制的一种方法。其优点是电路图直观形象，控制装置结构简单、价格便宜、抗干扰能力强，广泛应用于各类生产设备的控制中。其缺点是由于采用固定的接线方式，其通用性、灵活性较差，难以实现系列化生产；且由于采用的是有触头的开关电器，触头易发生故障，维修量大。

一　三相异步电动机的起动控制电路

（一）三相异步电动机全压起动控制电路

除了用闸刀开关或组合开关直接起动和停止小型电动机以外，一般电动机的控制线路由多种电器连接而成。其原理电路图分为主电路和辅助电路两部分，电动机等元件通过大电流的电路称为主电路，接触器或继电器线圈等元件通过小电流的电路称为辅助电路或控制电路。一个电器元件的各部分在原理电路中不一定画在一起，可以以画图的方便分开来画，但必须要用规定的图形符号和文字符号来表示。

1. 点动控制线路

所谓点动，即按下按钮时电动机转动工作，松开按钮时电动机停止工作。生产机械在调整状态时，需要进行点动控制。点动控制线路如图 1.2.1 所示，它由起动按钮 SB1、热继电器 FR 和接触器 KM 组成，其控制过程如下：合上电源开关 QS，按下按钮 SB1，接触器 KM 的吸引线圈通电，动铁芯吸合，其常开主触头 KM 闭合，电动机接通电源开始运转；松开 SB1 后，接触器吸引线圈断电，动铁芯在弹簧力作用下与静铁芯分离，常开主触头断开，电动机断电停转。

2. 连续控制线路

电动机在起动以后，如果没有发出停止信号，电动机将连续工作下去，这种控制称为连续工作控制或长动控制，图 1.2.2 就是这种控制的典型线路。

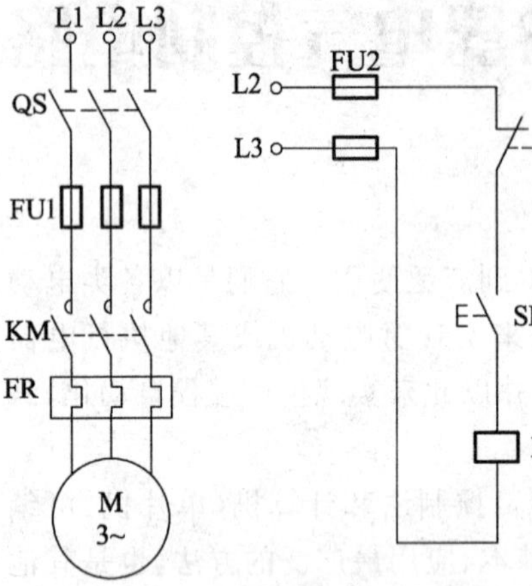

图 1.2.1　点动控制线路

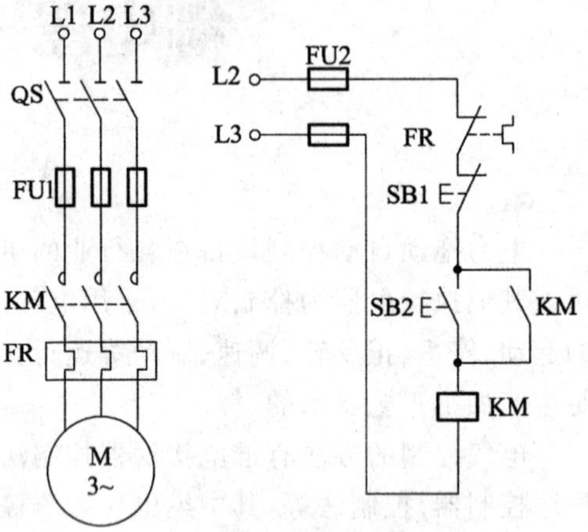

图 1.2.2　连续控制线路

在图 1.2.2 中，主电路由电源开关 QS、熔断器 FU1、接触器主触头 KM、热继电器发热元件 FR 和电动机 M 组成；辅助电路由停止按钮 SB1、起动按钮 SB2、接触器线圈 KM 和热继电器的常闭触头 FR 组成。注意这里有一个接触器的辅助常开触头 KM 与 SB2 并联，这种并联电路的特点是只要有一条支路接通，整个电路就被接通；只有所有支路断开时，电路才被切断。而停止按钮 SB1 和热继电器的常闭触头是串联在电路中的，显然，对于串联电路，只要有一处被切断，整个电路就被断开。

电动机起动时，合上电源开关 QS，接通三相电源，按下起动按钮 SB2，接触器 KM 的吸引线圈通电，动铁芯被吸合带动其三个主触头闭合，电动机接通三相电源直接起动。同时，在控制电路与起动按钮 SB2 并联的接触器辅助常开触头 KM 闭合。当松开按钮 SB2 时，虽然按钮的常开触头在弹簧作用下断开，但接触器 KM 的吸引线圈仍保持通电状态，接触器通过自己的辅助常开触头使其继续保持通电动作的状态，称为接触器的自锁或自保。这个辅助常开触头称为自锁(或自保)触头。

要使电动机停止运转，只要按下停止按钮 SB1，接触器线圈 KM 断电，它的主触头全部复位断开，电动机便断电停转。而自锁触头 KM 也复位断开，失去自锁作用。因此，图 1.2.2 所示线路也称为接触器自锁控制线路。

3. 电动机的正反转控制电路

在生产应用上，许多生产机械的运动部件都需要正反转工作，例如铣床工作台的前进与后退、主轴的正转与反转、磨床砂轮架的升降和起重机的提升与下降等，这就要求电动机能够正反转。由异步电动机的工作原理可知，只要改变三相电源的相序即可改变电动机的旋转方向，因此，常用的电动机可逆旋转控制电路有以下几种。

(1) 接触器互锁正反转控制线路

控制电路中，正、反转接触器 KM1 和 KM2 线圈支路分别串联了对方的常闭触点，在这种线路中，任何一个接触器接通的条件是另一个接触器必须处于断电释放状态。

例如正转接触器KM1线圈被接通得电，它的辅助常闭触点被断开，将反转接触器KM2线圈支路切断，KM2线圈在KM1接触器得电的情况下是无法接通得电的。反之，KM2线圈得电后，KM1线圈也就无法得电了。两个接触器之间的这种相互关系称为"互锁"(或联锁)。在图1.2.3所示电路是利用正反转接触器常闭辅助触头作互锁的，所以也称为电气互锁。实现电气互锁的触点称为互锁触点。图中所示接触器互锁正、反转控制电路工作原理为：按下正转起动按钮SB2，正转接触器KM1线圈得电，一方面，KM1主电路中的主触点和自锁触点闭合，使电动机正转；另一方面，KM1的常闭触点断开，切断反转接触器KM2线圈支路，使得它无法得电，实现互锁。此时，即使按下反转起动按钮SB3，反转接触器KM2线圈因KM1互锁触点断开也不会得电。要实现反转控制，必须先按下停止按钮SB1，切断正转控制电路，然后才能起动反转控制电路。

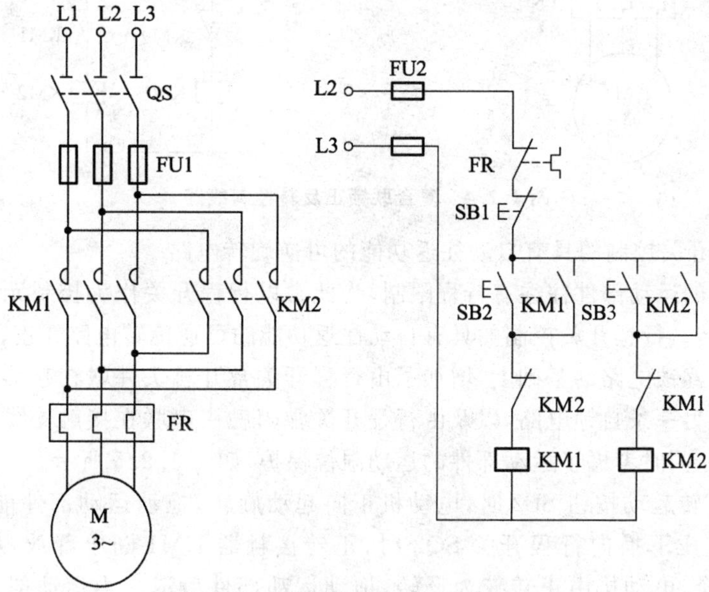

图1.2.3 接触器互锁正反转控制线路

同理可知，反转起动按钮SB3按下(正转停止)时，反转接触器KM2线圈得电，一方面接通主电路反转主触点和控制电路反转自锁触点；另一方面正转互锁触点断开，使正转接触器KM1线圈支路无法接通，进行互锁。接触器互锁正反转控制线路存在的主要问题是，从一个转向过渡到另一个转向时，要先按停止按钮SB1，不能直接过渡，显然这是十分不方便的。

(2) 复合联锁正反转控制线路

在图1.2.4所示控制线路中，由于采用了接触器常闭辅助触头的电气联锁和复式按钮的机械联锁，故称为复合(双重)联锁。电动机从正转直接改为反转，只需要按下反转起动按钮SB3即可，此时KM1的常闭触头断开，使正转接触器KM1的线圈断电，KM1的主触头断开，电动机停止正转。与此同时，串接在反转接触器KM2线圈电路中的KM1常闭辅助触头恢复闭合，使反转接触器KM2的吸引线圈得电，KM2的主触头闭合，电动机反转。同时串接在正转接触器KM1线圈中的KM2常闭辅助触头断开，起联锁保护作用。

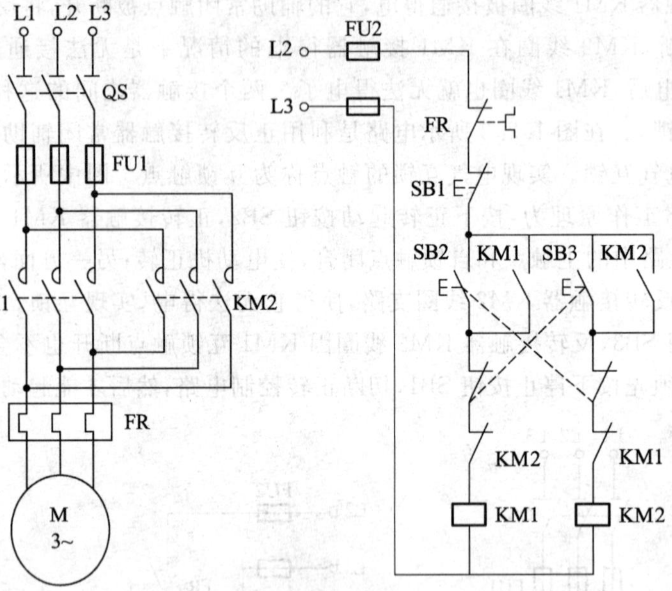

图 1.2.4　复合联锁正反转控制线路

(3) 行程开关控制的具有自动往返功能的可逆旋转电路

生产机械的运动部件往往有行程限制，为此常以行程开关作为控制元件来控制电动机的正、反转。行程开关控制的具有自动往返功能的可逆旋转电路在正、反转接触器的自锁电路与互锁电路的基础上，增加了由行程开关常开触头并联在起动按钮常开触头两端构成的另一条自锁电路，以及由行程开关常闭触头串联在接触器线圈电路中构成的互锁电路，同时考虑了运动部件的运动限位保护，如图 1.2.5 所示。

当按下正转起动按钮 SB2 时，电动机正向起动旋转，拖动运动部件前进，当运动部件上的撞块压下换向行程开关 SQ2 时，正转接触器 KM1 断电释放，反转接触器 KM2 通电吸合，电动机由正转变为反转，拖动运动部件后退。当运动部件上的撞块压下换向开关 SQ1 时，使电动机由反转变为正转，拖动运动部件前进。如此循环往复，实现电动机可逆旋转控制，拖动运动部件实现自动往返运动。当按下停止按钮 SB1 时，电动机便停止旋转。行程开关 SQ3 和 SQ4 安装在运动部件的正、反向极限位置。当由于某种故障，运动部件到达换向开关位置，未能切断 KM1 或 KM2 时，运动部件继续移动，撞块压下极限行程开关 SQ3 或 SQ4，使 KM1 或 KM2 断电释放，电动机停止，从而避免运动部件由于越出允许位置而导致事故发生。因此，SQ3 和 SQ4 起限位保护作用。

这种用行程开关按运动部件的行程位置进行控制的方法，称为行程控制原则。行程控制是机械设备自动化和生产过程自动化中应用最广泛的控制方法之一。

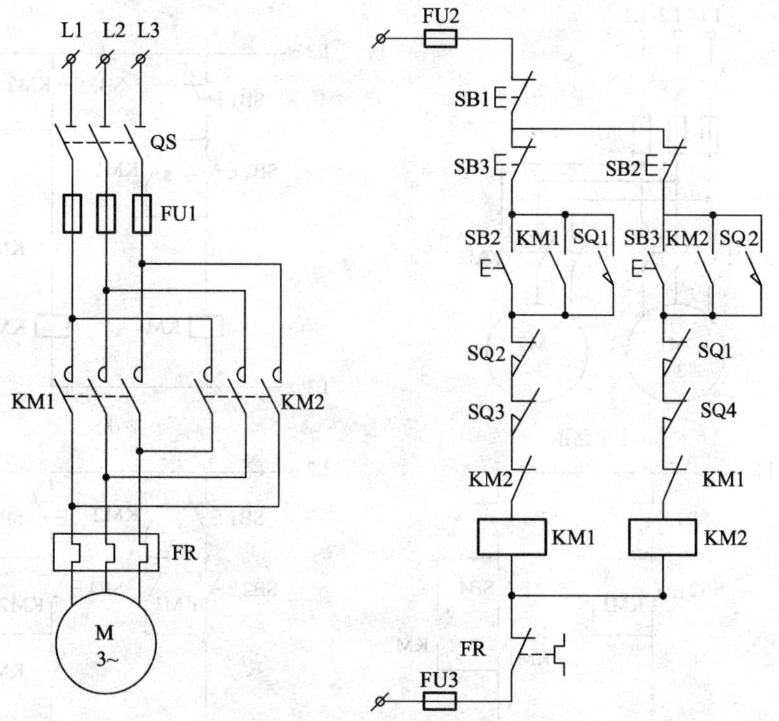

图 1.2.5　行程开关控制的具有自动往返功能的可逆旋转电路

4. 顺序控制电路

许多生产机械对多台电动机的起动和停止有一定的要求，必须按预先设计好的顺序先后起、停。例如：某些机床常要求先起动油泵电动机，然后才能起动主轴电动机；摇臂钻床中摇臂的松开、移动、夹紧等动作要求按一定的顺序完成。这都要求几台电动机按一定顺序工作，能够实现这种控制要求的电路，就是顺序控制。

图 1.2.6 为顺序控制线路图。图 1.2.6(a)是主电路图，接触器 KM1 和 KM2 分别控制两台电动机 M1 和 M2。图 1.2.6(b)、(c)、(d)是不同的控制电路，其共同点是 KM1 常开触点串联在 KM2 线圈电路中，所以只有在电动机 M1 起动后，电动机 M2 才能起动，电动机工作的顺序是 M1→M2。

以图 1.2.6(b)为例，线路工作原理：按下 M1 电动机起动按钮 SB2，接触器 KM1 线圈得电，除了 KM1 的自锁触点和主触点闭合使 M1 电动机得电运转外，与接触器 KM2 线圈串联的 KM1 常开触点也闭合。只有在这种情况下，按下 SB3 按钮，接触器 KM2 线圈才能得电，从而电动机 M2 起动。也就是说，电动机 M2 只能在电动机 M1 起动后才能起动。M2 可以不起动，但按下停止按钮 SB1 时，电动机 M1 和 M2 同时停止。

图 1.2.6(c)所示控制线路中，电动机 M1 起动后 M2 才能起动，而停止时，相互之间没有影响。图 1.2.6(d)所示控制线路中，起动情况与图 1.2.6(b)一样，停止时，由于常开触点 KM2 并联在起动按钮 SB1 两端，所以只有在 M2 停止后 M1 才能停止。

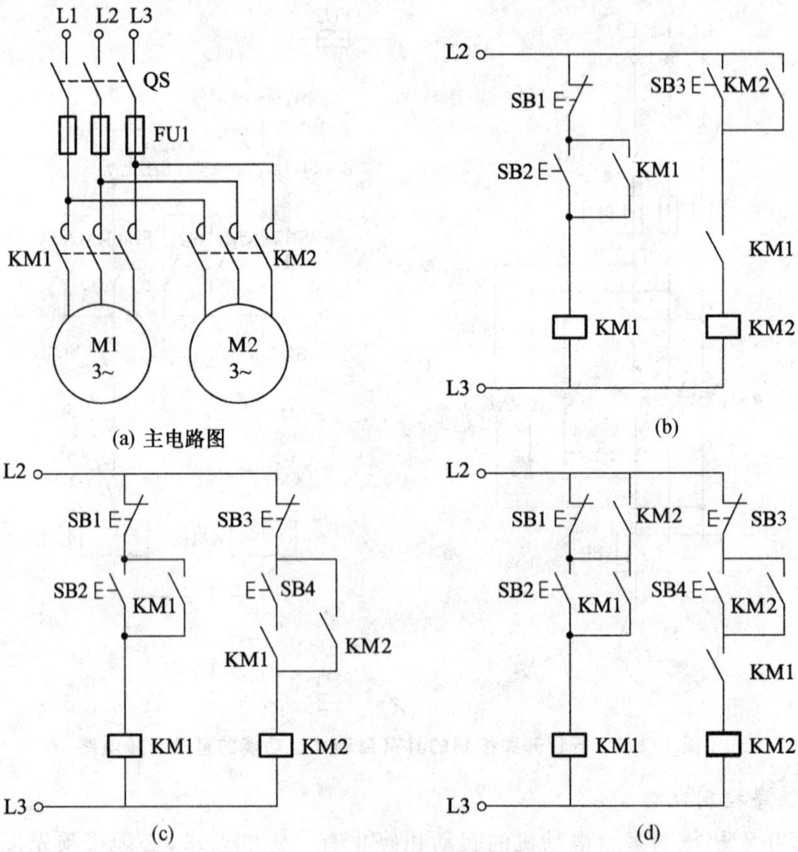

图 1.2.6　顺序控制线路

综上所述，顺序控制所采用的基本方法是用常开触点进行互锁。先起动的电动机的接触器常开触点串联到后起动电动机的接触器线圈中；先停止的电动机的接触器常开触点并联到后停止电动机的停止按钮两端。

（二）三相异步电动机减压起动控制电路

三相异步电动机采用直接起动，控制电路简单，但当电动机容量较大时，起动电流过大，应采用减压起动。有时即便是允许采用直接起动的电动机，由于起动电流可能会明显地影响电网中其他电气设备的正常运行，应考虑采取措施将起动电压降下来，等起动完毕再恢复全压运行。

三相笼型异步电动机减压起动的方法有：定子电路串电阻或电抗器降压起动、自耦变压器减压起动、Y／Δ 减压起动、延边三角形减压起动等。虽然方法各异，但目的都是为了减小起动电流，从而减小线路电压降，当电动机转速上升到接近额定转速时，再将电动机定子绕组电压恢复到额定电压，使电动机进入正常运行状态。在起动过程中，时间、转速、电流等参数都发生变化。下面讨论几种常用的减压起动控制线路。

1. 定子绕组串接电阻或电抗器减压起动控制线路

在三相异步电动机定子绕组串接电阻或电抗器起动时，起动电流在电阻或电抗器上产生电压降，使电动机定子绕组上的电压低于电源电压，起动电流减小。待电动机转速接近额定转速时，再将电阻或电抗器短接，使电动机在额定电压下运行。电抗器减压起动通常用于高压电动机，电阻减压起动一般用于低压电机。这种起动方式不受电动机接线形式的限制，较为方便。但串电阻起动时，在电阻上消耗了大量的电能，所以不宜用于经常起动的电机。用电抗器代替电阻，虽能克服这一缺点，但设备费用较高。

图 1.2.7 为按时间原则自动短接电阻减压起动电路。图中 KM1 为起动接触器，KM2 为运行接触器，KT 为时间继电器。

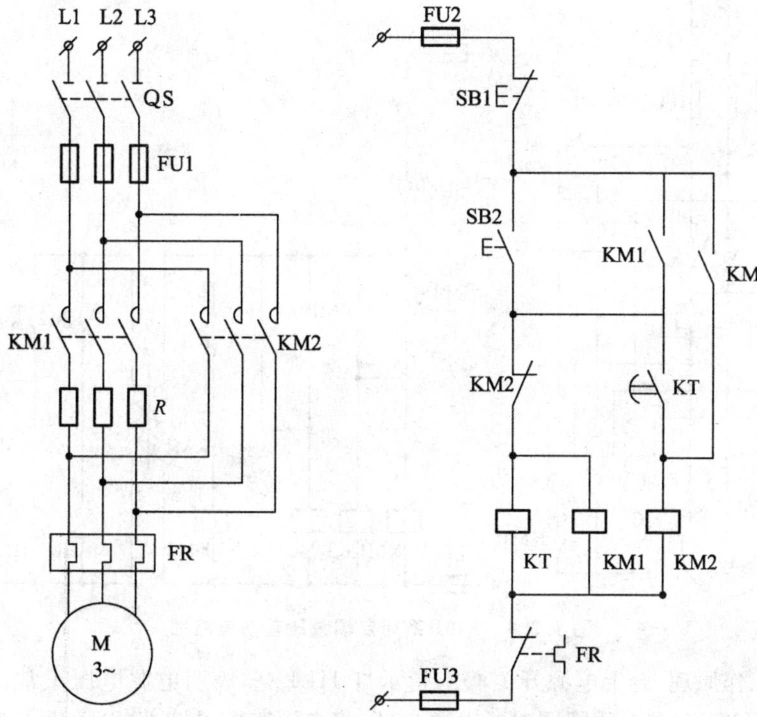

图 1.2.7　定子串电阻减压起动控制线路

电路工作情况是：合上电源开关 QS，按下起动按钮 SB2 时，KM1 和 KT 线圈同时通电并自锁，此时电动机定子绕组串接电阻 *R* 进行降压起动。当电动机转速接近额定转速时，时间继电器 KT 通电延时闭合触头闭合，KM2 线圈通电并自锁，KM2 常闭触头断开并切断 KM1 和 KT 线圈电路，使 KM1 和 KT 断电释放。于是构成先由 KM1 主触头串接定子回路电阻，后由 KM2 主触头短接定子电阻，电动机经 KM2 主触头在全压下进入正常运转。

2. *自耦变压器减压起动控制线路*

电动机自耦变压器减压起动是将自耦变压器一次侧接在电网上，二次侧接在电动机定子绕组上，电动机起动时获得的电压为自耦变压器的二次电压。待电动机转速接近电动机额定转速时，再将电动机定子绕组接在电网上即电动机额定电压上，使电动机进入正常运转。此种起动方式适用于加大容量电动机的空载或轻载起动，在自耦变压器二次绕组上有多组轴头，供不同起动场合选用。

减压起动用自耦变压器称为补偿减压起动器，有手动操作和自动操作两种形式，手动操作的补偿减压起动器有 QJ3，QJ5 等型号，自动操作的减压补偿起动器有 XJ01 和

CTZ 系列等。

自动控制的自耦减压起动器由自耦变压器、交流接触器、热继电器、时间继电器、按钮等元器件组成。图 1.2.8 为 XJ01 系列自耦减压起动电路图，KM1 为降压起动接触器，KM2 为运行接触器，KA 为中间继电器，KT 为降压起动时间继电器，HL1 为电源指示灯，HL2 为降压起动指示灯，HL3 为正常运行指示灯。

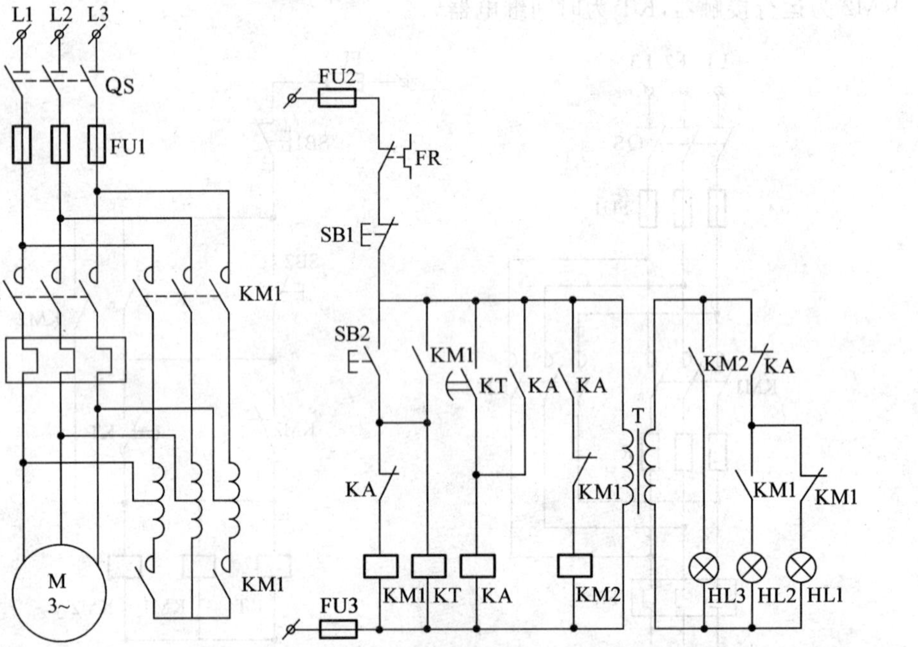

图 1.2.8　XJ01 系列自耦减压起动电路图

电路工作原理：合上电源开关 QS，指示灯 HL1 亮，表明电源电压正常。按下起动按钮 SB2，KM1 和 KT 线圈同时通电并自锁，将自耦变压器接入，电动机由自耦变压器二次电压供电作减压起动，同时指示灯 HL1 灭，指示灯 HL2 亮，显示电动机正进行减压起动。当电动机转速接近额定转速时，时间继电器 KT 通电，延时闭合的触头闭合，KA 线圈通电并自锁，KA 常闭触头断开，使 KM1 线圈断电释放，则 KM1 主触头将自耦变压器切除；KA 的另一常闭触头也断开，指示灯 HL2 断电熄灭；而 KA 常开触头闭合，使 KM2 线圈通电吸合，电源电压全部加在电动机定子上，电动机在额定电压下进入正常运转，同时指示灯 HL3 亮，表明电动机减压起动结束。

3. Y/Δ 减压起动控制线路

对于正常运行时电动机额定电压等于电源线电压、定子绕组为 Δ 接法的三相交流异步电动机，可采用 Y/Δ 减压起动控制。电动机起动时，定子绕组接成 Y，这样每相绕组电压降为电源电压额定值的 1/3，达到降压的目的，起动电流降为全压起动时电流值的 1/3。待电机转速上升到接近额定转速时，将定子绕组换接成 Δ，电动机进入全压下的正常运转状态。

图 1.2.9 为 QX4 系列自动 Y/Δ 起动电路，适用于 125 kW 及以下的三相笼形异步电动作 Y/Δ 减压起动和停止的控制。图中 KM1 为线路接触器，KM2 为△连接接触器，KM3 为 Y 连接接触器，KT 为 Y 连接换△连接的时间继电器，SB1 和 SB2 为停

止与起动按钮，具有短路保护、过载保护和失压保护等功能。

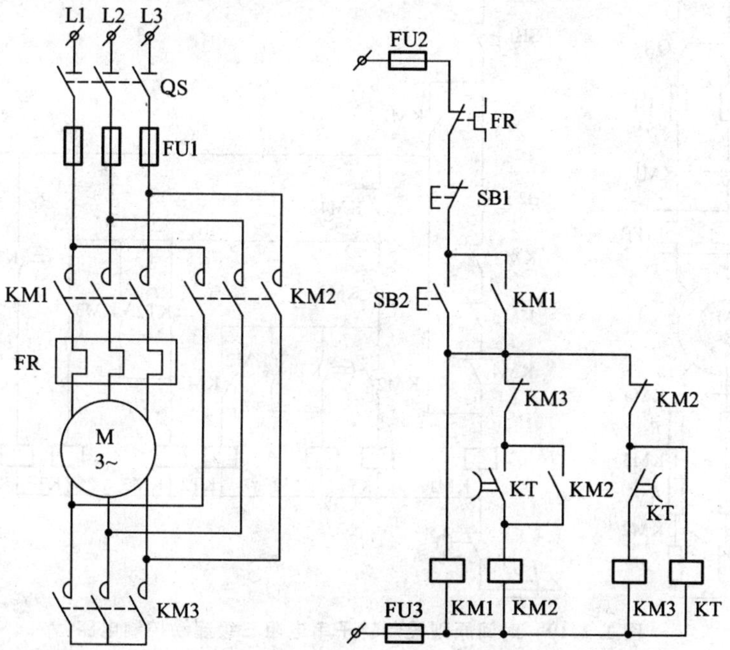

图 1.2.9 QX4 系列自动 Y/△起动电路

电路工作原理：合上主电路电源开关 QS，接通控制电路电源，按下起动按钮 SB2，接触器 KM1，KT，KM3 线圈同时通电并自锁，电动机三相定子绕组接成 Y，接入三相交流电源进行减压起动。当电动机转速接近额定转速时，KT 到达设定的延时时间后，其延时断开的常闭触头断开，使 KM3 线圈断电释放；同时，KT 延时闭合的常开触头闭合，使 KM2 线圈通电吸合并自锁，定子绕组改接成△，电动机进入正常运行。KM2 常闭辅助触头断开，使 KT 线圈断电，因此避免了 KT 长期工作。

控制电路中，KM2 和 KM3 的常闭辅助触头分别作 Y 连接和△连接的互锁触头，确保 KM2 和 KM3 不会同时通电，否则会造成电源短路。

4. 绕线型异步电动机转子串电阻起动控制线路

与笼型异步电动机不同，绕线型异步电动机的转子回路可以通过滑环与外部电路连接。例如串入电阻或电抗，可以限制起动电流，还能提高转子功率因数和增加起动转矩，适用于重载起动的场合。

为了减小起动电流的冲击，一般转子串电阻起动采取分段切除起动电阻的方法。利用接触器的主触点分段切除，使绕线型电动机的转速逐级提高，最后达到额定转速而稳定运行。

利用时间继电器控制绕线式异步电动机转子串电阻三级起动的线路如图 1.2.10 所示。图中转子回路所串的电阻分成三级，并按星形方式连接。起动前，起动电阻全部接入电路限流。在起动过程中，随转子转速的不断上升，起动电流逐步下降，逐级短路起动电阻，直至起动完毕，起动电阻全部被短接，电动机在正常全压下运行。

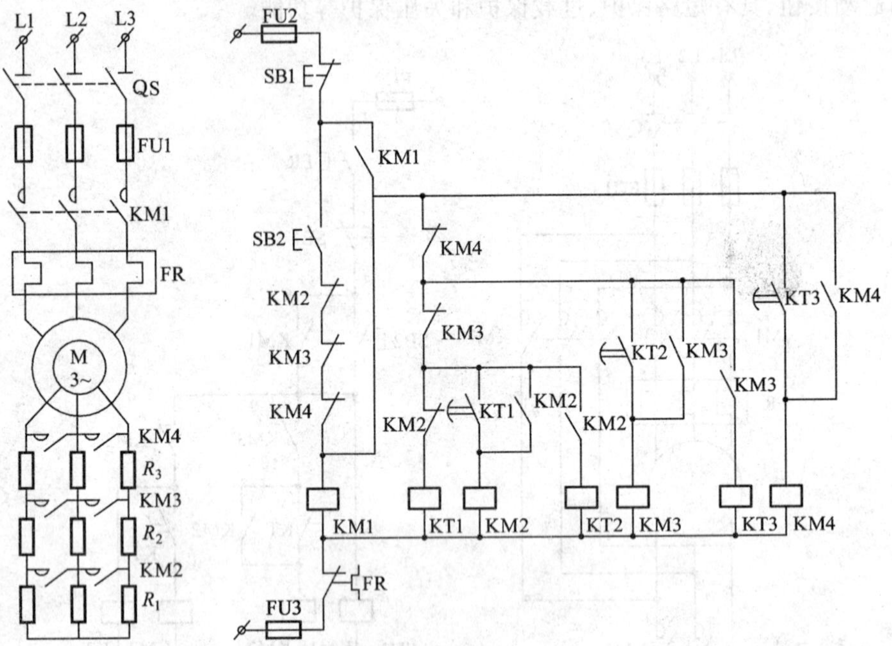

图 1.2.10　时间原则控制转子串电阻三级起动控制电路

线路工作原理：按下起动按钮 SB2，接触器 KM1 线圈和时间继电器 KT1 线圈同时得电。KM1 线圈得电后，它的自锁触头闭合，实现对 KM1 线圈的自锁。主电路 KM1 主触点也闭合，三相电源经 KM1 闭合的主触点接入电动机定子绕组，此时电动机转子串 R_3，R_2，R_1 电阻起动。随着起动的进行，转子转速上升，时间继电器 KT1 延时时间到，KT1 延时触点动作。

KT1 延时闭合的常开触点闭合，使接触器 KM2 线圈得电，它的自锁触点闭合，实现对 KM2 线圈的自锁。KM2 串联在 KT1 线圈中的常闭触点断开，实现对 KT1 的互锁。主电路 KM2 主触点闭合，R_1 段电阻被短接，电动机转子串两段电阻继续起动。KM2 串联在时间继电器 KT2 线圈支路的常开触点闭合，使 KT2 线圈得电，经过 KT2 的整定时间后，KT2 触点动作。

KT2 延时闭合的常开触点闭合，使接触器 KM3 线圈得电，它的自锁触点闭合，实现对 KM3 线圈的自锁。KM3 串联在 KT2 线圈中的常闭触点断开，实现对 KT2 的互锁。主电路 KM3 主触点闭合，R_2 段电阻被短接，电动机转子串一段电阻继续起动。KM 串联在时间继电器 KT3 线圈支路的常开触点闭合，使 KT3 线圈得电，经过 KT3 的整定时间后，KT3 触点动作。

KT3 延时闭合的常开触点闭合，使接触器 KM4 线圈得电，它的自锁触点闭合，实现对 KM4 线圈的自锁。KM4 串联在 KT3 线圈中的常闭触点断开，实现对 KT3 的互锁。主电路 KM4 主触点闭合，R_3 段电阻被短接，三段电阻全部切除，电动机起动完毕，实现全压运行。

时间继电器控制自动切除转子电阻的起动方法，目前得到了较广泛的应用。在图 2.1.10 电路中，接触器 KM2，KM3，KM4 分别在时间继电器 KT1，KT2，KT3 的控制下顺序短接起动电阻 R_1，R_2，R_3，正常全压运行时，只有 KM1 和 KM4 接触器的主触点闭合。这种工作方式为按时间原则控制的转子串电阻降压起动控制电路。

二　三相异步电动机的制动控制电路

电动机在脱离电源后，由于机械惯性的存在，需要一段时间才能完全停止。而实际生产的机械往往要求电动机快速、准确地停车，这就需要采用有效措施进行制动。三相异步电动机的制动方法有电气制动和电磁机械制动。电气制动是使电动机产生一个与转子旋转方向相反的电磁转矩来进行制动。异步电动机常见的电气制动方式有反接制动、能耗制动等。

1. 电源反接制动控制线路

反接制动是在电动机的原三相电源被切断后，立即通上与原相序相反的三相交流电源，以形成与原转向相反的电磁转矩，利用这个制动力矩使电动机迅速停止转动。这种制动方式要求必须在电动机转速接近零时切除电源，否则电动机会反转，造成事故。

图 1.2.11 为异步电动机反接制动控制线路。KM1 为电动机运行接触器，KM2 为反接制动接触器；KV 为速度继电器，*R* 为反接制动电阻。

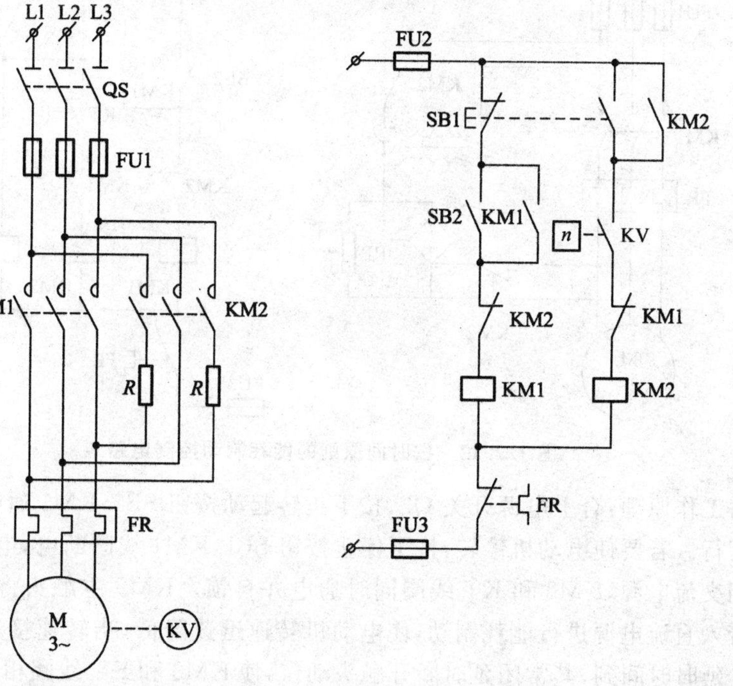

图 1.2.11　异步电动机反接制动电路

电路工作原理：合上三相电源开关 QS，接通控制电路电源，按下起动按钮 SB2，KM1 线圈通电并自锁，主触头闭合，电动机在全压下起动，当与电动机有机械联系的速度继电器 KV 转速超过其动作值 100 r/min 时，其相应常开触头闭合，为反接制动作准备。需停车制动时，按下停止按钮 SB1，则 KM1 线圈断电释放，其三对主触头断开，切除三相交流电源,但电动机仍以惯性旋转。当 SB1 按到底时,SB1 常开触头闭合,使 KM2 线圈通电并自锁,电动机定子串入不对称电阻,接入反相序三相电源进行反接制动,电动机转速迅速下降,当电动机转速低于 100 r/min 时,速度继电器 KV 的常开触头复位,使 KM2 线圈断电释放,电动机断开反相序电源,反接制动结束,电动机自然停车至速度为零。

2. 能耗制动控制线路

所谓能耗制动,就是指在电动机脱离三相交流电源之后,在定子绕组上加一个直流电压,即通入直流电流,以产生静止磁场,利用转子的机械能产生的感应电流与静止磁场的作用达到制动的目的。能耗制动可以根据能耗制动的时间原则,利用时间继电器进行控制,也可根据能耗制动的速度原则,利用速度继电器进行控制。下面主要介绍按时间原则控制的能耗制动控制线路。

图 1.2.12 为按时间原则进行能耗制动控制电路。KM1 为电动运行接触器,KM2 为能耗制动接触器,KT 为时间继电器,T 为整流变压器,VC 为桥式整流电路。

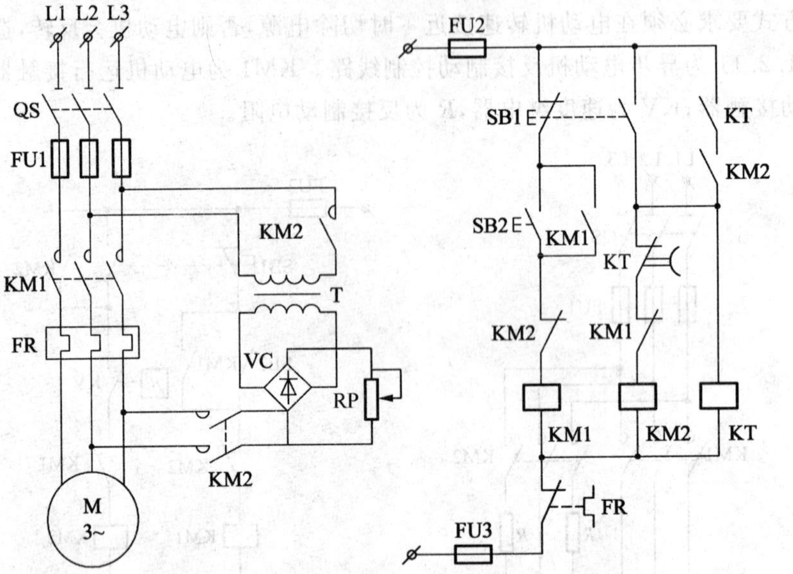

图 1.2.12 按时间原则的能耗制动控制电路

电路工作原理:合上电源开关 QS,按下正转起动按钮 SB2,KM1 通电并自锁,电动机正常运行。若要使电动机停转,按下停止按钮 SB1,KM1 线圈断电,电动机定子绕组脱离三相交流电源,KM2 和 KT 线圈同时通电并自锁。KM2 主触头将电动机两相定子绕组接入直流电源进行能耗制动,使电动机转速迅速降低,当转速接近零时,时间继电器 KT 延时时间到,其常闭延时断开触头动作,使 KM2 和 KT 线圈相继断电,制动过程结束。

考虑到若时间继电器线圈断线或发生其他故障,会导致 KT 常闭通电延时断开触头打不开进而致使 KM2 线圈长期通电,造成电动机定子长期通入直流电源。在该电路中,将 KT 常开瞬动触头与 KM2 自锁触头串接,则避免了上述故障的发生。

思考与习题

1. 什么叫"自锁""互锁"？试举例说明各自的作用。

2. 什么是失压、欠压保护？哪些电器可以实现失压和欠压保护？

3. 点动和长动有什么不同？各应用于什么场合？同一电路如何实现既有点动又有长动的控制？

4. 某机床主轴和润滑油泵各由一台电动机带动。今要求主轴必须在油泵开动后才能转动且能正反转，能单独停车，有短路、零压及过载保护等。试绘出其电气控制原理图。

5. 试设计某控制装置在两个行程开关SQ1和SQ2区域内自动往返循环控制电路。

6. 设计异步电动机Y/△起动两种不同的控制电路，并说明其优缺点。

7. 设计一小车运行的控制电路，小车由异步电动机控制，其动作程序如下：

(1) 小车由原位开始前进，到终端后自动停止。

(2) 在终端停留2 min后自动返回原位停止。

(3) 要求在前进或后退途中任意位置都能停止或起动。

8. 画出笼型异步电动机的能耗制动控制电路。工作要求如下：

(1) 用按钮SB2和SB1控制电动机M的起停；

(2) 按下停止按钮SB1时，应使接触器KM1断电释放，接触器KM2通电动作，以便向定子绕组加入直流电源，进行能耗制动；

(3) 制动一段时间后，应使KM2自动断电释放，以便切除直流电源，试用通电延时型和断电延时型继电器各画出一种控制电路。

9. 上题中若用速度继电器控制，试画出控制电路。

10. 分析习题2-10附图(a)、(b)、(c)控制电路中各有何缺点或问题？应如何改正。

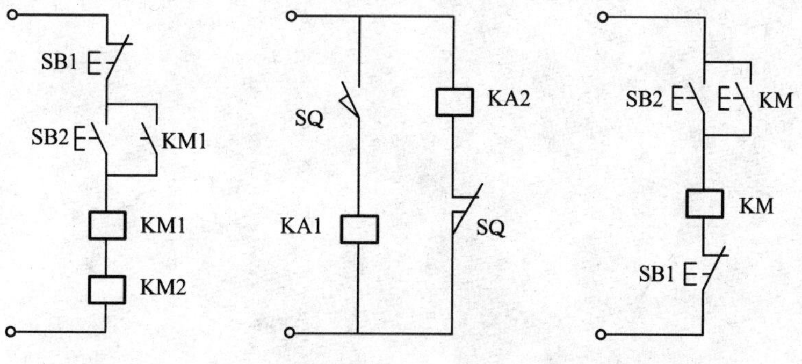

习题2-10附图

第二部分

PLC 程序设计

模块一 PLC 基本指令的应用

任务一 认识 PLC

任务导入

在模块一中，学习了利用接触器可以实现三相异步电动机的起停控制。如图 2.1.1 所示，按下起动按钮 SB2，接触器线圈 KM1 得电自锁，接触器的主触点和辅助触点闭合，三相异步电动机起动，按下停止按钮 SB1，线圈 KM1 失电，电机停止。若改变电机的控制要求，如要求按下起动按钮 5 s 后，再让电动机起动，就需要增加一个时间继电器以实现延时通电的功能，并且要对图 2.1.1 的线路进行重新接线。

从上面的例子可看出，继电接触控制系统采用硬件接线而成，一旦改变控制要求，控制系统就必须重新配线安装，对于复杂的控制系统，这样的工作量是非常庞大的，而且机械触点易损坏，可靠性差，维修也变得非常复杂。若采用 PLC 对电动机进行直接起动控制或延时起动控制，工作将变得简单、可靠。采用 PLC 控制，主电路不变，如图 2.1.2 所示，用户只需要将输入设备接到 PLC 的输入端口，输出

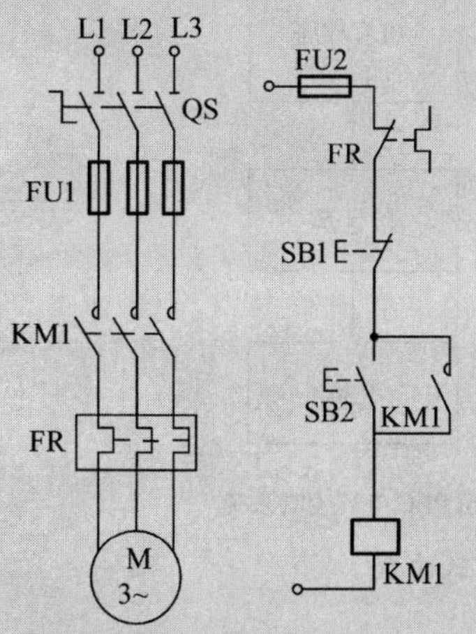

图 2.1.1 交流接触器实现电动机的自锁运行

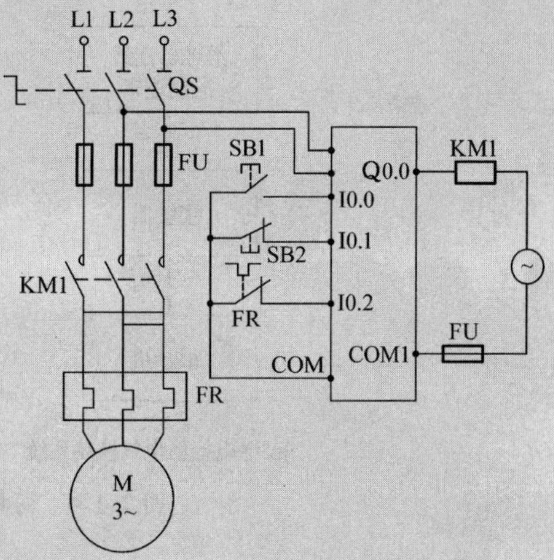

图 2.1.2 用 PLC 实现电动机的起停控制电路

设备接到 PLC 的输出端口，再接上电源，输入程序就可以了，图 2.1.2 为用 PLC 控制电动机起停的硬件接线图，图 2.1.3 为电动机自锁运行程序。

如图 2.1.3 所示，起动按钮接在 PLC 的输入端 I0.0，停止按钮接在 PLC 的输入端 I0.1，KM1 线圈接在 PLC 的输出端 Q0.0。PLC 程序对起动、停止按钮的状态进行逻辑运算，运算结果决定了 PLC 的输出端 Q0.0 输出是“0”还是“1”，也就是是否断开和接通电源，从而控制电动机的工作状态。

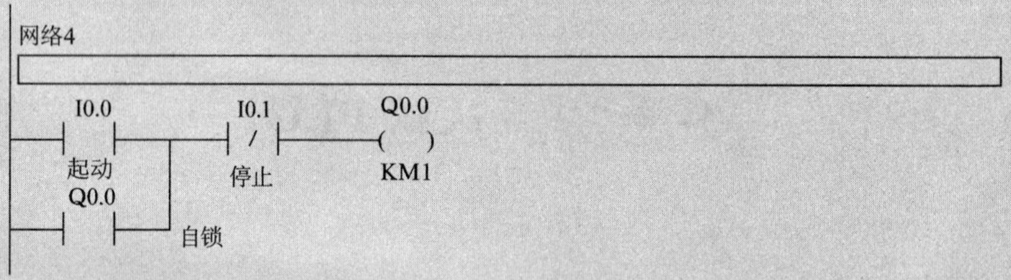

图 2.1.3　电动机自锁运行程序

比较图 2.1.1 和图 2.1.2，可以看出这两种控制方式是不同的，继电接触控制系统是属于硬件控制方式，按钮下达指令后，通过继电器连线控制逻辑决定接触器线圈是否得电，从而控制电动机的工作状态，如图 2.1.4(a)所示。PLC 控制属于软件控制方式，如图 2.1.4(b)所示，按钮下达指令后，通过 PLC 程序控制逻辑决定接触器线圈是否得电，从而控制电动机的工作状态。

PLC 利用程序中的“软继电器”取代传统的硬件继电器，使控制系统的硬件结构大大简化，具有体积小、价格便宜、维护方便、编程简单、控制性强、可靠性高、控制灵活等优点。因此，目前 PLC 控制系统在各行各业机械设备的电气控制中得到广泛应用。那么，PLC 是如何实现对机械设备控制的呢？

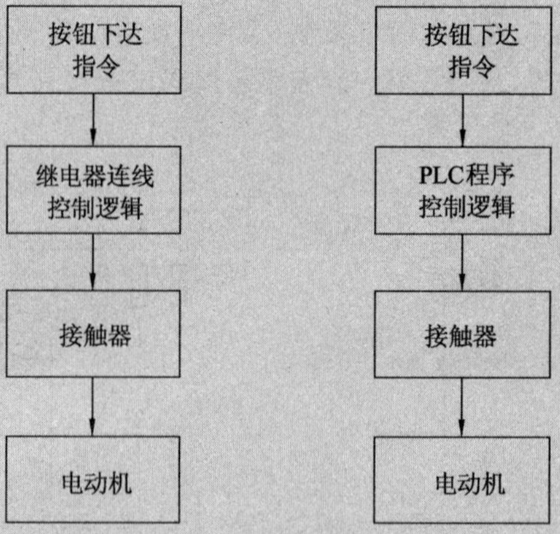

(a) 继电接触电气控制系统　　(b) PLC 电气控制系统

图 2.1.4　两种控制方式比较

相关知识

1. PLC 的产生与定义

20 世纪 60 年代末，美国的汽车制造业竞争十分激烈，各厂家生产的汽车型号不断更新，也必然要求加工生产线随之改变，整个控制系统重新进行配置。1968 年，美国最大的汽车制造商通用汽车公司(GM)为了适应汽车型号的不断翻新，提出了这样的设想：把计算机的功能完善、通用灵活等优点与继电接触器控制简单易懂、操作方便、价格便宜等优点结合起来，制成一种通用控制装置，以取代原有的继电线路；并且要求把计算机的编程方法和程序输入方法加以简化，用“自然语言”进行编程，使不熟悉计算机的人也能方便地使用。美国数字设备公司(DEC)根据以上设想和要求，在 1969 年研制出世界上第一台可编程控制器(PLC)，并在通用汽车公司的汽车生产线上使用且获得了成功。这就是第一台 PLC 的诞生。当时的 PLC 仅有执行继电器逻辑控制、计时、计数等较少的功能。

20 世纪 70 年代中期出现了微处理器和微型计算机，人们把微型计算机技术应用到可编程控制器中使其兼有计算机的一些功能，不但用逻辑编程取代了硬连线，而且增加了数据运算、数据传送与处理及控制模拟量等功能，使之真正成为一种电子计算机工业控制设备。图 2.1.5 是西门子 S7-200 系列可编程控制器外形图。

(a) SIMATIC S7-200PLC

(b) SIMATIC S7-300PLC

图 2.1.5 SIMATIC S7 系列 PLC 外形

1987 年，国际电工委员会(IEC)定义：“可编程控制器是一种数字运算操作的电子系统，专为在工业环境下应用而设计。它采用可编程序的存储器，用来在其内部存储执行逻辑运算、顺序控制、定时、计数和算术运算等操作的指令，并通过数字式和模拟式的输入和输出，控制各种类型的机械或生产过程。可编程控制器及其有关外围设备，都应按易于与工业系统联成一个整体，易于扩充其功能的原则设计。”

2. PLC 的应用与分类

(1) PLC 的应用

可编程控制器在国内外已广泛应用于钢铁、石化、机械制造、汽车装配、电力、轻纺等行业，目前 PLC 主要有以下几方面应用。

① 用于开关逻辑控制。这是 PLC 最基本的应用，可用 PLC 取代传统继电接触控

制，如普通机床电气控制；也可取代顺序控制，如高炉上料、电梯控制、货物存取、运输、检测等。总之，PLC 可用于单机、多机群控，以及生产线的自动化控制。

② 闭环过程控制。过程控制是指对温度、压力、流量等连续变化的模拟量的闭环控制。PLC 通过模拟量 I/O 模块，实现模拟(analog)和数字(digital)之间的转换，一般称为 A/D 转换和 D/A 转换，这一闭环控制功能可以用 PID 子程序或专用的 PID 模块来实现。其 PID 闭环控制功能已经广泛地应用于塑料挤压成形机、加热炉、热处理炉和锅炉等设备，以及轻工、化工、机械、冶金、电力及建材等行业。

③ 数据处理。现代的 PLC 具有数学运算、数据传送、转换、排序、查表及位操作等功能，可以完成数据的采集和处理。这些数据可以与储存在存储器中的参考值进行比较，也可以用通信功能传送到其他智能装置，或者将其打印制表。

④ 通信联网。PLC 的通信包括主机与远程 I/O 之间的通信、多台 PLC 之间的通信、PLC 与其他智能设备(如计算机、变频器、数控装置)之间的通信。PLC 与其他智能控制设备一起，可以组成“集中管理、分散控制”的分布式控制系统。

自从美国研制出第一台 PLC 以后，日本、德国、法国等工业发达国家相继研制出各自的 PLC。20 世纪 70 年代中期，PLC 中引入了微型计算机技术，使 PLC 的功能不断增强，质量不断提高，应用日益广泛。

目前，PLC 主要是朝着小型化、廉价化、系列化、标准化、智能化、高速化和网络化方向发展，这将使 PLC 功能更强、可靠性更高、使用更方便、适用面更广。

(2) PLC 的分类

① 按结构分类，PLC 可分为整体式和模块式。

整体式：整体式 PLC 是将中央处理器、存储器、电源部件、输入和输出部件配置在一起，其结构紧凑、体积小、重量轻、价格低。小型 PLC 常采用这种结构，适用于生产中的单机控制，如 FX2-32MR，S7-200 等。

模块式：模块式 PLC 是将各部分单独的模块分开，如 CPU 模块、电源模块、输入模块、输出模块等。使用时可将这些模块分别插入机架底板的插座上，配置灵活、方便，便于扩展。可根据生产实际的控制要求配置各种不同的模块，构成不同的控制系统，一般大、中型 PLC(西门子 S7-300，S7-400)采用这种结构。图 2.1.5(b)为 S7-300 系列 PLC 外形图。

② 按 PLC 的 I/O 点数、存储容量和功能来分，大体可以分为大、中、小 3 个等级。

小型 PLC 的 I/O 点数在 128 点以下：用户程序存储器容量为 2 K 字节(1 K=1024B，存储一个“0”或“1”的二进制码称为一“位”，一个字节为 8 位)以下，具有逻辑运算、定时、计数等功能。也有些小型 PLC 增加了模拟量处理、算术运算功能，其应用面更广，主要适用于对开关量的控制，可以实现条件控制，定时、计数控制，顺序控制等。

中型 PLC 的 I/O 点数在 128～512 点：用户程序存储器容量达 2 K～8 K 字节，具有逻辑运算、算术运算、数据传送、数据通信、模拟量输入/输出等功能，可完成既有开关量又有模拟量的较为复杂的控制。

大型 PLC 的 I/O 点数在 512 点以上：用户程序存储器容量达到 8 K 字节以上，具有数据运算、模拟调节、联网通信、监视、记录、打印等功能，能进行中断控制、智能控制、远程控制。在用于大规模的过程控制中，可构成分布式控制系统或整个工厂的自动化网络。

③ PLC 还可根据功能分为低档机、中档机和高档机。

3. PLC 的硬件组成

PLC 是微型计算机技术与机电控制技术相结合的产物，尽管 PLC 的型号多种多样，但其结构组成基本相同，都是一种以微处理器为核心的结构。PLC 功能的实现不仅基于硬件，更要靠软件的支持，其实质是一种新型的专门用于工业控制的计算机，主要由 CPU、存储器、输入输出、电源、外设接口、I/O 的扩展接口组成。

(1) CPU

CPU 是 PLC 的控制指挥中心，负责逻辑运算与控制及协调工作。在系统程序的控制下完成逻辑运算、数学运算、协调系统内部各部分工作等任务。可编程控制中常用的 CPU 主要采用微处理器、单片机和双极片式微处理器 3 种类型。

(2) 存储器

存储器是可编程控制器存放系统程序、用户程序及运算数据的单元。与一般计算机一样，PLC 的存储器有只读存储器(ROM)和随机读写存储器(RAM)两大类。只读存储器用来保存那些需要永久保存的程序，是一种即使在机器掉电情况下存储的程序也不会丢失的存储器，主要用来存放系统程序；随机读写存储器的特点是写入与擦除都很容易，但在掉电情况下存储的数据会丢失，一般用来存放用户程序及系统运行中产生的临时数据。为了能使用户程序及某些运算数据在 PLC 脱离外界电源后也能保持，在实际使用中都为一些重要的随机读写存储器配备电池或电容等掉电保持装置。

(3) 输入单元

输入单元是连接 PLC 与其他外部设备之间的桥梁。生产设备的控制信号通过输入模块传送给 CPU。

开关量输入接口用于连接由按钮、选择开关、行程开关、接近开关和各类传感器传来的信号。PLC 输入电路中有光耦合器隔离，并设有 RC 滤波器，用以消除输入触点的抖动和外部噪声干扰。当输入开关闭合时，一次电路中流过电流，输入指示灯亮，光耦合器被激励，三极管从截止状态变为饱和导通状态，这是一个数据输入过程。图 2.1.6 给出了直流及交流两类输入接口的电路图，图中虚线框内的部分为 PLC 内部电路，框外为用户接线。在一般整体式 PLC 中，直流输入口都使用可编程本机的直流电源供电，不再需要外接电源。

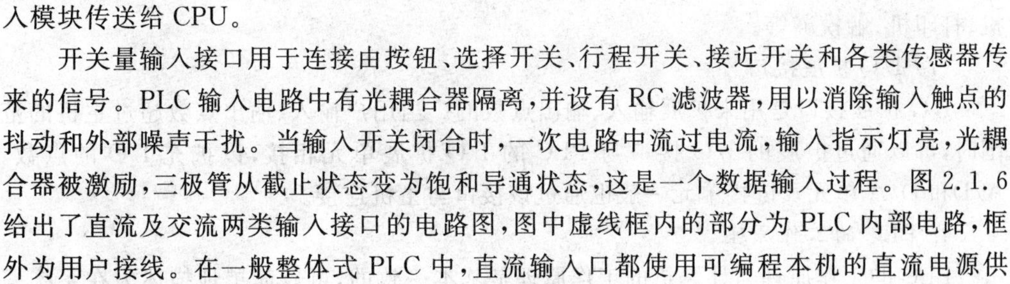

图 2.1.6　输入接口电路图

模拟量输入模块是将输入的模拟量(如电流、电压等)转换成 PLC 的 CPU 可接收的数字量，在 PLC 中将模拟量转化成数字量的模块称为 A/D 模块。

(4) 输出单元

输出接口用于连接继电器、接触器、电磁阀线圈，是 PLC 的主要输出口，是连接 PLC 与外部执行元件的桥梁。PLC 有 3 种输出方式：继电器输出、晶体管输出、晶闸管输出，如图 2.1.7 所示。继电器输出型为有触点输出方式，可用于直流或低频交流负载；晶体管输出型和晶闸管输出型都是无触点输出方式，前者适用于高速、小功率直流负载，后者适用于高速、大功率交流负载。

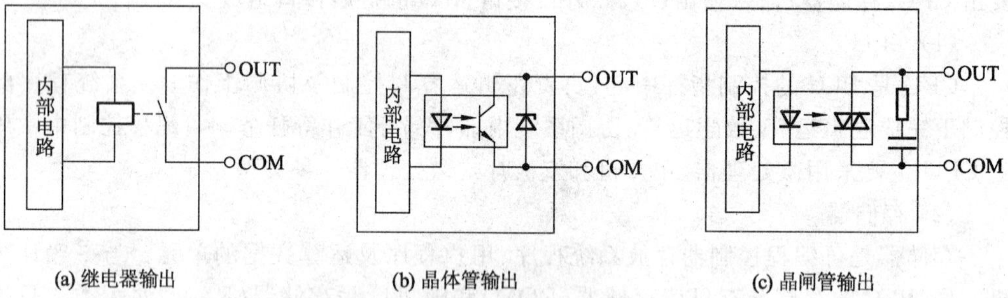

(a) 继电器输出　(b) 晶体管输出　(c) 晶闸管输出

图 2.1.7　PLC 输出方式

(5) 电源

PLC 一般采用 AC220 V 电源，经整流、滤波、稳压后可变换成 PLC 的 CPU、存储器等电路工作所需的直流电压，有的 PLC 也采用 DC24 V 电源供电。为保证 PLC 工作可靠，一般采用开关电源供电。有的 PLC 还向外提供 24 V 直流电源。

(6) 外设接口

外设接口是在主机外壳上与外部设备配接的插座，通过电缆线可配接编程器、计算机、打印机、触摸屏等。

(7) I/O 扩展接口

I/O 扩展接口是用来扩展输入、输出点数的。当用户输入、输出点数超过主机的范围时，可以通过扩展的 I/O 接口与 PLC 的 I/O 扩展单元相接，以扩充 I/O 的点数。A/D和 D/A 单元及链接单元一般也通过该接口与主机连接。

4. PLC 的工作原理

PLC 的工作原理与计算机的工作原理是基本一致的，可以简单地描述为在系统程序的管理下，通过运行应用程序完成用户任务。PLC 在确定了工作任务、装载入专用程序后就成为一种专用机，采用循环扫描工作方式。其工作过程大致分为 3 个阶段：输入采样、程序执行和输出刷新，如图 2.1.8 所示。每个扫描周期大概需要 1～100 ms。

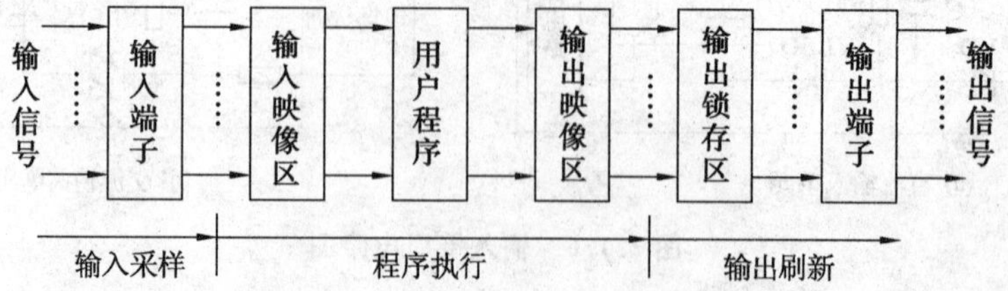

图 2.1.8　PLC 的扫描工作方式

(1) 输入采样

在输入采样阶段,PLC 扫描全部输入端口,读取各开关点的通、断状态,以及 A/D 转换值,并写入输入映像寄存器中存储,这一过程称为采样。在本周期内,采样结果的内容不会改变,而且这个采样结果将在 PLC 执行程序时使用。

(2) 程序执行阶段

PLC 按顺序对用户程序进行扫描,按梯形图从左到右、从上到下逐步扫描每条指令,并根据输入/输出状态及有关数据进行逻辑运算,再将结果写入输出寄存器中保存,但这个结果在全部程序未执行完毕前不会送到输出端口。

(3) 输出刷新阶段

在所有指令执行完毕后,把输出寄存器中的内容送入寄存输出状态的输出锁存器中,再以一定的方式去驱动外部设备,这就是输出刷新。

PLC 对用户程序的执行是通过 CPU 周期性的循环扫描工作方式来实现的。PLC 工作的主要特点是输入信号集中采样,执行过程集中批处理和输出控制过程集中批处理。PLC 的这种“串行”工作方式可以避免继电接触控制中触点竞争和时序失配的问题。这是 PLC 可靠性高的原因之一,但是却导致输出对输入在时间上的滞后,降低了系统响应的速度。

任务实施

1. 西门子系列 PLC 的型号简介

SIMATIC 是 Siemens Automatic(西门子自动化)的缩写,是西门子 A&D 集团的注册商标。

1958 年,第一代 SIMATIC NB 使用晶体管,只有逻辑功能。1973 年研制出第一代 SIMATIC S3,1979 年研制出第二代 SIMATIC S5,1996 年研制出第三代 SIMATIC S7,2004 年研制出第四代 SIMATIC S7-200CN 中国,2009 年研制出第五代 SIMATIC S_7-1200。

2. 实验准备

PLC 实验装置(如浙江天煌教仪,网络型可编程控制器高级实验装置)、计算机、PLC 编程软件安装光盘、PLC 编程电缆、常用低压电器、三相异步电动机等。

3. 实验步骤

(1) S7-200 PLC 实物外形结构

S7-200 PLC 实物外形结构,如图 2.1.9 所示。

① 外部端子部分。外部端子包含 PLC 的交流电源端子和直流电源端子。其主要完成电源、输入信号和输出信号的连接。

② 指示部分。指示部分包含各 I/O 点的状态指示、PLC 电源指示、PLC 运行指示、用户程序存储后备电池状态指示及程序出错指示、CPU 出错指示等。

③ 接口部分。接口部分主要包含编程器、扩展单元、扩展模块、特殊模块及存储卡盒等外部设备的接口,其作用是完成基本单元同上述外部设备的连接。在编程器接口边上,还有一个 PLC 运行模式转换开关 SW1,它有 RUN 和 STOP 两个运行模式,RUN

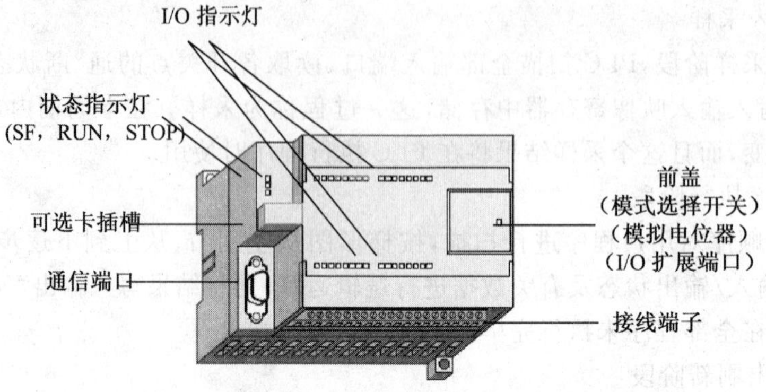

图 2.1.9　S7-200 PLC 外形图

模式能使 PLC 处于运行状态（RUN 指示灯亮）；STOP 模式能使 PLC 处于停止状态（RUN 指示灯灭），此时，PLC 可进行用户程序的编辑和修改。

(2) PLC 的安装

① 水平导轨安装，如果需要，还可以扩展一条导轨，两者之间用专用的线缆连接，如图 2.1.10 所示。

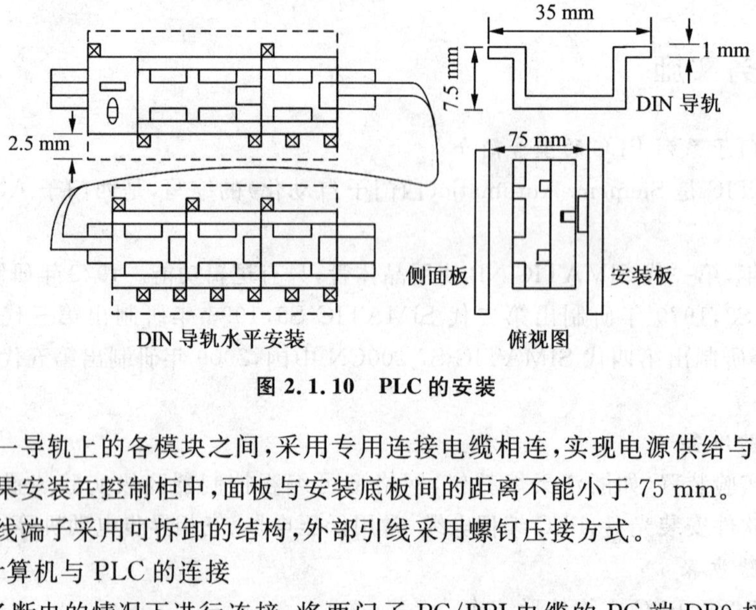

图 2.1.10　PLC 的安装

② 同一导轨上的各模块之间，采用专用连接电缆相连，实现电源供给与信号传输。

③ 如果安装在控制柜中，面板与安装底板间的距离不能小于 75 mm。

④ 接线端子采用可拆卸的结构，外部引线采用螺钉压接方式。

(3) 计算机与 PLC 的连接

在设备断电的情况下进行连接，将西门子 PC/PPI 电缆的 PC 端 DB9 接头连接到计算机的 RS232 接口，将电缆的 PPI 端 DB9 接头连接到 PLC 前面板上的 RS485 通信口。

(4) PLC 编程软件的安装

① 安装方法。打开 STEP7-Micro/Win 32 安装包，运行安装文件 Setup. exe。单击【NEXT】按钮选择安装目录，一般情况下，取默认目录即可。

② 系统安装好后，首次运行出现的是英文目录，需要重新进行设置。执行菜单命令【Tools】→【Options】，在弹出的对话框中，点选左边的【General】，选择语言【Chinese】。退出，重新起动软件界面即可变成中文。如图 2.1.11 所示。

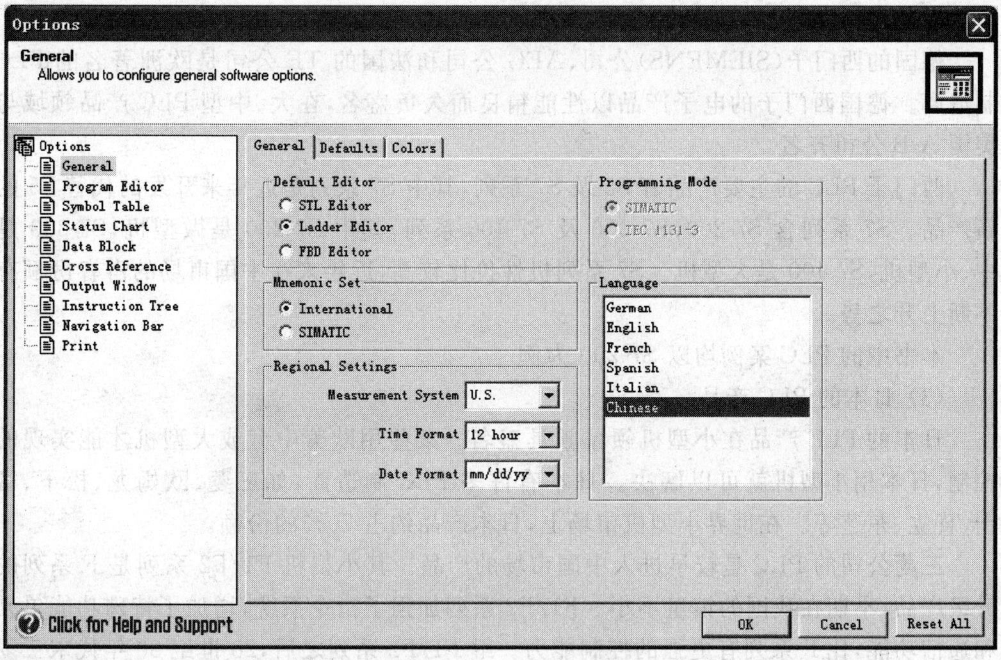

图 2.1.11　中文界面设置

知识拓展

1. 常用 PLC 介绍

PLC 自问世以来，发展极为迅速。1971 年日本从美国引进了这项新技术，很快研制了日本第一台可编程控制器 DSC-8；1973 年西欧国家也研制出他们的第一台可编程控制器；我国从 1974 年开始研制可编程控制器，1977 年开始其工业应用。

随着 PLC 市场的不断扩大，PLC 生产已经发展成为一个庞大的产业，主要厂商集中在日本及欧美国家。美国与欧洲一些国家的 PLC 是在相互隔离的情况下独立研究开发的，产品有比较大的差异；日本的 PLC 则是基于从美国引进的 PLC，对美国的 PLC 产品有一定的继承性。另外，日本的主推产品定位在小型 PLC 上，而欧美则以大中型 PLC 为主。

(1) 美国的 PLC 产品

美国有 100 多家 PLC 生产厂商，著名的有 A-B 公司、通用电气（GE）公司、莫迪康（MODICON）公司、德州仪器（TI）公司、西屋公司等。其中 A-B 公司是美国最大的 PLC 制造商，其产品约占美国 PLC 市场的一半。A-B 公司的产品规格齐全、种类丰富，其主推的产品为大、中型机的 PLC-5 系列；小型机产品有 SLC-500 系列等。

GE 公司的代表产品是 GE-Ⅰ，GE-Ⅱ，GE-Ⅳ等系列，分别为小型机、中型机及大型机，GE-Ⅵ/P 最多可配置 4 000 个 I/O 点。TI 公司的小型机产品有 510，520 等，中型机有 5TI 等，大型机产品有 PM550（530/560/565）等系列。莫迪康公司生产的产品有 M84 系列小型机、M484 系列中型机、M584 系列大型机；M884 是增强型中型机，具有小型机的结构、大型机的控制功能。

(2) 欧洲的 PLC 产品

德国的西门子(SIEMENS)公司、AEG 公司和法国的 TE 公司是欧洲著名的 PLC 制造商。德国西门子的电子产品以性能精良而久负盛名,在大、中型 PLC 产品领域与美国 A-B 公司齐名。

西门子 PLC 的主要产品有 S5 及 S7 系列,其中 S7 系列是近年来开发的代替 S5 的新产品。S7 系列含 S7-200,S7-300 及 S7-400 系列,其中 S7-200 是微型机,S7-300 是中、小型机,S7-400 是大型机。S7 系列机性价比较高,近年来在中国市场的占有份额有不断上升之势。

本书中的 PLC 案例均以 S7-200 为例。

(3) 日本的 PLC 产品

日本的 PLC 产品在小型机领域颇具盛名。某些用欧美中型或大型机才能实现的控制,日本用小型机就可以解决。日本有许多 PLC 制造商,如三菱、欧姆龙、松下、富士、日立、东芝等。在世界小型机市场上,日本产品约占 70%的份额。

三菱公司的 PLC 是较早进入中国市场的产品。其小型机 F1/F2 系列是 F 系列的升级产品,早期在我国的销量不小。F1/F2 系列加强了指令系统,增加了特殊功能单元和通信功能,比 F 系列有更强的控制能力。继 F1/F2 系列之后,20 世纪 80 年代末三菱公司又推出 FX 系列,在容量、速度、特殊功能、网络功能等方面都有了全面的加强。FX2 系列是在 20 世纪 90 年代推出的高功能整体式小型机,配有各种通信适配器和特殊功能单元。FX_{2N}系列是近几年推出的高功能整体式小型机,是 FX2 系列的换代产品。近年来,三菱公司还不断推出满足不同要求的微型 PLC,如 FX_0s,FX_1s,FX_0n,FX_1n 等系列的产品。

欧姆龙(OMRON)公司的 PLC 产品,大、中、小、微型规格齐全。微型机以 SP 系列为代表;小型机有 P 型,H 型,CPM1A,CPM2A,CPM2C 系列及 CQM1 系列等;中型机有 C200H,C200HS,C200HX,C200HX,C200HG,C200HE 及 CS1 等系列。

松下公司的 PLC 产品中,FP0 为微型机;FP1 为整体式小型机;FP3 为中型机;FP5/FP10,FP10S,FP20 为大型机。

(4) 我国的 PLC 产品

我国有许多厂家及科研院所从事 PLC 的研制及开发工作,研发了众多产品,如中国科学院自动化研究所的 PLC-0088;北京联想计算机集团公司的 GK-40;苏州机床电器厂的 YZ-PC-001A;上海自立电子设备厂的 KK1 系列;无锡华光电子工业有限公司的 SR-10,SR-20/21 等。

2. PLC 编程电缆与计算机

PC/PPI 通信电缆为 RS232 接口,USB/PPI 通信电缆为 USB 接口,USB/RS232C 通信电缆为 USB 转 RS232 接口,如图 2.1.12 所示。

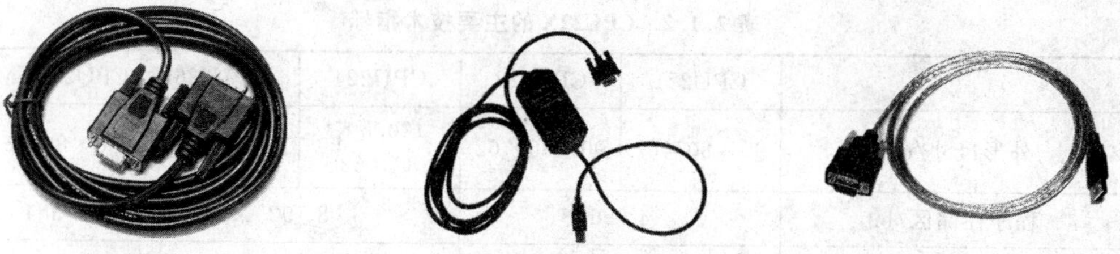

(a) PC/PPI　　(b) USB/PPI　　(c) USB/RS232C

图 2.1.12　PLC 通信电缆

9 针接口的插针功能分配见表 2.1.1，其中，DB9M 为 DB9 针(公)的 D 型接头(计算机的 RS232C)，DB9F 为 DB9 孔(母)的 D 型接头(PLC 的 RS485)。

表 2.1.1　DB9 接口的插针分配

连接器	插针号	PROFIBUS 信号	端口 0/端口 1
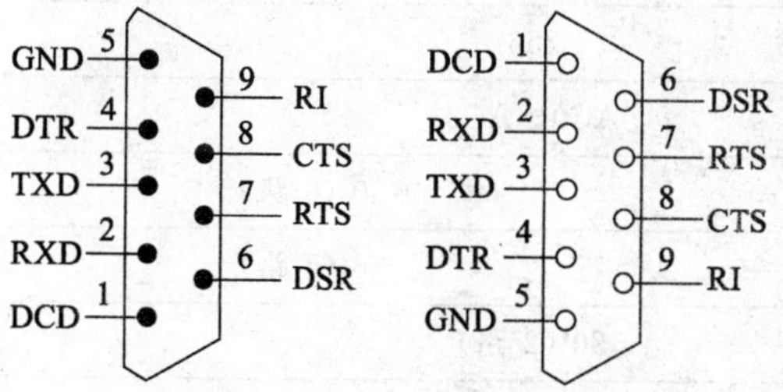(a) 阳头 (DB9M)　(b) 阴头 (DB9F)	1	屏蔽	机壳接地
	2	24 V 返回	逻辑地
	3	RS485 信号 B	RS485 信号 B
	4	请求一发送	RTS(TTL)
	5	5 V 返回	逻辑地
	6	+5 V	+5 V，100 Ω 电阻
	7	+24 V	+24 V
	8	RS485 信号 A	RS485 信号 A
	9	不适用	10 位协议选择(输入)
	外壳	屏蔽	机壳接地

3. S7-200 系列 PLC 主要技术指标

S7-200PLC 系列 PLC 有 CPU21X 和 CPU22X 两代产品，其中 CPU22X 是 S7-200 的第二代产品；CPU22X 有 CPU221，CPU222，CPU224，CPU226，CPU226XM 共 5 个基本型号，它们的主要技术性能各有不同，如表 2.1.2 所示。

表 2.1.2　CPU22X 的主要技术指标

		CPU221	CPU222	CPU224	CPU226	CPU226XM
外形尺寸/mm		90×80×62	90×80×62	120.5×80×62	190×80×62	190×80×62
程序存储区/bit		4 096		8 192		16 384
数据存储区/bit		2 048		5 120		10 240
用户存储类型		EEPROM				
掉电保护时间/h		50		190		
本机 I/O 点数		6 入/4 出	8 入/6 出	14 入/10 出	24 入/16 出	
扩展模块数量		无	2	7		
数字量 I/O 映像/bit		256（128 入/128 出）				
模拟量 I/O 映像/bit		无	32(16 入/16 出)	64（32 入/32 出）		
内部通用继电器/bit		256				
内部定时器/计数器		256/256				
顺序控制继电器/bit		256				
累加寄存器		AC0－AC3				
高速计数器	单相/kHz	30（4 路）		30（6 路）		
	双相/kHz	20（2 路）		20（4 路）		
脉冲输出(DC)/kHz		20（2 路）				
模拟调节电位器		2				
通信口		1RS－485		2RS－485		
通信中断发送/接收		1/2				
定时器中断		2（1～255 ms）				
硬件输入中断		4				
实时时钟		需配时钟卡		内置		
口令保护		有				
布尔指令执行速度		0.37 μs/指令				

从表 2.1.1 中可以看出，CPU221 有 6 输入/4 输出的 I/O 点数，程序和数据存储量较小，有一定的高速计数处理能力，非常适合于点数少的控制系统；CPU222 有 8 输入/6 输出的 I/O 点数，能扩展 2 个外部功能模块，因此其应用面更广；CPU224 有 14 输入/10 输出的 I/O 点数，程序和数据存储容量较大，并能最多扩展 7 个外部功能模块，内置时钟，因此成为 S7-200 系列中应用最广的产品；CPU226 有 24 输入/16 输出的 I/O 点数，比 CPU224 增加了 1 路通信口，因此适用于控制要求较高、点数多的小型或中型控制系统；CPU226XM 在 CPU226 的基础上进一步增大了程序和数据存储空间，其他指标与 CPU226 相同。

思考与练习

1. PLC 的基本结构如何？试阐述其工作原理。

2. PLC 控制系统与传统的继电接触器控制系统有何区别？

3. PLC 按结构可分为哪两种？分别应用于什么场合？

4. PLC 的特点是什么？PLC 主要应用在哪些领域？

5. PLC 工作时读取和改写数据的方式是什么？通过输入输出映像寄存区读写数据的优点是什么？

任务二 电动机自锁控制程序设计

任务导入

三相异步电动机直接起动的继电接触控制系统如图 2.1.13 所示，现要改用 PLC 控制电动机的起停。具体设计要求：当按下起动按钮 SB2 时，电动机起动并连续运行，当按下停止按钮 SB1 或热继电器动作时，电动机停止。

当采用 PLC 控制电动机起停时，必须将按钮的控制指令送到 PLC 的输入端，经过程序运算，再以 PLC 的输出驱动接触器 KM1 线圈得电，电动机才能运行。那么，如何将输入、输出器件与 PLC 连接，PLC 又是如何编写控制程序的呢？这就要用到 PLC 内部的编程元件：输入继电器 I 和输出继电器 Q。

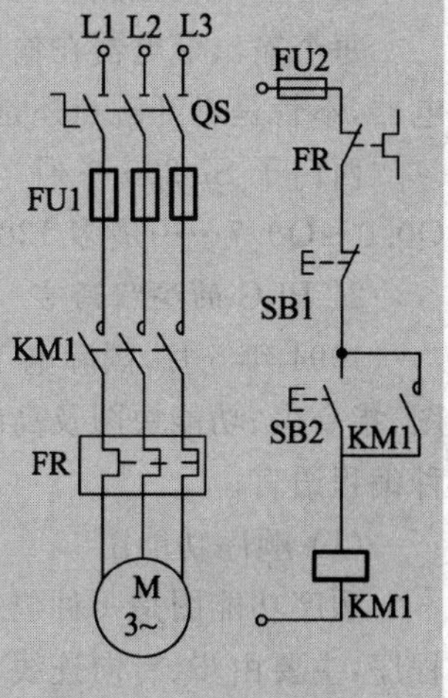

图 2.1.13 电机运行

相关知识

1. 输入继电器 I 和输出继电器 Q

PLC 内部有许多具有不同功能的编程元件，如输入继电器、输出继电器、定时器、计数器等，它们不是物理意义上的实物继电器，而是由电子电路和存储器组成的虚拟器件，又称为“软继电器”。软继电器实际上是 PLC 内部存储器某一位的状态，该位状态为“1”，相当于继电器接通；该位状态为“0”，相当于继电器断开。在 PLC 程序中出现的线圈与触点均属于软继电器，软继电器与真实继电器最大的区别在于软继电器的触点可以无限次地使用。不同厂家不同型号的PLC,其编程元件的数量和种类有所不同。西门子S7-200系列PLC的软继电器的线圈和触点的符号如图2.1.14所示,其中手写时常用"圆"表示线圈,在用编程软件表示时常用"括号"表示线圈。

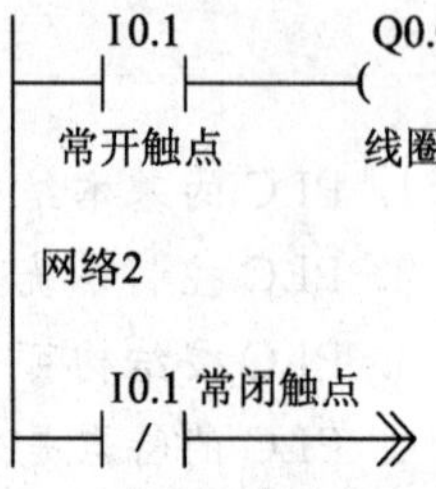

图 2.1.14　PLC 的线圈与触点

(1) 输入继电器I

输入继电器I与PLC输入端相连,它是专门用来接受PLC外部开关信号的元件。PLC通过输入接口将外部输入信号状态(接通时为"1",断开时为"0")读入并存储在输入映像寄存器中。

输入继电器必须由外部信号驱动,不能由程序驱动,所以在程序中不可能出现其线圈。由于输入继电器反映输入映像寄存器中的状况,所以其触点的使用次数不限。

西门子S7-200系列PLC的输入继电器采用I和×.×共同组成编号,地址范围是I0.0～I0.7,…,I15.0～I15.7。

(2) 输出继电器Q

输出继电器Q用来将PLC内部信号输出传送给外部负载(电机、指示灯等设备)。输出继电器线圈是由PLC内部程序的指令驱动,其线圈状态传送给输出单元,再由输出单元对应的硬触点来驱动外部负载。

每个输出继电器在输出单元中都有对应的常开硬触点,在程序中供编程的输出继电器,不管是常开触点还是常闭触点都是软触点,所以可以使用无数次。

西门子S7-200系列PLC的输出继电器采用Q和×.×共同组成编号,地址范围是Q0.0～Q0.7……最多128位。

2. PLC的编程语言

1994年5月,国际电工委员会公布了PLC常用的5种编程语言:顺序功能图、梯形图、指令表、功能块图及高级语言。其中,用得最多的是顺序功能图、梯形图和指令表3种编程语言。

(1) 顺序功能图

顺序功能图是一种位于其他编程语言之上的图形语言,它主要用来编制顺序控制程序,主要由步、有向连线、转换条件和动作组成。

(2) 梯形图

梯形图编程语言是由电气原理图演变而来的,它沿用了继电接触逻辑控制图中的触点、线圈、串并联等术语和图形符号,具有形象、直观、实用的特点,易于接受,是目前使用最多的一种PLC编程语言。

图2.1.15所示为用梯形图语言编写的PLC程序。图中左、右母线类似于继电接触控制图中的电源线,输出线圈类似于负载,输入触点类似于按钮。梯形图由若干梯级组成,每个梯级是一个因果关系。在梯级中,触点表示逻辑输入条件,如外部的开关、按钮和内部条件等;线圈通常代表逻辑结果,用来控制外部的指示灯、接触器和内部的输出标志位等。梯形图自上而下排列,每个梯级起于左母线,经触点一线圈,止于右母线,右母线也可以不画。

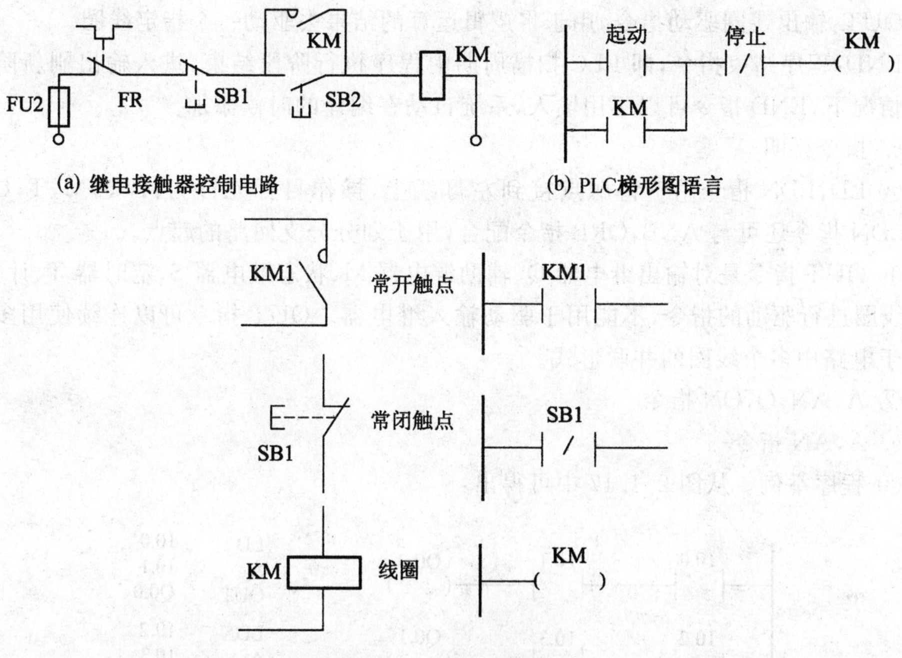

(a) 继电接触器控制电路　　(b) PLC梯形图语言

(c) 电气符号及基对应的程序符号

图 2.1.15　梯形图程序

注意事项如下：

① 梯形图每一个梯级中并没有真正的电流流过。

② 在执行程序时，是自上而下一个梯级一个梯级扫描执行的；位于梯形图上一级的线圈要比下一级的线圈先通电，执行完一个扫描周期后再重新从第一个梯级开始执行，即 PLC 是串行周期扫描方式。而在继电接触器控制电路中，只要满足逻辑关系，可以同时执行满足条件的分支电路，即继电接触器控制电路是并行工作方式。

(3) 指令表

PLC 的指令是一种与微机汇编语言中的指令极其相似的助记符表达式，由指令组成的程序叫作指令表程序。不同厂家 PLC 指令的助记符有所不同，但基本的逻辑与运算的指令功能可以相通。在编程软件中，梯形图和指令表可以自动转换。

① LD，LDN，OUT，END 指令

a. 程序举例

在图 2.1.16 中，当 I0.0 按下时，输入继电器 I0.0 的线圈得电，其常开触点闭合，输出继电器 Q0.0 通电，Q0.0 对应的指示灯点亮；当 I0.1 按下时，输入继电器 I0.1 的线圈得电，其常闭合触点断开，输出继电器 Q0.1 失电，Q0.1 对应的指示灯熄灭。

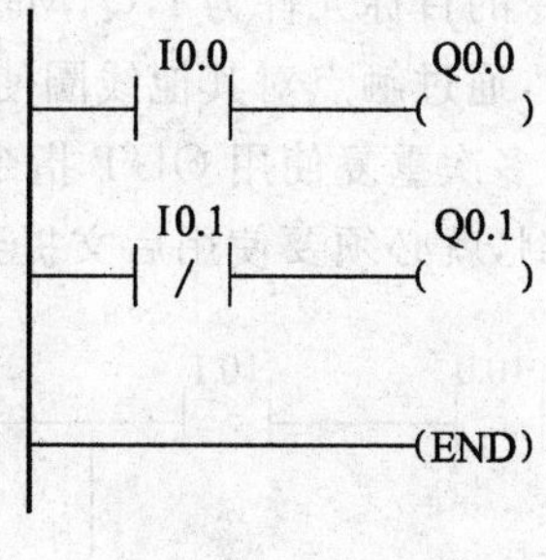


```
LD   I0.0
OUT  Q0.0
LDN  I0.1
OUT  Q0.1
END
```

图 2.1.16　LD，LDN，OUT 指令举例

b. 指令用法

LD：取常开触点指令，用于常开触点与左母线连接。

LDN：取反指令，用于常闭触点与左母线连接。

OUT:输出线圈驱动指令,用于将逻辑运算的结果去驱动一个指定线圈。

END:程序结束指令,即 PLC 扫描周期中程序执行阶段结束,进入输出刷新阶段。一般情况下,END 指令可以不用输入,系统自动在编译的时候添加。

c. 指令说明

ⓐ LD,LDN 指令用于将触点接到左母线上,操作目标元件为:I,Q,M,T,C,S。LD,LDN 指令还可与 ANB,ORB 指令配合,用于划分分支回路的起点。

ⓑ OUT 指令是对输出继电器 Q、辅助继电器 M、状态继电器 S、定时器 T、计数器 C 的线圈进行驱动的指令,不能用于驱动输入继电器。OUT 指令可以连续使用多次,相当于电路中多个线圈的并联形式。

② A,AN,O,ON 指令

a. A,AN 指令

ⓐ 程序举例。从图 2.1.17 中可得出:

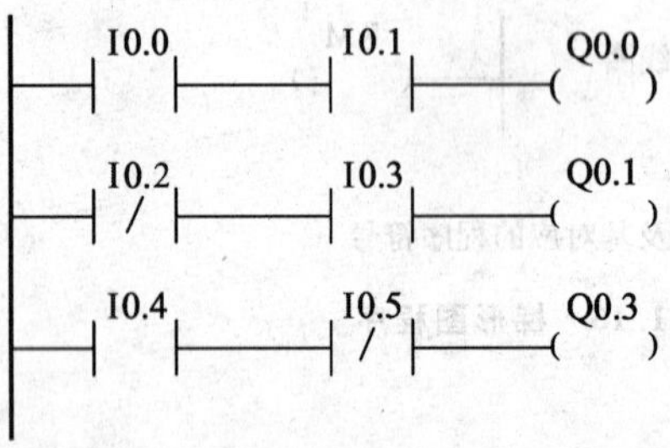

LD	I0.0
A	I0.1
OUT	Q0.0
LDN	I0.2
A	I0.3
OUT	Q0.1
LD	I0.4
AN	I0.5
OUT	Q0.3

图 2.1.17　A,AN 指令举例

当 I0.0 按下,同时 I0.1 也按下时,Q0.0 通电;

不按 I0.2,按下 I0.3 时,Q0.1 通电;

按下 I0.4,不按 I0.5 时,Q0.3 通电。

ⓑ 指令用法。

A:与指令,用于单个常开触点的串联,完成逻辑"与"运算。

AN:与反指令,用于单个常闭触点的串联,完成逻辑"与非"运算。

ⓒ 指令说明。

A,AN 指令均用于单个触点的串联,串联触点数目没有限制。这两个指令可以重复多次使用。指令的目标元件为 I,Q,M,T,C,S。

OUT 指令后,通过触点对其他线圈使用 OUT 指令称为纵接输出。这种纵接输出如果顺序不错,可多次重复使用 OUT 指令,如图 2.1.18 所示。如果 Q0.0 与 Q0.1 所在分支的顺序颠倒,就必须要使用后文提到的 LPS,LRD,LPP(堆栈)指令。

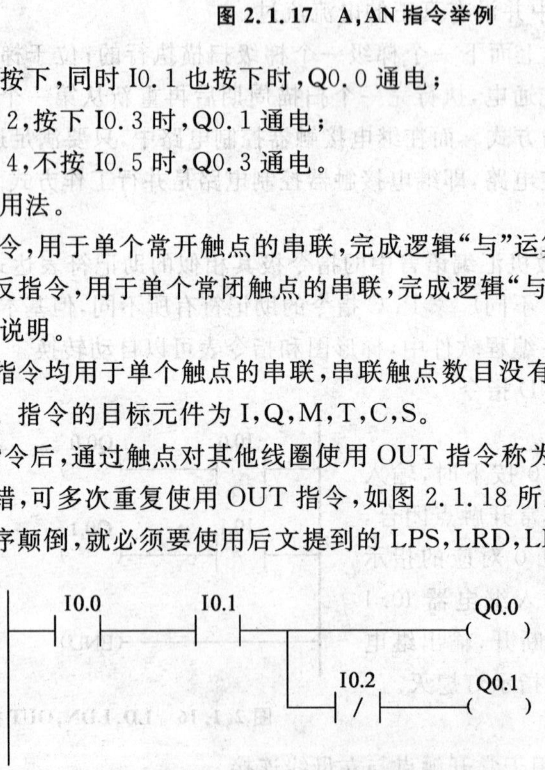

LD	I0.0
A	I0.1
OUT	Q0.0
AN	I0.2
OUT	Q0.1

图 2.1.18　连续使用 OUT 指令

串联和并联指令是用来描述单个触点与其他触点组成的电路连接关系的。

b. O,ON 指令

ⓐ 程序举例。从图 2.1.19 中可得出：

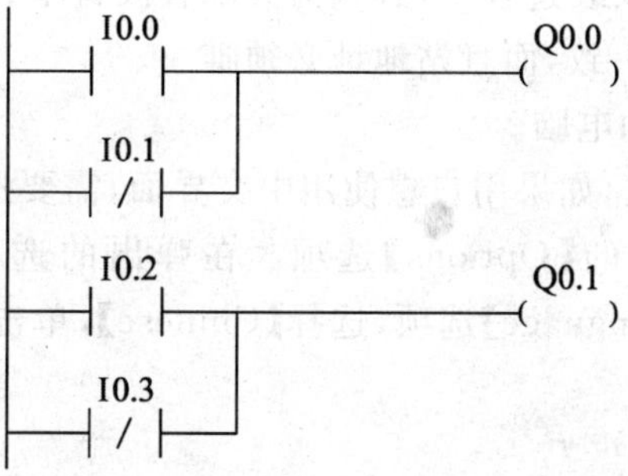


```
LD    I0.0
ON    I0.1
OUT   Q0.0
LDN   I0.2
ON    I0.3
OUT   Q0.1
```

图 2.1.19　O,ON 指令举例

当 I0.0 或 I0.1 按下时,Q0.0 通电；

当 I0.2 或 I0.3 都不被按下时,Q0.1 通电；两者中有一个被按下,Q0.1 仍通电；两者都按下,Q0.1 失电。

ⓑ 指令用法。

O：或指令,用于单个常开触点的并联。

ON：或非指令,用于单个常闭触点的并联。

ⓒ 指令说明。

O,ON 指令用于一个触点的并联连接指令。它们可以对 I,Q,M,S,T,C 进行操作。若将两个以上的触点串联连接的电路块并联连接时,要用后面提到的 OLD 指令。

O,ON 指令可以连续使用,不受使用次数的限制。

3. STEP7-Micro/win 32 编程和仿真软件

STEP7-Micro/win 32 是西门子公司专为 S7-200 系列 PLC 设计的编程软件,其界面和编程文件均有中文版,可在 Windows 操作系统中运行。

在 STEP7-Micro/win 32 软件中,可以通过梯形图符号、助记符来创建指令程序,建立注释数据及设置寄存器数据,并可将其存储为文件,或用打印机打印。

(1) 软件安装

① PC 机硬件的配置

STEP7-Micro/win 32 既可以在 PC 机上运行,也可以在西门子公司的编程器上运行。PC 机或编程器的最小配置如下：

操作系统：WINDOWS 2000 以上,或者 WINXP,WIN7,WIN8。

奔腾以上兼容机,内存 512 M 以上,VGA 显示器,至少 500 M 的硬盘空间,键鼠。

通信电缆：PC/PPI 电缆,用于 PC 与 PLC 连接。

② 软件的安装

a. 进入安装文件所在文件夹,点击“setup. exe”安装。注意：在安装的时候,最好把其他应用程序关掉,包括杀毒软件、防火墙、IE、办公软件,以免发生冲突。按照安装向导完成软件的安装。

b. 选择安装程序的界面语言，这里选择英语【English】。

c. 为 STEP7-Micro/win 32 选择安装目录，可以手动更改安装的位置，单击【Next】继续下面的步骤。

d. 在 STEP7-Micro/win 32 安装过程中，必须为其配置波特率和站地址，其波特率必须与网络上其他设备的波特率一致，而且站地址必须唯一。

e. 软件安装完成后，重新起动电脑。

f. 初次运行软件，界面是英文，如果用户想使用中文界面，需要进行设置。

在主菜单中，选择【Tools】中的【Options】选项。在弹出的选项对话框中，选择【General】，对话框右方会显示【Language】选项，选择【Chinese】，单击确定按钮，保存退出，然后重新起动软件即可。

③ 建立与 PLC 的通信

顺利安装完硬件与软件后，就可以建立 PC 与 PLC 主机的在线联系了，方法如下：

a. 在 STEP7-Micro/win 32 主操作界面下，单击操作栏中的【通信】图标，或者选择主菜单中的【查看】→【组件】→【通信】选项，就会出现一个通信建立对话框，显示是否连接了 CPU 主机；

b. 双击【刷新】图标，STEP7-Micro/win 32 将检查连接的所有 S7-200 站，并为每个站建立一个 CPU 图标；

c. 双击要进行通信的站，在通信建立对话框中可以显示所选站的通信参数，此时，可以建立与 S7-200CPU 的在线联系，如进行主机组态、上传与下载等操作。

(2) STEP7-Micro/win 32 软件的基本界面

起动 STEP7-Micro/win 32 软件后，系统就直接打开了软件的主窗口，主窗口分为五大功能区，如图 2.1.20 所示。

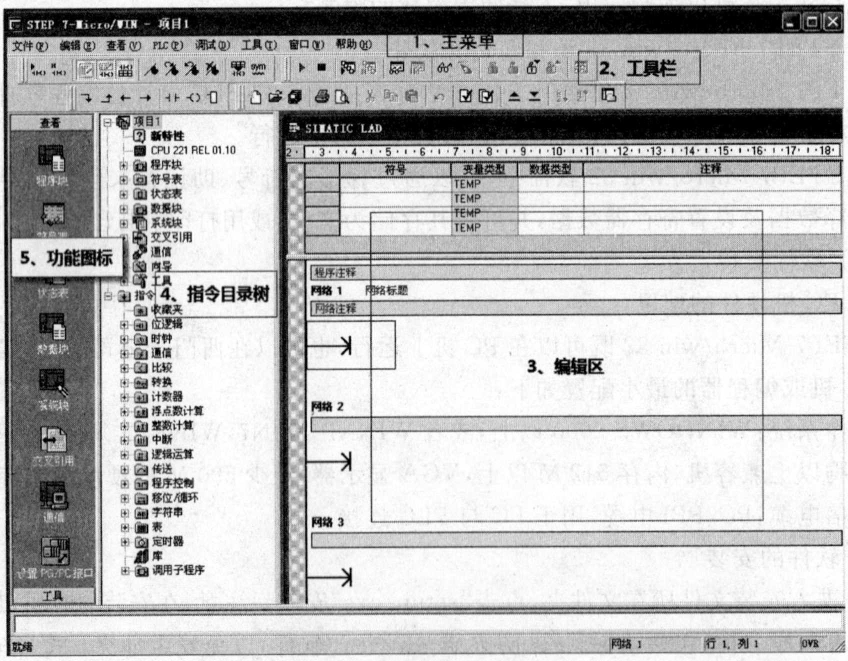

图 2.1.20　软件的主窗口

① 主菜单区

【文件】的主要功能是打开、关闭或者新建一个工程文件，也负责打印设置与密码设置等操作。

【编辑】的主要功能有内容的选择、复制与粘贴，以及查找与替换。

【查看】的功能是 3 种编程语言的切换和查看，工具栏的显示与隐藏等。

【PLC】的功能是负责 PLC 的运行与停止及编译等工作。

【调试】的功能是负责首次扫描、多次扫描及程序状态监控。

【工具】的功能是选择以太网向导、因特网向导等。

【窗口】的功能是安排主窗口的排列，可以层叠铺开，或者横向等排列窗口。

【帮助】的功能是 PLC 软件的索引与目录。

② 工具栏

工具栏中列出了常用的编辑程序工具，可以通过菜单中的【查看】命令控制工具栏的显示、隐藏及恢复初始状态。

③ 编辑区

此片区域为程序编辑区，通过放置指令工具条可以输入梯形图程序。在每个功能区块的上方，可以添加程序的注解，方便用户阅读程序。

④ 指令目录树

在此区域中，列出了 PLC 所有的系统指令方便用户查找，如果是熟练的用户，可以关闭此目录树，以增加程序编辑的空间。通过菜单中的【查看】→【框架】→【指令树】来打开或者关闭此区域。

⑤ 功能图标

此区域列出了 PLC 常用的功能模块，点击相应的按钮即可打开。可以通过主菜单中的【查看】→【框架】→【浏览条】来打开或者显示。

(3) 梯形图程序的生成和编辑

图 2.1.21 所示是一个梯形图，下面以某程序为例，说明如何利用软件编写程序。

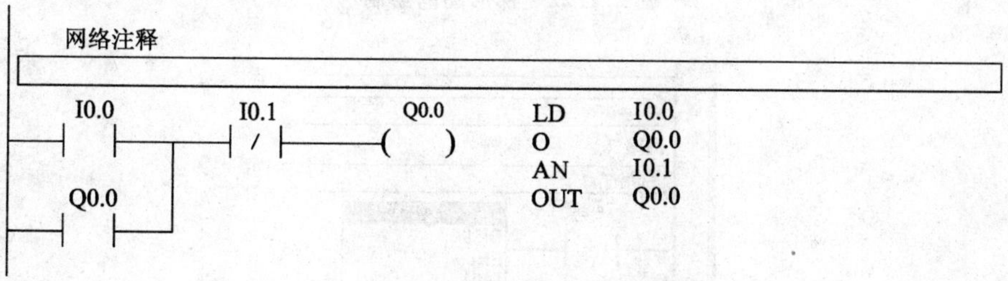

图 2.1.21　PLC 简单程序示例

① 打开 STEP7-Micro/win 32 编程软件，系统会默认建立一个“项目 1”文档。系统默认的编程方式为梯形图方式(LAD)。

② 首先将光标停在网络 1 的起始处。放入元件的基本方法有两种：

一种是通过上方工具栏中的快捷按钮来完成，如图 2.1.22 所示。此例中，左键点选工具栏中的图标 ┤├，在刚才光标位置会出现一系列常用元件符号，松开鼠标，即可放置一个常开触点，可以连续放置多个，本例中放置一个。接着，同样点选工具栏中的图标 ⊣⊢，在光标处，选择常闭触点放开即可。接下来，点选工具栏中的图标 -( )，出现线圈元件的菜单，点选第一个元件即可放置线圈，如图 2.1.23 所示。接下来，放置并联元件 Q0.0。在元件 I0.0 的下方空白处单击，鼠标点选工具栏中的图标 ⊣⊢，放置一个常开触点松开即可。再在 I0.0 的后方空白处单击鼠标，然后点击工具栏中的图标 ↴，放置向下并联线。这样 I0.0 与 Q0.0 的并联关系就建立了。

放置元件的第二种方法就是快捷键法。比如说，放置常开触点用 F4 键，放置线圈用 F6 键，放置指令盒用 F8 键。熟练以后，用这种方法可以加快放入元件的速度。

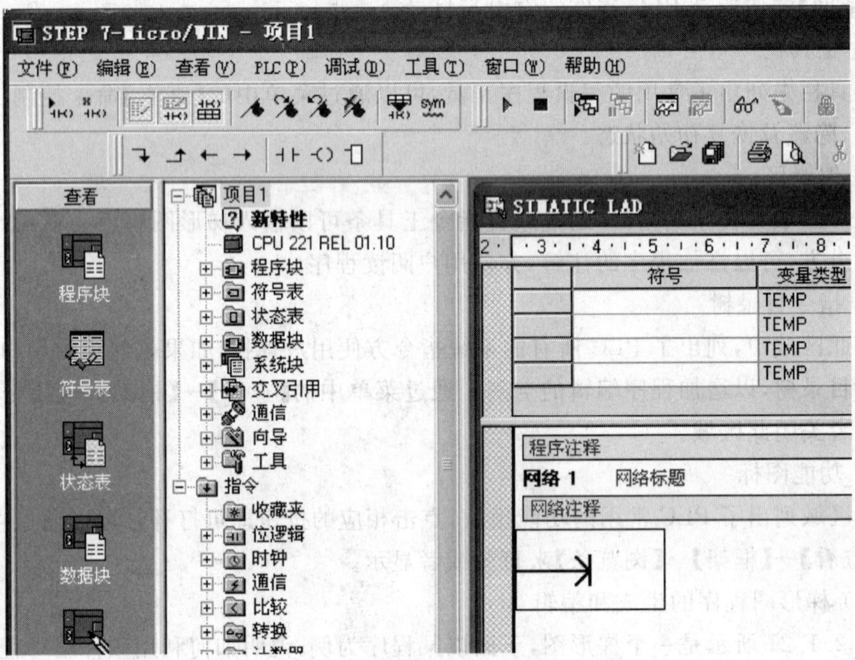

图 2.1.22　梯形图的绘制

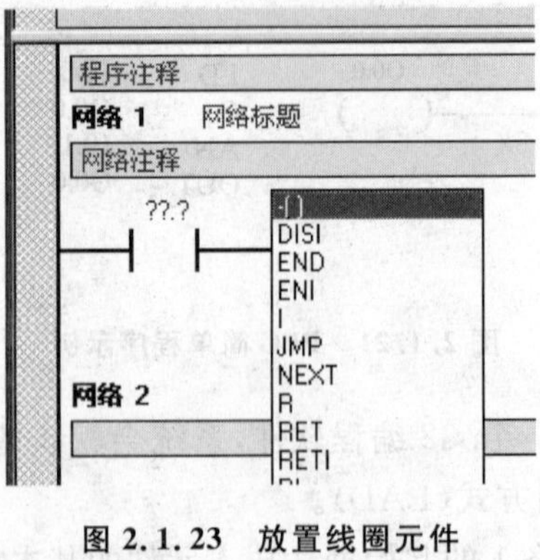

图 2.1.23　放置线圈元件

③ 给元件标注名称。

点击 I0.0 位置的元件上方的问号，会出现编辑区域，输入“I0.0”，然后按回车键，系统会自动跳转到下一个元件的编辑处，直至一行输入结束。依次键入各自的名称，就得到了本次示例的完整的程序，如图 2.1.22 所示。

(4) 程序的插入和删除

梯形图在编程时，经常用到插入与删除一行、一列的操作。

① 插入。将光标定位在需要插入的位置，然后通过菜单中【编辑】→【插入】→【行】，或者直接用快捷方式 CTRL＋T 插入即可。

② 删除。用鼠标点选需要删除的行，然后利用菜单中【编辑】→【删除】→【行】，或者点选需要删除的行，然后点击鼠标的右键，在弹出的菜单中，点选【删除】即可。

(5) 连线的绘制

绘制梯形图时，经常需要用到延长横线向下或者向上连线。需要延长横线时，先用鼠标点选需要延长的位置，然后点击工具栏上的右连线图标 → ，增加横线；如需要向下连线，点选需要连接的位置，然后点击工具栏上的向下连线图标 ↓ 即可；如需向上连线与向左连线时，分别点选相应的图标 ↑ ，← 即可。

(6) 程序修改

若发现梯形图有错误，可进行修改操作，将鼠标定位在需要修改的地方，然后通过放置指令命令直接替换掉元件即可。如果是参数错误，则用鼠标点选相应的参数，出现编辑状态，重新输入参数即可。

(7) 程序的编译与传送

在程序送入到 PLC 之前，程序必须要经过编译，需要进行以下的操作：

① 硬件连接：用专用的编程电缆将计算机的 RS-232 接口和 PLC 的 RS-485 接口连接好，如图 2.1.24 所示。

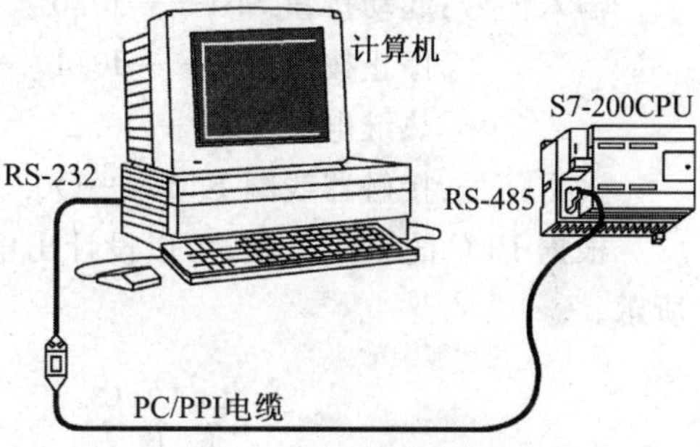

图 2.1.24　PC 与 PLC 主机相连

② 打开软件，点击左下方的【设置 PG/PC 接口】按钮，在弹出的对话框中选择“PC/PPI 通信方式”，点击【属性】按钮，打开对话框，设置 PC/PPI 属性，如图 2.1.25 所示。

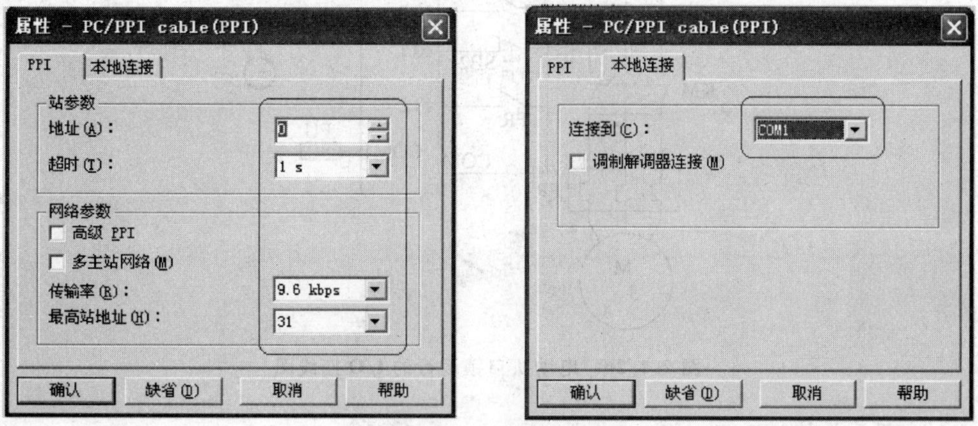

图 2.1.25　通信属性对话框

③ 点击左下方的【通信】按钮，在弹出的对话框中，双击刷新，搜寻 PLC，寻找到 PLC 后，选择该 PLC；至此，PLC 与上位计算机通信参数设置完成。

④ 点击工具栏中的编译图标，编译实训程序，确认无误后，点击程序下载按钮，将程序下载至 PLC 中。下载完毕后，将 PLC 模式选择开关拨至“RUN”状态。

(8) 保存、打开项目

程序编制完成后，必须先进行编译，然后保存，此时，系统会提示保存的路径及项目的名称，设置好路径及项目名称后，单击【保存】即可。

当需要打开保存在计算机中的程序时，点选主菜单中的【文件】→【打开】，在打开的窗口中，选择保存的驱动器和项目名称再确定即可。

任务实施

1. 分配 I/O 地址

根据电动机自锁运行要求可知：输入信号有起动按钮 SB1、停止按钮 SB2 和热继电器的触点 FR；输出信号有接触器的线圈 KM。确定它们与 PLC 中的输入继电器和输出继电器的对应关系，可得 PLC 控制系统的 I/O 端口分配。

输入信号：起动按钮 SB1——I0.0

停止按钮 SB2——I0.1

热继电器 FR——I0.2

输出信号：接触器线圈 KM——Q0.0

根据 PLC 的 I/O 分配，可以设计出电动机自锁运行控制的 I/O 接线，如图 2.1.26 所示。

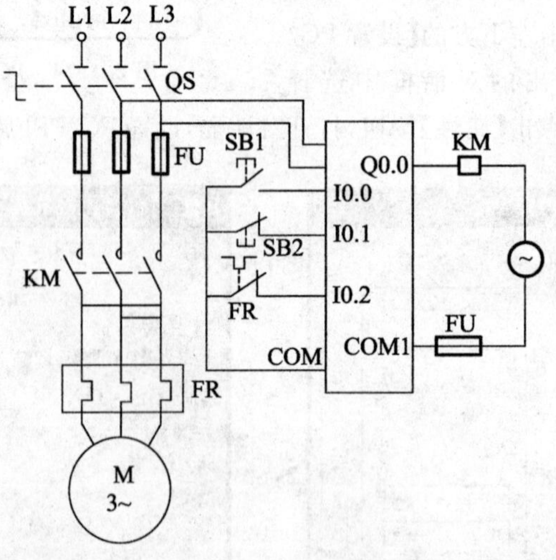

图 2.1.26 电动机自锁运行的 I/O 接线图

2. 程序设计

根据上面的 I/O 地址的分配，打开 PLC 编程工具软件。

① 点击左边的【符号表】按钮，打开符号表输入窗口，如图 2.1.27 所示，依次输入符号与对应的地址。后面的注释可以用中文解释该地址的含义，以便其他用户阅读此程序。

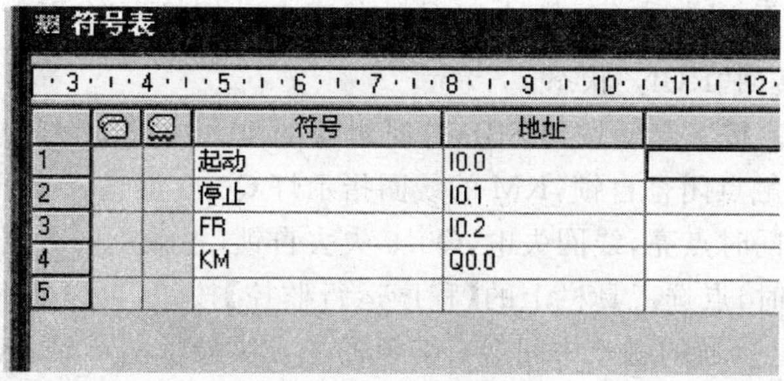
符号表

			符号	地址
1			起动	I0.0
2			停止	I0.1
3			FR	I0.2
4			KM	Q0.0
5				

图 2.1.27 符号表窗口

② 点击左上方的【程序块】按钮，打开程序编辑窗口，如图 2.1.28 所示，用上一节介绍的方法输入各个元件（注意，编程用到的元件，一定要在符号表中先登记）。

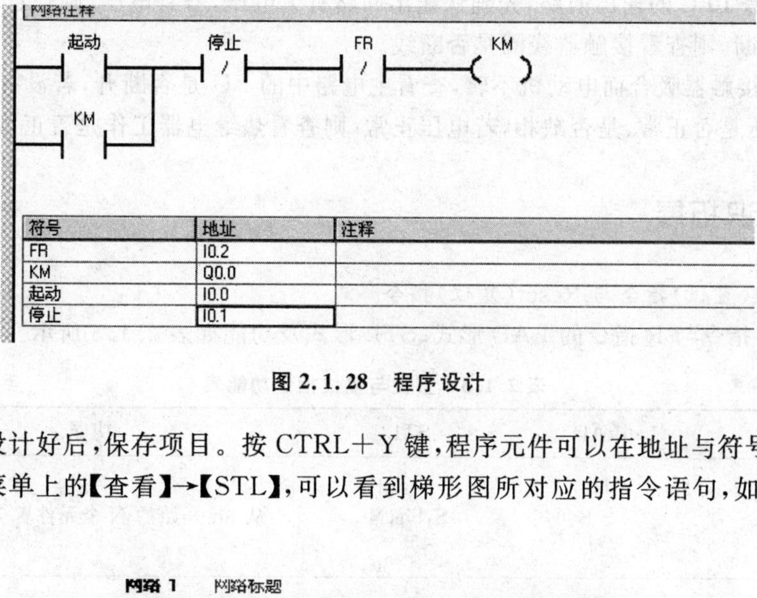

符号	地址	注释
FR	I0.2	
KM	Q0.0	
起动	I0.0	
停止	I0.1	

图 2.1.28 程序设计

程序设计好后，保存项目。按 CTRL＋Y 键，程序元件可以在地址与符号间切换显示。点选菜单上的【查看】→【STL】，可以看到梯形图所对应的指令语句，如图 2.1.29 所示。

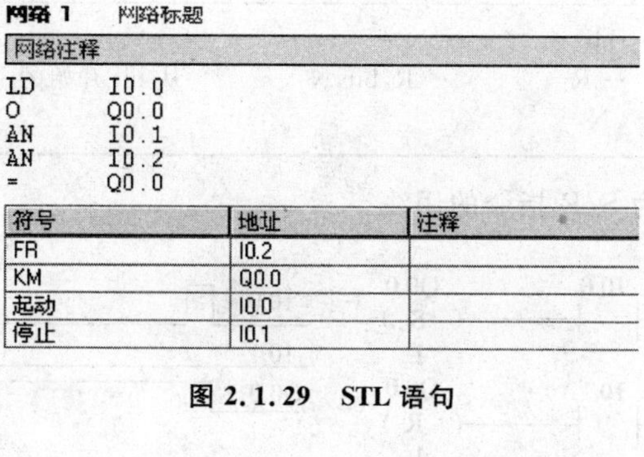
网络 1 网络标题

网络注释

```
LD   I0.0
O    Q0.0
AN   I0.1
AN   I0.2
=    Q0.0
```

符号	地址	注释
FR	I0.2	
KM	Q0.0	
起动	I0.0	
停止	I0.1	

图 2.1.29 STL 语句

3. 操作步骤

① 按图 2.1.26 所示，将主电路和 PLC 的 I/O 接线图连接起来。

② 接通电源，PLC 电源指示灯亮，说明 PLC 已通电，将 PLC 的运行模式拨至“RUN”状态。

③ 点击工具栏中的编译图标，编译实训程序，确认无误后，点击程序下载按钮，将程序下载至 PLC 中(下载时 PLC 的状态自动切换至“STOP”状态)，下载完毕后，将 PLC 模式转回“RUN”状态。

④ 调试运行。按下起动按钮 SB1，这时对应的 I0.0 的指示灯应该点亮，KM 线圈得电，KM 的常闭触点闭合自锁，KM 的线圈指示灯 Q0.0 点亮。按下停止按钮 SB2，对应的指示灯 I0.1 同时点亮，线圈失电，Q0.0 失去自锁，各触点同时复位，停止运行。

⑤ 运行程序时，点选工具栏上的【程序运行监控】按钮，可以实时在屏幕上看到各元件的接通情况。接通的触点中间会有蓝色的小方块显示。不显示蓝色小方块表明该触点处于断开状态。

在调试中，常见的故障现象的检查方法如下：

① 首先检查 PLC 的输出指示灯是否亮，若输出指示灯不亮，说明程序发生了错误；若输出指示灯点亮，说明 PLC 的外围电路有问题。

② 检查 PLC 的输出回路，先确认输出回路有无电压，若有电压，则查看 FU 是否断开，若没有断，则查看接触器线圈是否断线。

③ 若接触器吸合而电动机不转，查看主电路中的 FU 是否断开，若没有断开，则查看三相电压是否正常、是否缺相，若电压正常，则查看热继电器工作是否正常。

知识拓展

1. Set(置位)指令与 Reset(复位)指令

(1) S 指令与 R 指令的 LAD 形式、STL 形式及功能如表 2.1.3 所示。

表 2.1.3　置位与复位指令功能表

	LAD	STL	功能
Set 指令	bit —S N	S,bit,N	从 bit 开始的 N 个元件置 1 并保持
Reset 指令	bit — R N	R,bit,N	从 bit 开始的 N 个元件置 0 并保持

图 2.1.30 所示为 S/R 指令的用法。

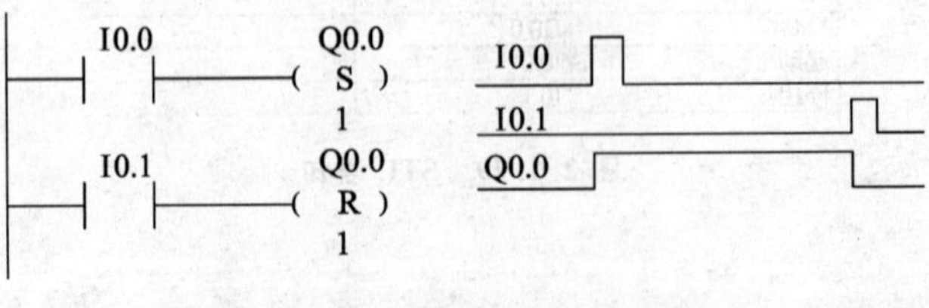

图 2.1.30　S/R 指令使用举例

使用说明：

① 对位元件来说，一旦被置位，就保持在通电状态，除非对它复位；而一旦被复位就保持在断电状态，除非再对它复位。

② S/R 指令可以互换次序使用，但由于 PLC 采用扫描方式工作，所以写在后面的指令具有优先权，即后面一条指令会对前面的指令进行覆盖。若 I0.0 和 I0.1 同时为 1，则 Q0.0 处于复位状态而为零。

③ 如果对计数器和定时器复位，则计数器和定时器的当前值被清零。

④ N 可以为 VB，IB，QB，MB，SMB 和常数，一般情况下使用常数，N 的常数范围为 1～244。

⑤ S/R 指令的操作数为 I，Q，M，SM，T，C，V，S 和 L。

2. PLC 控制系统与继电接触器控制系统的区别

(1) 组成器件不同

继电接触器系统是由许多硬件继电器和接触器组成的，而 PLC 则是由许多软继电器组成的。传统的继电接触器系统有很强的抗干扰能力，但其占用了大量的机械触点，因物理性能疲劳、灰尘的隔离性及电弧的影响，系统的可靠性大大降低。PLC 采用无机械触点的逻辑运算技术，复杂的控制由 PLC 内部运算器完成，故寿命长，可靠性高。

(2) 触点数量不同

继电器、接触器的触点数量少，一般只有 4～8 对，而软继电器的触点则有无限对。

(3) 控制方法不同

继电接触控制系统是通过元件之间的硬接线来实现的，控制功能就固定在线路中，PLC 控制功能是通过软件编程来实现的，只要改变程序，功能也随之改变，控制灵活。

(4) 工作方式不同

在继电接触控制线路中，当电源接通时，线路中各继电器都处于受制约状态。在 PLC 中，各软继电器都处于周期性的循环扫描过程中，每个软继电器受制约接通的时间是短暂的。

思考与练习

1. 填空题。

(1) PLC 的输入/输出继电器采用________进制进行编号。

(2) 外部的输入电路接通时，对应的输入映象寄存器为________状态，梯形图中对应的输入继电器的常开触点________，常闭触点________。

2. 试设计电动机的两地控制程序并调试，要求：按下 A 地或者 B 地的起动按钮，电动机均可以起动；按下 A 地或者 B 地的停止按钮，电动机均可以停止。

任务三　三地控制同一盏灯程序设计

任务导入

用 3 个开关分别在 3 个不同的位置(每个地方只有 1 个开关)控制同一盏灯。在 3 个地方(甲、乙、丙 3 地)中的任意一地,利用开关都能独立地开灯和关灯。

要点:每个开关无论是闭合或断开,都有可能将灯点亮或熄灭。即开关闭合并不一定是将灯点亮,开关断开也并不一定是将灯熄灭。

相关知识

1. 串联电路块并联指令 OLD(Or Load)

两个以上触点串联形成的支路叫串联电路块。当出现多个串联电路块并联时,就不能简单地用触点并联指令,而必须用块或指令来实现逻辑运算。

OLD:块或指令,将一个串联电路块与前面的电路并联,用于分支电路并联。OLD 指令应用如图 2.1.31 所示。

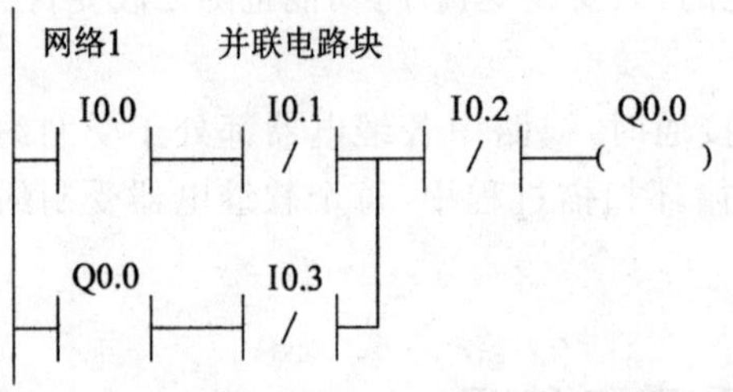


```
LD    I0.0
AN    I0.1
LD    Q0.0
AN    I0.3
OLD
AN    I0.2
=     Q0.0
```

图 2.1.31　OLD 指令应用

OLD 指令使用说明:

① 编程原则:先组块,后连接。

② 几个串联支路并联时,支路的起点以 LD(LDN)开始,支路终点用 OLD 指令。

③ 若需将多个支路并联,从第二条支路开始,在每一条支路后面加 OLD 指令,用这种办法编程,对并联的支路个数没有限制。即每完成一次块电路的并联后要写上 OLD 指令,且 OLD 指令没有操作数。

2. 并联电路块的串联指令 ALD(And Load)

两条以上支路并联形成的电路叫并联电路块。当出现多个并联电路块串联时,就不能简单地用触点串联指令,而必须用块与指令来实现逻辑运算。

ALD:块与指令,将一个并联电路块与前面的电路串联,用于分支电路串联。ALD 指令应用如图 2.1.32 说明。

ALD 指令使用说明:

① 编程原则:先组块,后连接。

② 几个并联支路串联时,支路的起点以 LD(LDN)开始,支路终点用 ALD 指令。

③ 若需将多个支路串联,从第二条支路开始,在每一条支路后面加 ALD 指令,用这种办法编程,对串联的支路个数没有限制。每完成一次块电路的串联连接后要写上 ALD 指令。ALD 指令没有操作数。

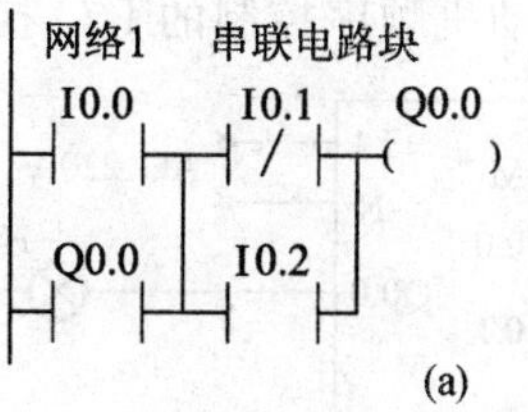


```
LD    I0.0
O     Q0.0
LDN   I0.1
O     I0.2
ALD
=     Q0.0
```

(a)

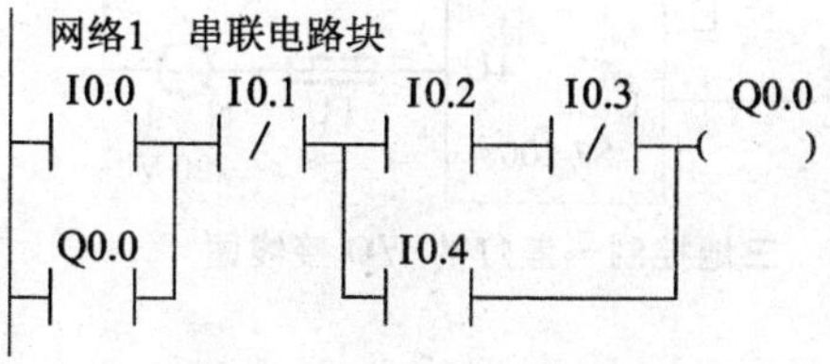


```
LD    I0.0
O     Q0.0
AN    I0.1
LD    I0.2
AN    I0.3
O     I0.4
ALD
=     Q0.0
```

(b)

图 2.1.32 ALD 指令应用

3. ALD,OLD 指令共同使用

ALD,OLD 指令共同应用如图 2.1.33 所示。

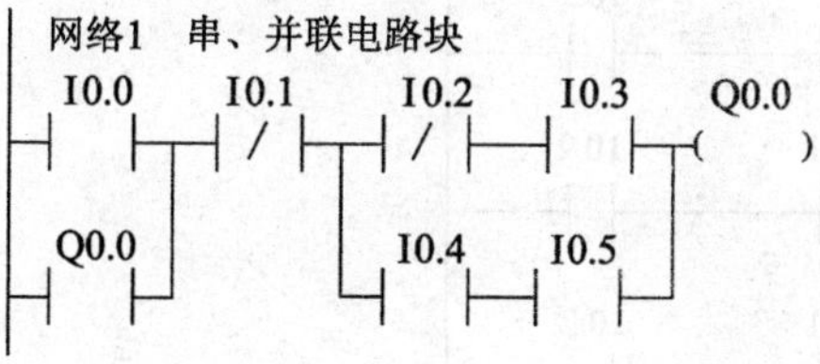


```
LD    I0.0
O     Q0.0
AN    I0.1
LDN   I0.2
A     I0.3
LD    I0.4
A     I0.5
OLD
ALD
=     Q0.0
```

图 2.1.33 ALD,OLD 指令共同应用

任务实施

1. 分配 I/O 地址

通过分析控制要求得知,该控制系统有 3 个输入信号(甲地开关 S1、乙地开关 S2、丙地开关 S3)和 1 个输出信号(电灯 HL)。确定它们与 PLC 中的输入继电器和输出继电器的对应关系,可得 PLC 控制系统的 I/O 端口分配,如表 2.1.4 所示。

表 2.1.4 PLC 控制系统的 I/O 端口分配

输入信号			输出信号		
名称	符号	编号	名称	符号	编号
甲地开关	S1	I0.0	电灯	HL	Q0.0
乙地开关	S2	I0.1			
丙地开关	S3	I0.2			

根据 PLC 的 I/O 分配，可以设计出电动机顺序控制的 I/O 接线如图 2.1.34 所示。

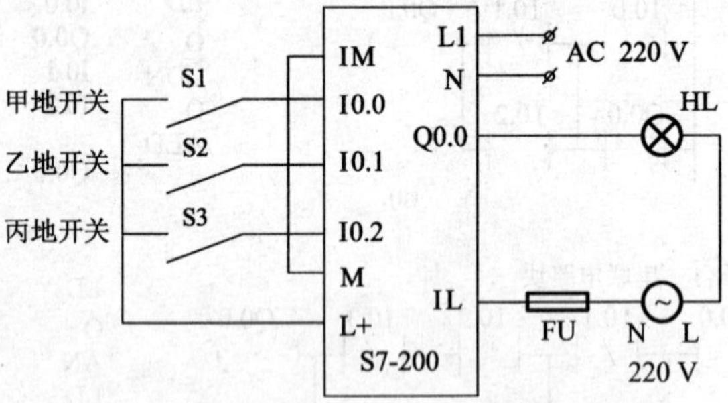

图 2.1.34 三地控制一盏灯的 I/O 接线图

2. 程序设计

根据控制要求设计的三地控制同一盏灯的梯形图，如图 2.1.35 所示。

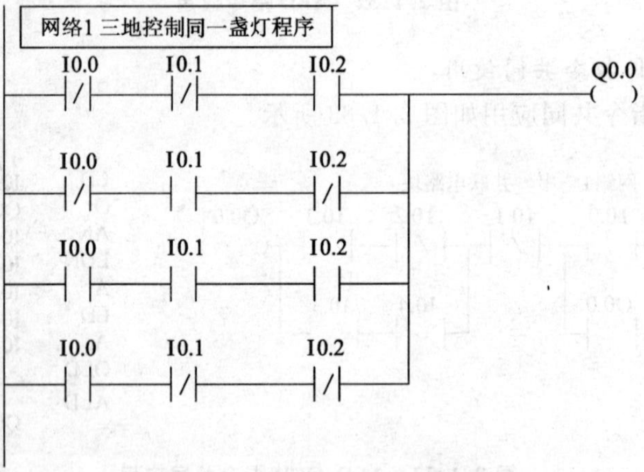

图 2.1.35 三地控制同一盏灯程序

3. 系统调试运行

(1) 按照如图 2.1.34 所示，将主电路和 PLC 的 I/O 接线图连接起来。

(2) 接通电源，PLC 电源指示灯亮，说明 PLC 已通电，将 PLC 的运行模式拨至“RUN”状态。

(3) 点击工具栏中的编译图标，编译实训程序，确认无误后，点击程序下载按钮，将程序下载至 PLC 中（下载时 PLC 的状态自动切换至“STOP”状态），下载完毕后，将 PLC 模式转回“RUN”状态。

(4) 调试运行。按下开关 S1，这时，对应的 I0.0 的指示灯应该点亮，电灯 HL 得电，灯亮；接着按下开关 S2，这时，对应的 I0.1 的指示灯应该点亮，电灯 HL 失电，灯灭；接着再按下开关 S3，这时，对应的 I0.2 的指示灯应该点亮，电灯 HL 得电，灯亮。依次一共有 8 种开关组合对应不同电灯控制情况，如表 2.1.5 所示。假设开关合上为 1，打开为 0；电灯熄灭为 0，点亮为 1。

表 2.1.5　三地控制一盏灯的逻辑函数的真值表

S1	S2	S3	L	S1	S2	S3	L
0	0	0	0	1	1	0	0
0	0	1	1	1	1	1	1
0	1	1	0	1	0	1	0
0	1	0	1	1	0	0	1

(5) 运行状态下，点选工具栏上的【程序运行监控】按钮，可以实时在屏幕上看到各元件的接通情况。接通的触点中间会有蓝色的小方块显示。无蓝色小方块显示则表明该触点处于断开状态。

在调试中，常见的故障现象可能如下：

① 首先检查 PLC 的输出指示灯是否点亮，若输出指示灯不亮，说明程序发生错误；若输出指示灯点亮，说明 PLC 的外围电路有问题。

② 检查 PLC 的输出回路，先确认输出回路有无电压，若有电压，则查看 FU 是否熔断，若没有断，则查看电灯是否坏了。

知识拓展

PLC 的应用就是以 PLC 为程控中心，组成电气控制系统，实现对生产过程的控制。PLC 的程序设计是 PLC 应用最关键的问题，也是整个电气控制系统设计的核心。

1. PLC 系统设计步骤

设计一个 PLC 应用系统，需要解决的第一个问题是进行 PLC 应用系统的功能设计，即根据受控对象的功能和工艺要求，明确系统必须要做的工作和必备的条件。第二个问题是进行 PLC 应用系统的功能分析，即通过分析系统功能提出 PLC 控制系统的结构形式，控制信号的种类、数量，系统的规模、布局。第三个问题是根据系统分析的结果，具体确定 PLC 的机型和系统的配置。PLC 控制系统设计可以按如下步骤进行。

(1) 熟悉被控对象，制定控制方案

分析被控对象的工艺过程及工作特点，了解被控对象机、电、液之间的配合，确定被控对象对 PLC 控制系统的控制要求。

(2) 确定 I/O 设备

根据系统的控制要求，确定用户所需的输入设备（如按钮、行程开关、选择开关等）和输出设备（如接触器、电磁阀、信号指示灯等），由此确定 PLC 的 I/O 点数。

(3) 选择 PLC

主要包括 PLC 机型、容量、I/O 模块、电源的选择。

(4) 分配 PLC 的 I/O 地址

根据生产设备现场需要，确定控制按钮，选择开关、接触器、电磁阀、信号指示灯等各种输入输出设备的型号、规格、数量；根据所选的 PLC 的型号列出输入/输出设备与 PLC 输入输出端子的对照表，以便绘制 PLC 外部 I/O 接线图和编制程序。

(5) 设计软件及硬件

根据控制方案，进行 PLC 程序设计，进行控制柜(台)等硬件的设计及现场施工。由于程序与硬件设计可同时进行，因此，PLC 控制系统的设计周期可大大缩短，而对于继电器系统必须先设计出全部的电气控制线路后才能进行施工设计。

(6) 联机调试

联机调试是指将模拟调试通过的程序进行在线统调。开始时，先不连上输出设备(接触器线圈、信号指示灯等负载)进行调试。利用编程器的监控功能，采取分段调试的方法进行。各部分都调试正常后，再带上实际负载运行。如不符合要求，则对硬件和程序作调整。通常只需修改部分程序即可，全部调试完毕，交付试运行。经过一段时间试运行，如果工作正常、程序不需要修改则应将程序固化到 EEPROM 中，以防程序丢失。

(7) 整理技术文件

技术文件包括设计说明书、电气安装图、电气元件明细表及使用说明书等。

2. PLC 程序设计原则

(1) 继电器触点的使用

线圈不能直接和左母线连接，必须通过触点与左母线相连。

(2) 梯形图的母线

梯形图的每一行都是从左母线开始的，继电器线圈或指令符号接在最右边。S7-200 PLC 右边的母线未画出。

(3) 指令的输入与输出

必须有能流输入才能执行的功能块或线圈指令称为条件输入指令，它们不能直接连接到左侧母线上。有的线圈或功能块的执行与能流无关，应将它们直接接在左侧母线上。不能级连的指令块没有 ENO 输出端和能流流出。

(4) 程序的结束

S7-200 PLC 编程软件在程序结束时默认有 END，RET，RETI 等指令，用户不必输入。

(5) 尽量避免双线圈输出

使用线圈输出指令时，同一编号的继电器线圈在同一程序中使用两次以上的，称为双线圈输出，如图 2.1.36 所示。

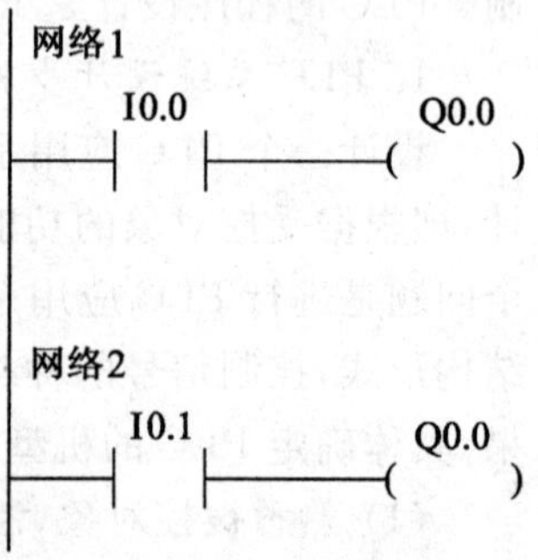

图 2.1.36　双线圈输出示例

思考与练习

1. 填空题

(1) OLD 指令用于串联电路块的________连接。

(2) ALD 指令用于并联电路块的________连接。

(3) 在 S7-200 系列 PLC 中共有________个 M 继电器。

2. 选择题(前四题是单项选择题,最后一题是多项选择题)

(1) 下列关于PLC梯形图的编程指令的叙述,错误的是(　　)。

A. 位于线圈右边不能有触点

B. 某个编号的继电器线圈只能出现一次,而继电器触点则可无限次使用

C. 输入继电器不能由内部其他继电器的触点驱动,只接受PLC外部的输入信号

D. 内部继电器M同样可以驱动外部负载

(2) 下列关于PLC编程的基本原则的叙述,错误的是(　　)。

A. 所有继电器、定时器、计数器等的触点可多次重复使用,次数不受限制

B. 梯形图的每一行都是从左边的母线开始,线圈接在最右边,触点不能放在线圈的右边

C. 线圈不能直接与母线相连

D. 不允许双线圈输出,也不允许多个线圈并联输出

(3) 编程中为了使所编制的程序比较简单、语句较少,将触点较多的串联回路放在梯形图的(　　)。

A. 左边　　B. 右边　　C. 上方　　D. 下方

(4) PLC采用的方式为(　　)。

A. 等待命令　　B. 顺序扫描　　C. 中断　　D. 循环扫描

(5) 下列关于PLC编程的叙述,正确的是(　　)。

A. 继电器、定时器、计数器等器件的触点可多次重复使用,次数不受限制

B. 梯形图的每一行都是从左边的母线开始,线圈接在最右边

C. 梯形图中触点不能放在线圈的右边

D. 双线圈输出容易引起误操作,应避免使用

任务四　三台电机顺序起动控制程序设计

任务导入

某设备有三台电动机,控制要求如下:按下起动按钮,第一台电动机M1起动,M1运行4 s后,第二台电动机M2起动,M2运行15 s后,第三台电动机M3起动;按下停止按钮,3台电动机全部停止。

这是一个时间控制程序,需要用PLC内部的定时器来完成定时任务。

相关知识

1. 辅助继电器

(1) 通用辅助继电器(M)

辅助继电器存取的地址范围是M0.0～M31.7。

(2) 特殊辅助继电器(SM)

特殊辅助继电器,又称特殊标志位存储器。对于不同的 CPU,特殊辅助存储器的地址范围有所不同。CPU224 的地址范围为 SM0.0～SM179.7,可按位、字节、字和双字来存取。每一个特殊辅助存储器都有特定的功能,常用的特殊辅助继电器元件见表 2.1.6。

表 2.1.6 S7-200 系列 PLC 的常用特殊辅助继电器元件

编号	功能描述
SM0.0	RUN 监控,PLC 为 RUN 时为 ON
SM0.1	初始脉冲,RUN 后 1 个扫描周期为 ON
SM0.4	1 min 时钟脉冲
SM0.5	1 s 时钟脉冲
SM1.0	零标志
SM1.1	错误标志
SM1.2	负数标志

2. 定时器

S7-200PLC 的定时器为增量型定时器,用于实现时间控制,可以按照工作方式和时间基准(时基)分类,时间基准又称为定时精度和分辨率。

(1) 工作方式

按照工作方式,定时器可分为通电延时型(TON)、有记忆的通电延时型(TONR)、断电延时型(TOF)3 种类型,可根据实际需要选择。

(2) 时基标准

按照时基标准,定时器可分为 1 ms,10 ms,100 ms 共 3 种类型,不同的时基标准对应不同的定时精度、定时范围和定时器的刷新方式,使用时要注意它们之间的区别。

(3) 定时器工作方式及类型(见表 2.1.7)

表 2.1.7 定时器工作方式及类型

工作方式	用毫秒表示的分辨率	用秒表示的最大当前值	定时器号
TONR	1	32.767	T0,T64
	10	327.67	T1～T4,T65～T68
	100	3276.7	T5～T31,T69～T95
TON/TOF	1	32.767	T32,T96
	10	327.67	T33～T36,T97～T100
	100	3276.7	T37～T63,T101～T255

(4) 工作原理分析

① 通电延时型(TON)

当使能输入接通时,TON 开始计时,若定时器的当前值大于预设值,该定时器位被置位。若使能输入断开时,TON 复位,清除当前值,定时器位变为 OFF。到达预设时间后,接通延时定时器继续计时,一直计到最大值 32 767。通电延时型定时器应用示例如图 2.1.37 所示。

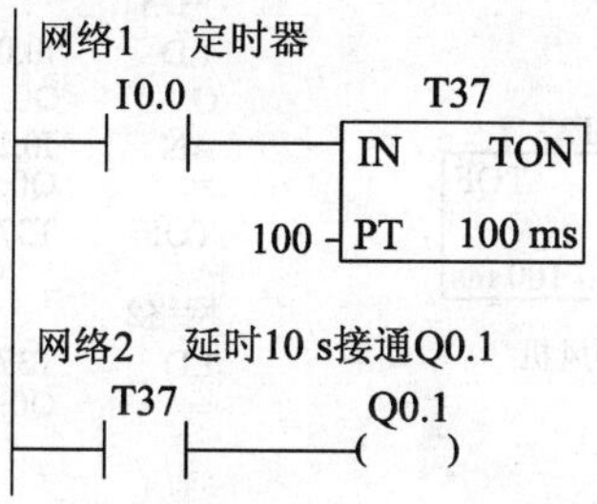

网络1　定时器
LD　I0.0
TON　T37,100

网络2　延时10 s接通Q0.1
LD　T37
=　Q0.1

图 2.1.37　通电延时型定时器应用示例

② 有记忆通电延时型(TONR)

当使能输入接通时,TONR 开始计时,若定时器的当前值大于预设值,该定时器位被置位。当使能输入断开时,TONR 当前值保持不变(累计时间)。到达预设时间后,接通延时定时器继续计时,一直计到最大值 32 767。有记忆通电延时型定时器应用示例如图 2.1.38 所示。

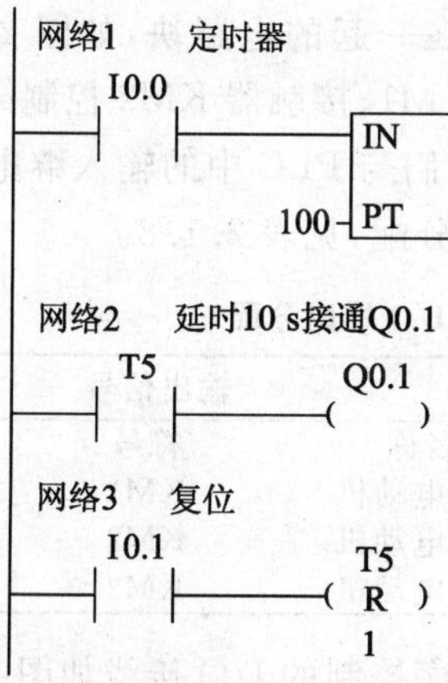

网络1　定时器
LD　I0.0
TONR　T5, 100

网络2　延时10 s接通Q0.1
LD　T5
=　Q0.1

网络3　复位
LD　I0.1
R　T5,1

图 2.1.38　有记忆通电延时型定时器应用示例

③ 断电延时型(TOF)

断电延时型定时器用于在输入断开后延时一段时间再断开输出。

当输入接通时,定时器位立即接通,并把当前值设为 0。当输入断开时,定时器开始定时,直到达到预设的时间。

定时器当前值未到达预设时间前,定时器位保持接通;当到达预设时间时,定时器位断开,并停止计时当前值。

注意,用本身触点激励输入的定时器,时基为 1 ms 和 10 ms 时不能可靠工作,不宜使用本身触点作为激励输入。

断电延时型定时器应用示例如图 2.1.39 所示。

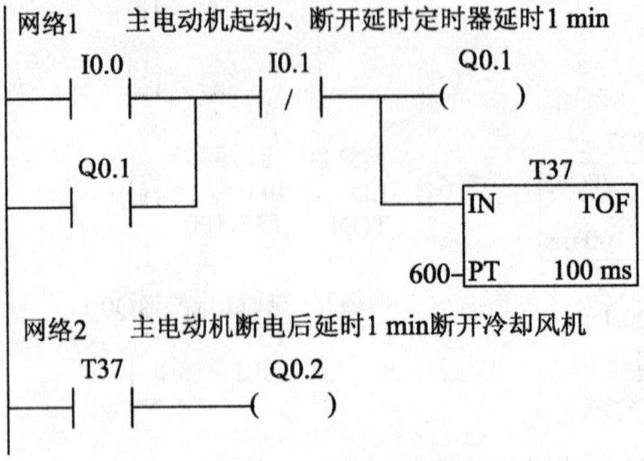


```
网络1
LD      I0.0
O       Q0.1
AN      I0.1
=       Q0.1
TOF     T37, 600
网络2
LD      T37
=       Q0.2
```

图 2.1.39　断电延时型定时器应用示例

任务实施

1. 分配 I/O 地址

通过分析控制要求可知，该控制系统的输入有 3 个：起动按钮 SB0、停止按钮 SB1，及为了节约 PLC 的输入点数，将第一台电动机的过载保护 KH1、第二台电动机的过载保护 KH2、第三台电动机的过载保护 KH3 串联在一起的电路块，如图 2.1.40 所示。输出信号有 3 个：接触器 KM1 控制第一台电动机 M1、接触器 KM2 控制第二台电动机 M2、接触器 KM3 控制第三台电动机 M3。确定它们与 PLC 中的输入继电器和输出继电器的对应关系，可得 PLC 控制系统的 I/O 端口分配，见表 2.1.8。

表 2.1.8　PLC 控制系统的 I/O 端口分配

输入信号			输出信号		
名称	符号	编号	名称	符号	编号
起动按钮	SB0	I0.0	M1 电动机	KM1	Q0.1
停止按钮	SB1	I0.1	M2 电动机	KM2	Q0.2
热继电器	KH1～KH3	I0.2	M3 电动机	KM3	Q0.3

根据 PLC 的 I/O 分配，可以设计出电动机顺序控制的 I/O 接线如图 2.1.40 所示。

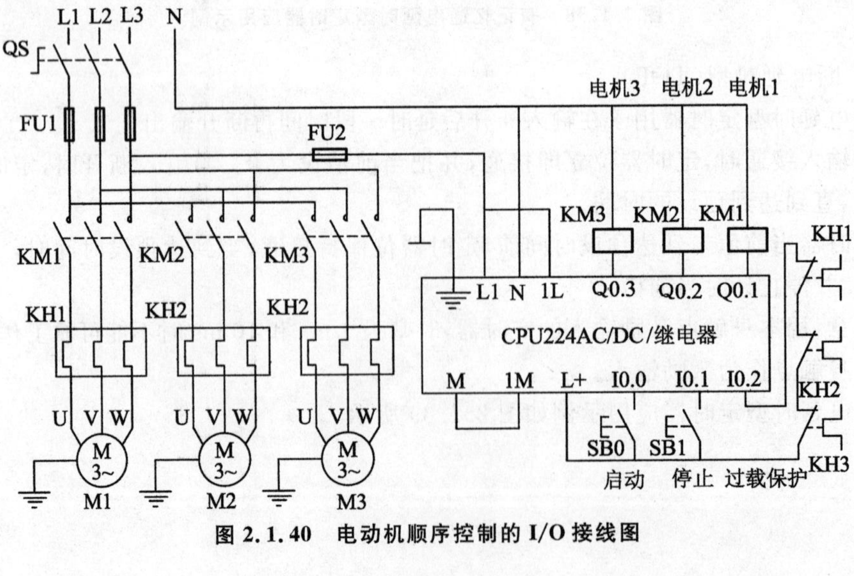

图 2.1.40　电动机顺序控制的 I/O 接线图

2. 程序设计

该控制系统是典型的顺序起动控制，其程序如图 2.1.41 所示，按下起动按钮 I0.0，第一台电动机 Q0.1 起动，同时定时器 T40 的线圈为 ON 状态，开始定时。定时器 T40 的线圈接通 4 s 后，延时时间到，其常开触点闭合，第二台电动机 Q0.2 起动；定时器 T41 的线圈接通 15 s 后，延时时间到，其常开触点闭合，第三台电动机 Q0.3 起动。停止时，按下按钮 I0.1，所有线圈失电，3 台电动机全部停止。

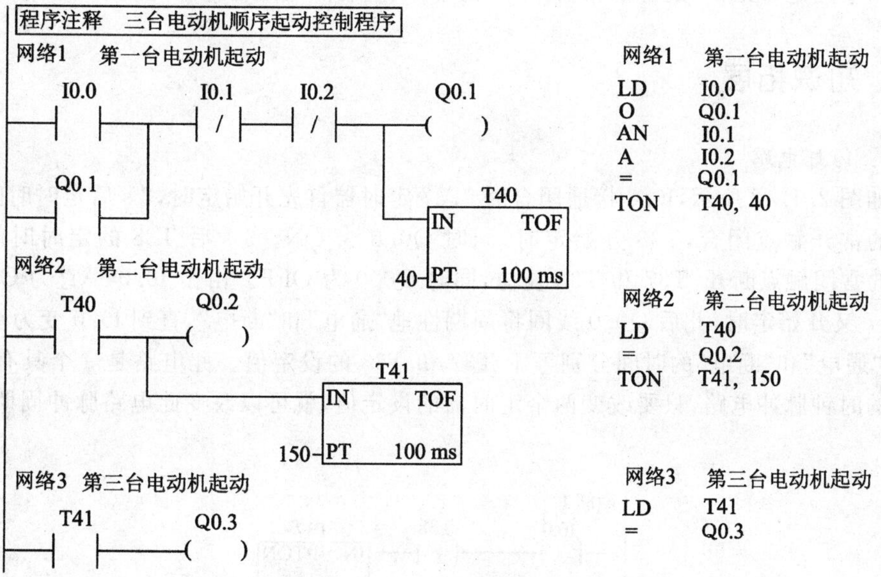

图 2.1.41　电动机顺序起动程序

3. 调试运行

(1) 按照如图 2.1.40 所示，将主电路和 PLC 的 I/O 接线图连接起来，连接时注意 3 个热继电器的常闭触点要串联在一起，然后接在 PLC 的输入端子 I0.2 上。

(2) 接通电源，PLC 电源指示灯亮，说明 PLC 已通电，将 PLC 的运行模式拨至“RUN”状态。

(3) 点击工具栏中的编译图标，编译实训程序，确认无误后，点击程序下载按钮，将程序下载至 PLC 中（下载时 PLC 的状态自动切换至“STOP”状态），下载完毕后，将 PLC 模式拨至“RUN”状态。

(4) 调试运行。按下起动按钮 SB0，这时，对应的 I0.0 的指示灯应该点亮，KM1 线圈得电，KM1 的常开触点闭合自锁，KM1 的线圈指示灯 Q0.1 点亮；延时 4 s 后，KM2 线圈得电，KM2 的线圈指示灯 Q0.2 点亮；延时 15 s 后，KM3 线圈得电，KM3 的线圈指示灯 Q0.3 点亮。按下停止按钮 SB1，对应的指示灯 I0.1 点亮，KM1，KM2，KM3 线圈均失电，Q0.1 失去自锁，各触点同时复位，停止运行。

(5) 运行程序时，点选工具栏上的【程序运行监控】按钮，可以实时在屏幕上看到各元件的接通情况。接通的触点中间会有蓝色的小方块显示，若没有蓝色小方块显示则表明该触点处于断开状态。

在调试中，常见故障现象的检查方法如下：

① 首先检查 PLC 的输出指示灯是否点亮，若输出指示灯不亮，说明程序发生了错误；若输出指示灯点亮，说明 PLC 的外围电路有问题。

② 检查 PLC 的输出回路，先确认输出回路有无电压，若有电压，则查看 FU 是否熔断，若没有断，则查看接触器线圈是否断线。

③ 若接触器吸合而电动机不转，查看主电路中的 FU 是否断开，若没有断开，则查看三相电压是否正常、是否缺相，若电压正常，则查看热继电器工作是否正常。

知识拓展

1. 闪烁电路

如图 2.1.42 所示，I0.0 接通闭合时，T37 定时器首先开始定时，2 s 后定时时间到，T37 的常开触点闭合，T38 开始定时，同时 Q0.0 为 ON。3 s 后 T38 的定时时间到，T38 的常闭触点断开，T37 和 T38 复位，同时 Q0.0 为 OFF。由于 I0.0 一直为 ON，此时 T37 又开始定时，此后 Q0.0 线圈将周期性地"通电"和"断电"，直到 I0.0 变为 OFF，Q0.0"通电"和"断电"的时间分别等于 T37 和 T38 的设定值。此电路是一个具有一定周期的时钟脉冲电路，只要改变两个定时器的设定值，就可以改变此电路脉冲周期的占空比。

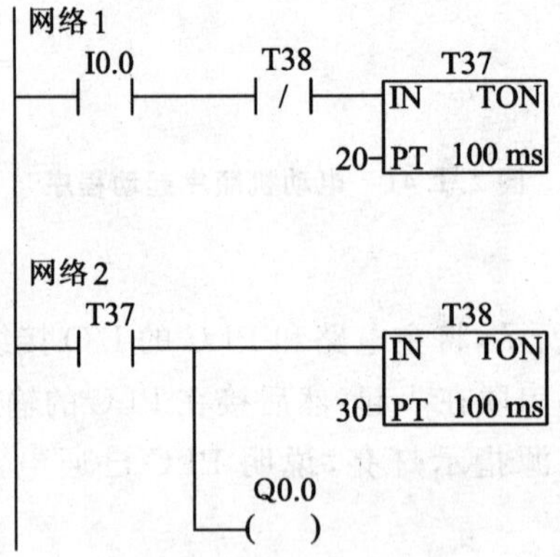

图 2.1.42 闪烁电路

2. 脉冲产生程序

S7-200 系列 PLC 的特殊存储器 SM0.4 和 SM0.5 可以产生占空比为 1/2、脉冲周期分别为 1 min 和 1 s 的时钟脉冲信号，在需要时可以直接应用，如图 2.1.43 所示。

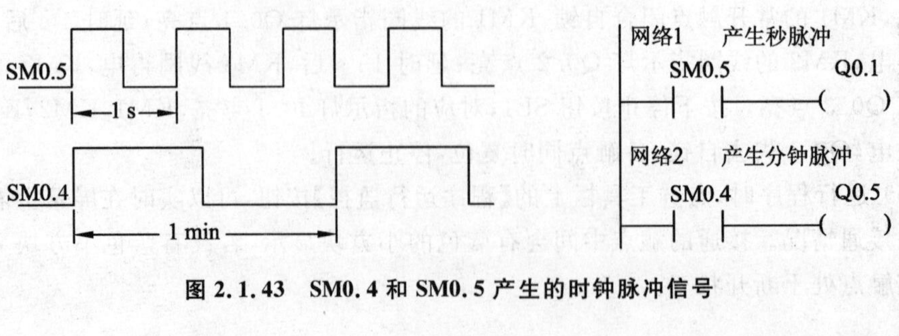

图 2.1.43 SM0.4 和 SM0.5 产生的时钟脉冲信号

在实际应用中也可以组成自复位定时器来产生任意周期的脉冲信号，如图 2.1.44 所示。

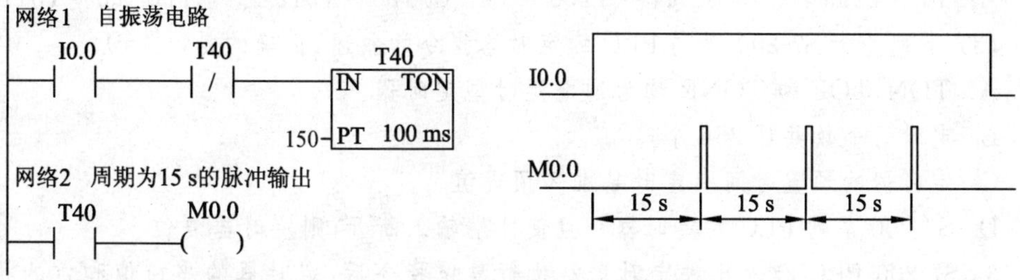

图 2.1.44　复位定时器产生的脉冲信号

由于扫描机制的原因，分辨率为 1 ms 和 10 ms 的定时器不能组成自复位定时器，如图 2.1.45 所示。

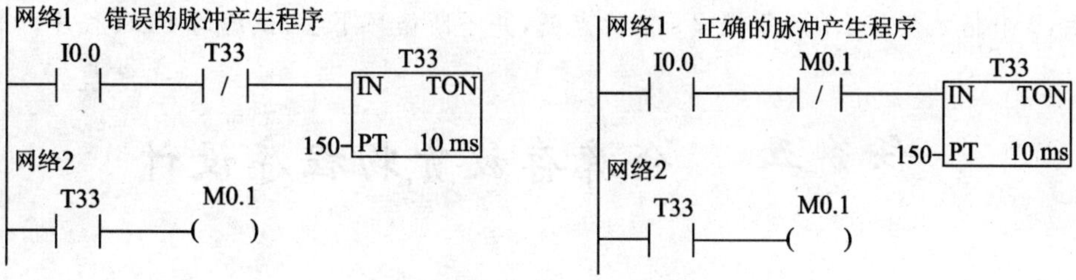

图 2.1.45　错误和正确的脉冲产生程序

思考与练习

1. 填空题

(1) 定时器的线圈________时开始定时，定时时间到，其常开触点________，常闭触点________。

(2) 通用定时器________时被复位，复位后常开触点________，常闭触点________，当前值等于________。

(3) S7-200 系列 PLC 的定时器功能块指令，每当 IN ________时，定时器起动。

(4) 定时器的计时过程采用________计数的方式，其时基（分辨率）分别为________、________和________三种。

(5) S7-200 系列 PLC 的定时器具有________、________及________三类。

2. 选择题（前两题是单项选择题，最后一题是多项选择题）

(1) 下列关于西门子 S7 系列 PLC 定时器 TOF 功能的叙述，错误的是(　　)。

A. 当定时器起动控制信号 IN 由 OFF 变 ON 时，定时器输出变为 OFF

B. 当定时器起动控制信号 IN 由 OFF 变 ON 时，定时器当前值置零

C. 当定时器起动控制信号 IN 由 ON 变 OFF 时，定时器开始进行计时

D. 当定时器的当前值达到定时器的预设值时，输出位由 ON 变 OFF

(2) 定时器的地址编号范围为(　　),它们的分辨率和定时范围各不相同,用户应根据所用的 CPU 型号及时基,正确选用定时器的编号。

A. T1～T256　　B. T0～T255　　C. T0～T512　　D. T0～T511

(3) 下列关于 S7-200 系列 PLC 的定时器指令的叙述,正确的是(　　)。

A. TON,TOF 和 TONR 均为通电延时型定时器

B. 定时器个数共计 256 个

C. 定时器的预置时间＝定时基准×预置值

D. S7-200 系列 PLC 的定时器一旦使能端输入断开,则定时器复位

3. S7-200 PLC 有哪几种定时器？执行复位指令后,定时器的当前值和位的状态是什么？

4. 试设计工作台自动往返在两边延时 5 s 的 PLC 控制程序。

5. 要求用一只按钮以每隔 3 s 的顺序起动 3 台电动机,试编写 PLC 程序。

6. 试用 PLC 控制发射型天塔。发射型天塔有 L1～L9 共 9 个指示灯,按下起动按钮后,9 个指示灯从 L1 起每隔 2 s 依次点亮,并不断循环下去,试编写 PLC 程序。

任务五　仓库存放货物程序设计

任务导入

项目控制要求:有一自动仓库用于存放某种货物,最多可存放 6 000 箱,需要对所存的货物的进出计数。当货物多于 1 000 箱时,灯 L1 亮;当货物多于 5 000 箱时,灯 L2 亮。通过指示灯及时显示出货物的箱数。要求用 PLC 进行控制,实现上述要求。

相关知识

1. 计数器指令及应用

(1)计数器指令的格式及功能

计数器指令用来累计输入脉冲的数量。S7-200 的普通计数器有 3 种:递增计数器 CTU、递减计数器 CTD 和增减计数器 CTUD,共计 256 个,可根据实际编程的需要,选择不同类型的计数器指令。这些计数器指令的编号范围是 C0～C255,每个计数器编号只能使用一次。计数器指令的格式及功能见表 2.1.9。

表 2.1.9 计数器指令的格式及功能

类型	梯形图 LAD	语句表 STL	指令功能
递增计数器 CTU (Counter Up)	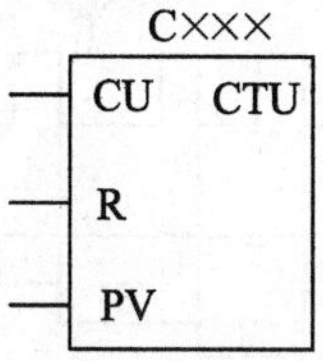	CTU C×××,PV	在 CU 端输入每个脉冲上升沿，计数器当前值从 0 开始增 1 计数。当前值不小于设定值(PV)时，计数器状态位置 1。当前值累加的最大值为 32 767。复位输入(R)有效时，计数器状态位复位(置 0)，当前计数值清零。
递减计数器 CTD (Counter Down)	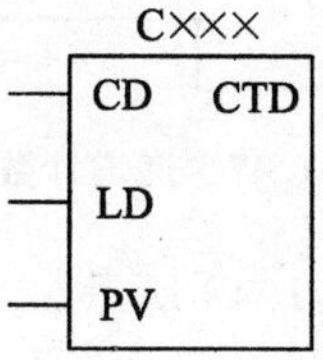	CTD×××,PV	在 CD 端输入的每个脉冲上升沿，计数器当前值从设定值开始减 1 计数，当前值减到 0 时，计数器状态位置 1。复位输入有效或执行复位指令时，计数器自动复位，即计数器状态位为 OFF，当前值装载为设定值。
增减计数器 CTUD (Counter Up/Down)	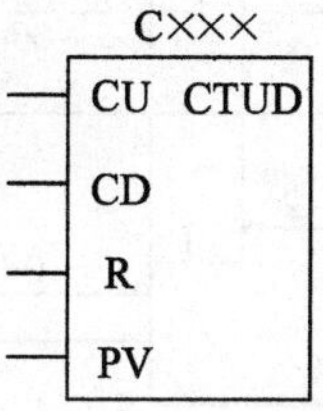	CTUD C×××,PV	增/减计数器有两个脉冲输入端，其中 CU 端用于递增计数，CD 端用于递减计数，执行增/减计数指令时，只要当前值不小于设定值(PV)，计数状态位置 1，否则置 0。复位输入(R)有效或执行复位指令时，计数器状态位复位且当前值清零。达到当前值最大值 32 767 后，下一个 CU 输入上升沿将使计数值变为最小值(－32 768)。同样达到最小值(－32 768)后，下一个 CD 输入上升沿将使计数器变为最大值(32 767)。

(2) 指令说明

① 递增计数器指令中，CU 为加计数脉冲输入端，R 为复位输入端，PV 为设定值输入端。

② 递减计数器指令中，CD 为减计数脉冲输入端，LD 为装载端，PV 为设定值输入端。

③ 增/减计数器指令中，CU 为加计数脉冲输入端，CD 为减计数脉冲输入端，R 为复位输入端，PV 为设定值输入端。

(3) 计数器指令的应用

【例 1】 递增计数器应用示例，如图 2.1.46 和图 2.1.47 所示。

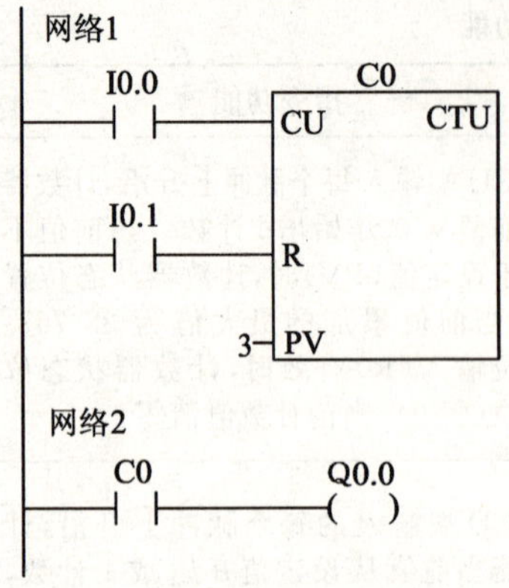

图 2.1.46　递增计数器梯形图程序

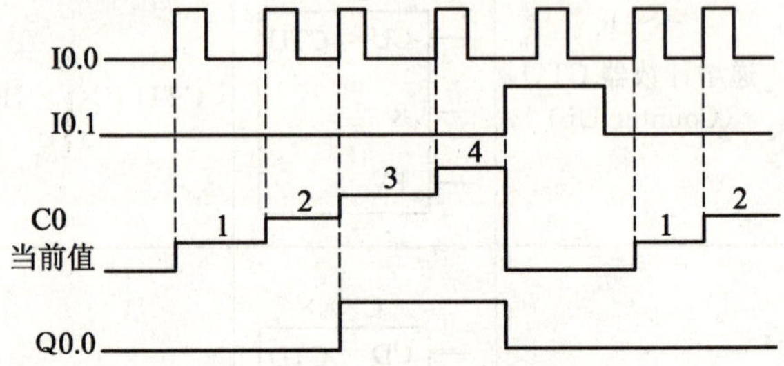

图 2.1.47　递增计数器时序图

【例 2】 递减计数器应用示例，如图 2.1.48 和 2.1.49 所示。

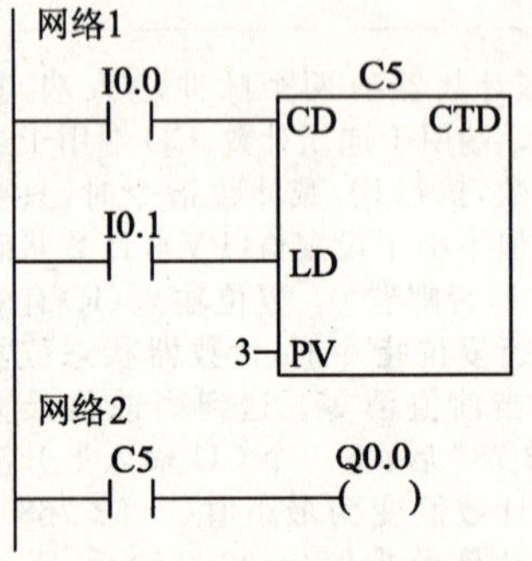

图 2.1.48　递减计数器梯形图程序

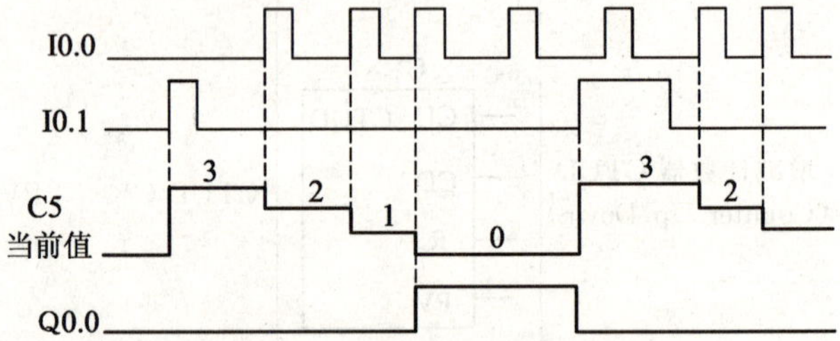

图 2.1.49　递减计数器时序图

【例 3】 增/减计数器应用示例，如图 2.1.50 和 2.1.51 所示。

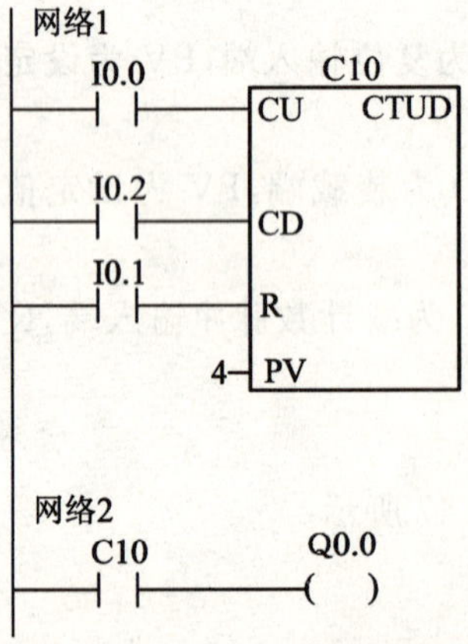

图 2.1.50　增/减计数器梯形图程序

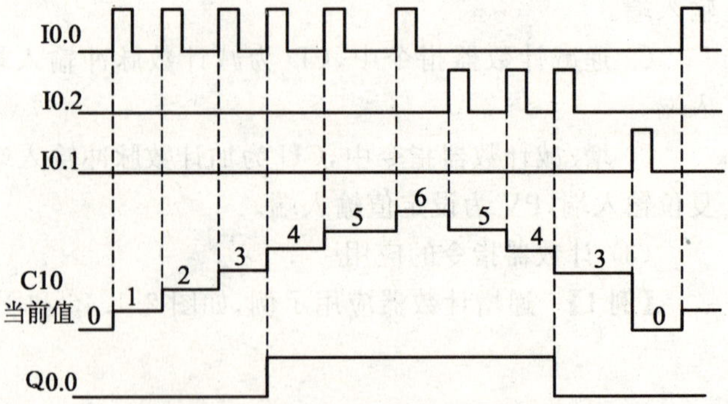

图 2.1.51　增/减计数器时序图

任务实施

1．项目分析及 I/O 分配

在自动仓库存放某种货物的控制系统中，两个指示灯 L1 和 L2 分别由 Q0.0 和 Q0.1 控制，数值 1 000 和 5 000 分别存储在 VW20 和 VW30 字存储单元中。根据项目分析可知，该系统可通过计数器指令和比较指令来共同实现。因而结合系统要求，可确定系统需要 3 个输入点和 2 个输出点。I/O 分配表见表 2.1.10。

表 2.1.10　I/O 分配表

输　入			输　出		
输入继电器	输入元件	作用	输出继电器	输出元件	作用
I0.0	SB1	增计数脉冲输入端	Q0.0	L1	指示灯 L1
I0.1	SB2	减计数脉冲输入端	Q0.1	L2	指示灯 L2
I0.2	SB3	复位输入端			

2．编程

本控制系统的程序如图 2.1.52 所示。

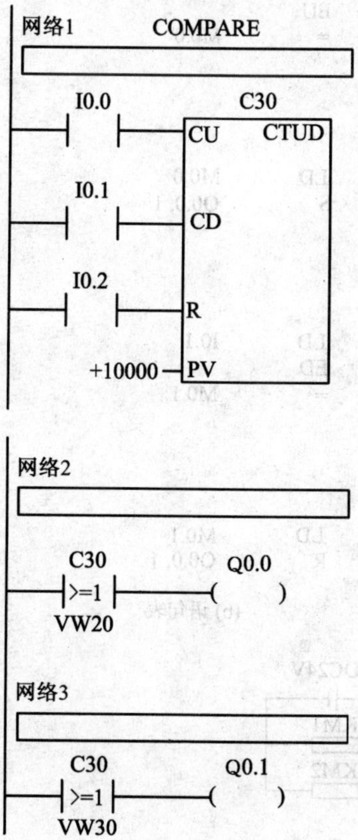


```
LD      I0.0               //递增计数输入端
LD      I0.1               //递减计数输入端
LD      I0.2               //复位输入端
CTUD    C30,+10000         //增减计数，设定脉冲数为 10 000

LDW>=   C30,VW20           //比较计数器当前值是否大于 VW20 中的值
=       Q0.0               //输出触点

LDW>=   C30,VW30           //比较计数器当前值是否大于 VW30 中的值
=       Q0.1               //输出触点
```

图 2.1.52　程序图

知识拓展

边沿脉冲指令为 EU(Edge Up)，ED(Edge Down)。边沿脉冲指令的使用说明见表 2.1.11。

表 2.1.11　边沿脉冲指令使用说明

指令名称	LAD	STL	功能	说明
上升沿脉冲	—|P|—	EU	在上升沿产生脉冲	无操作数
下降沿脉冲	—|N|—	ED	在下降沿产生脉冲	

边沿脉冲指令 EU/ED 用法如图 2.1.53 所示。

EU 指令对其之前的逻辑运算结果的上升沿产生一个宽度为一个扫描周期的脉冲，如图 2.1.53 中的 M0.0。ED 指令对逻辑运算结果的下降沿产生一个宽度为一个扫描周期的脉冲，如图 2.1.53 中的 M0.1。脉冲指令常用于起动、关断条件的判定，及配合功能指令完成一些逻辑控制任务。

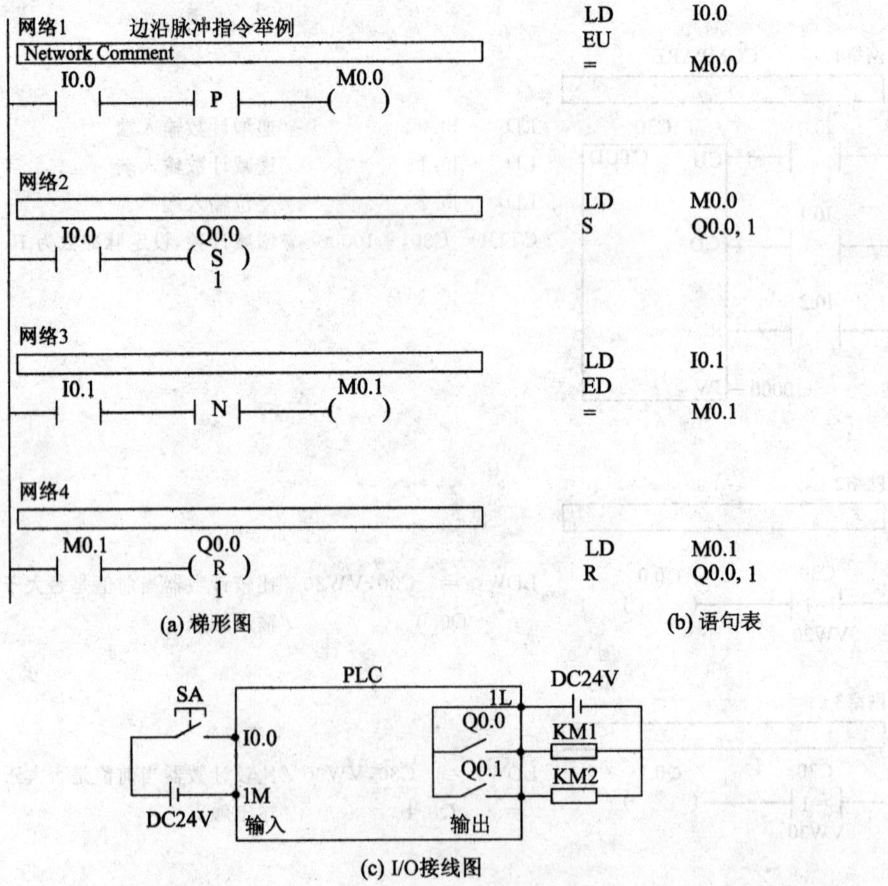

图 2.1.53　边沿脉冲指令 EU/ED 使用举例

思考与练习

1. S7-200PLC中共有几种形式的计数器？对它们执行复位指令后，它们的当前值和位的状态是什么？

2. 设计一个二分频电路的梯形图程序。

3. 试设计一个30 h 40 min的长延时电路程序。

任务六 机床液压滑台控制程序设计

任务导入

液压动力滑台在自动机床中被广泛应用，液压动力滑台在实际工作时的运动过程一般是：快进—工进—快退，其运动过程由快进、工进和快退三个电磁阀控制。要求以顺序控制指令来实现液压动力滑台控制。

相关知识

1. 顺序功能图基本概念

顺序设计法或步进梯形图设计的概念是在继电器控制系统中形成的，步进梯形图是用有触点的步进式选线器（或鼓形控制器）来实现的，但是由于其触点会磨损和接触不良，所以工作很不可靠。20世纪70年代出现的控制器主要由分立元件和中小规模集成电路组成。因为其功能有限，可靠性不高，已经基本上被PC替代。可编程序控制器的设计者继承了前者的思维，为控制程序的编制提供了大量通用和专用的编程元件和指令，开发了供编制步进控制程序使用的功能表图语言，使这种先进的设计方法成为当前PC梯形图设计的主要方法。这种设计方法很容易被初学者接受，也有利于有经验的工程师提高设计效率，对于进行程序的调试、修改和阅读也很容易。

2. 顺序功能图的设计步骤

(1) 首先根据系统的工作过程中状态的变化，将控制过程划分为若干个阶段。这些阶段称为步(step)。步是根据PC输出量的状态划分的。只要系统的输出量的通/断状态发生了变化，系统就从原来的步进入新的步。在各步内，各输出量的状态应保持不变，如图2.1.54所示。

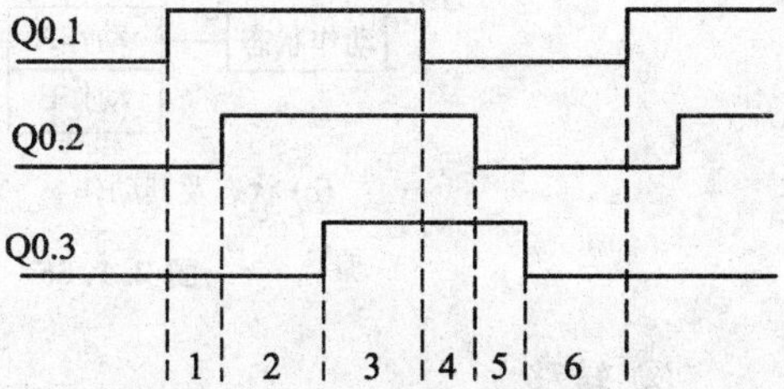

图2.1.54 状态步的划分

(2) 各相邻步之间的转换条件。转换条件使系统从当前步进入下一步。常见的转换条件有限位开关的通断，定时器、计数器常开触点的接通等。转换条件也可能是若干个信号的与、或逻辑组合。

(3) 画出顺序功能图或列出状态表。

(4) 根据顺序功能图或状态表，采用某种编程方式，设计出系统的梯形图程序。

顺序功能图又称功能表图，它是一种描述顺序控制系统的图解表示方法，是专用于工业顺序控制程序设计的一种功能说明性语言。它能形象、直观、完整地描述控制系统的工作过程、功能和特性，是分析和设计电气控制系统控制程序的重要工具。

功能图主要由状态、转移及有向线段等元素组成。适当运用组成元素，就可得到控制系统的静态表示方法，再根据转移触发规则模拟系统的运行，就可以得到控制系统的动态过程。

① 步(状态)

步也就是状态，是控制系统中一个相对不变的性质，对应于一个稳定的情形，可以将一个控制系统划分为被控系统和施控系统。例如在数控车床系统中，数控装置是施控系统，而车床是被控系统。对于被控系统，在某一步中要完成某些“动作”(action)；对于施控系统，在某一步中则要向被控系统发出某些“命令”(command)。步的符号如图 2.1.55 所示，矩形框中可写上该状态的编号或代码。

a. 初始状态。初始状态是功能图运行的起点，一个控制系统至少要有一个初始状态。初始状态的图形符号为双线的矩形框，如图 2.1.55(a)所示。在实际使用时，有时也画成单线矩形框，有时则画一条横线表示功能图的开始。

b. 工作状态。工作状态是控制系统正常运行时的状态，如图 2.1.55(b)所示。根据系统是否运行，状态可分为动态和静态两种。动状态是指当前正在运行的状态，静状态是指没有运行的状态。不管控制程序中包含多少个工作状态，在一个状态序列中同一时刻最多只有一个工作状态在运行，即该状态被激活。

c. 与状态对应的动作。在每个稳定的状态下，可能会有相应的动作。动作的表示方法如图 2.1.55(b)所示。

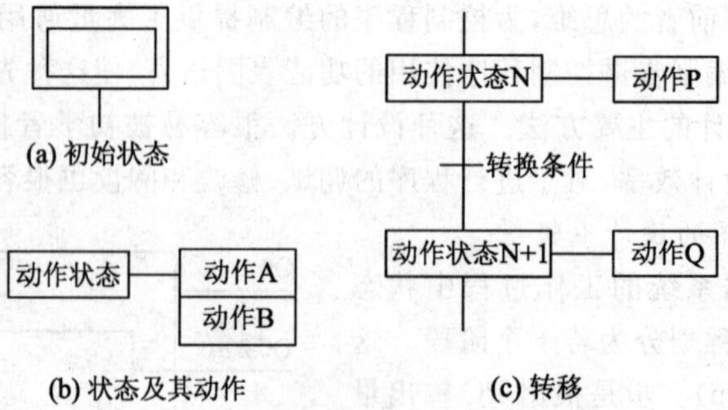

图 2.1.55　顺序功能图基本符号

② 转移

为了说明从一个状态到另一个状态的变化，要用转移概念，即用一个有向线段来表示转移的方向，连接前后两个状态。如果转移是从上向下的(或顺向的)，则有向线段上的方向箭头可省略。两个状态之间的有向线段上再用一段横线表示这一转移。转移的符号如图 2.1.55(c)所示。

转移是一种条件，此条件成立时，称为转移使能。该转移如果能够使状态发生转移，则称为触发。一个转移能够触发必须满足：状态为动状态及转移使能。转移条件是指使系统从一个状态向另一个状态转移的必要条件，通常用文字、逻辑方程及符号来表示。

3. S7-200 系列 PLC 顺序控制指令

顺序控制指令是 PLC 生产厂家为用户提供的可使功能图编程简单化和规范化的指令。S7-200 PLC 提供了 3 条顺序控制指令，它们的 STL 形式、LAD 形式和功能见表 2.1.12。

表 2.1.12 顺序控制指令的形式及功能

STL	LAD	功能	操作对象
LSCR bit	bit SCR	顺序状态开始	S(位)
SCRT bit	bit ——(SCRT)	顺序状态转移	S(位)
SCRE	——(SCRE)	顺序状态结束	无
CSCRE		条件顺序状态结束	无

从表 2.1.12 中可以看出，顺序控制指令的操作对象为顺控继电器 S，也把 S 称为状态器，每一个 S 的位都表示功能图中的一种状态。S 的范围为 S0.0～S31.7。

从 LSCR 指令开始到 SCRE 指令结束的所有指令组成一个顺序控制继电器(SCR)段。LSCR 指令标记一个 SCR 段的开始，当该段的状态器置位时，允许该 SCR 段工作。SCR 段必须用 SCRE 指令结束。当 SCRT 指令的输入端有效时，一方面置位下一个 SCR 段的状态器 S，以便使下一个 SCR 段工作；另一方面又使该段的状态器复位，使该段停止工作。由此可以总结出每一个 SCR 程序段一般有 3 种功能：

① 驱动处理，即在该段状态器有效时，处理相应的工作；有时也可能不做任何工作。

② 指定转移条件和目标，即满足什么条件后状态转移到何处。

③ 转移源自动复位功能，状态发生转移后，置位下一个状态的同时，自动复位原状态。

任务实施

液压动力滑台的运动过程由快进、工进、快退 3 个电磁阀控制，控制系统 PLC 各 I/O 功能及地址分配见表 2.1.13。机床液压滑台控制系统如图 2.1.56 所示。

表 2.1.13　液压动力滑台控制系统 PLC I/O 地址分配

功能名称	动作器件	I/O 地址	说　明
起动按钮	SB1	I0.0	起动滑台
原点位置	SQ1	I0.1	滑台在原点位置
工进起点	SQ2	I0.2	滑台运动到工进起点位置
工进终点	SQ3	I0.3	滑台运动到工进终点位置
快进	YV1	Q0.0	滑台快进
工进	YV1,YV2	Q0.0,Q0.1	滑台工进
快退	YV3	Q0.2	滑台快退

将初始状态 S0.1 置位。按下起动按钮时,I0.0 接通,S0.2 置位,S0.2 接通 Q0.0,实现快进。当快进到位时,SQ2 动作,使 I0.2 接通,S0.3 置位,而 S0.2 复位,Q0.0 继续接通,并且 Q0.1 也同时接通,转为工进。当工进到位时,SQ3 动作使 I0.3 接通,S0.4 置位使 Q0.2 接通,滑台快退回原点使 SQ1 动作而令 I0.1 接通,S0.1 重新置位,这时滑台停于原点等待下一次起动。

使用说明:

① 顺控指令仅对元件 S 有效,顺控继电器 S 也具有一般继电器的功能,所以对它能够使用其他指令。

② SCR 段程序能否执行取决于该状态器(S)是否被置位,SCRE 与下一个 LSCR 之间的指令逻辑不影响下一个 SCR 段程序的执行。

③ 不能把同一个 S 位用于不同程序中,例如:如果在主程序中用了 S0.1,则在子程序中就不能再使用它。

④ 在 SCR 段中不能使用 JMP 和 LBL 指令,也就是说不允许跳入、跳出或在内部跳转,但可以在 SCR 段附近使用跳转和标号指令。

⑤ 在 SCR 段中不能使用 FOR,NEXT 和 END 指令。

⑥ 在状态发生转移后,所有的 SCR 段元器件一般也要复位,如果希望继续输出,可使用置位/复位指令。

⑦ 在使用功能图时,状态器的编号可以不按顺序安排。

知识拓展

顺序功能图的结构类型

(1) 单序列

单序列由一系列相继激活的步组成,是最简单的一种顺序功能图,如图 2.1.56 所示。每一步的后面仅接有一个转换,每一个转换的后面只有一个步。

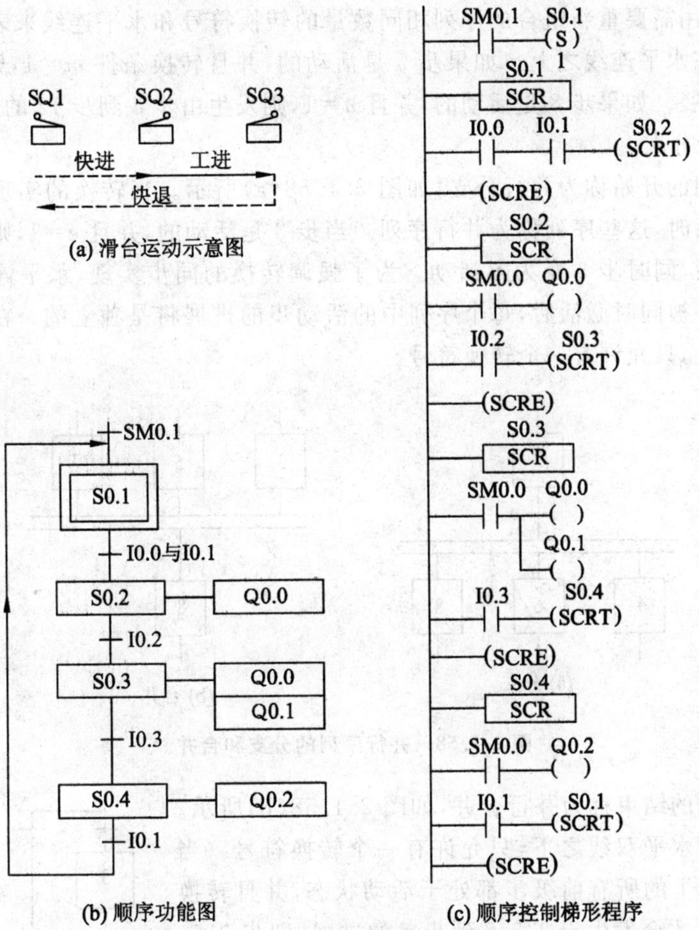

图 2.1.56　机床液压滑台控制系统

(2) 选择的分支和合并

选择序列的开始称为选择分支，如图 2.1.57(a)所示。转换符号只能标在水平连线之下。如果步 5 是激活的，并且转换条件 $e=1$，则发生由步 5 到步 6 的进展。如果步 5 是活动的，并且 $f=1$，则发生由步 5 到步 9 的进展。在选择序列的分支时，一般只允许同时选择一个序列。

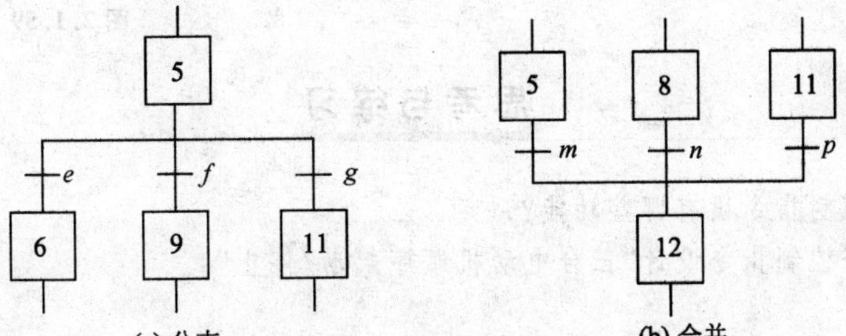

图 2.1.57　选择序列的分支和合并

选择序列的结束称为选择合并，如图 2.1.57(b)所示。几个选择序列合并到一个公共序列时，用需要重新组合的序列相同数量的转换符号和水平连线来表示。转换符号只允许标在水平连线之上。如果步 5 是活动的，并且转换条件 $m=1$，则发生由步 5 到步 12 的进展。如果步 8 是活动的，并且 $n=1$，则发生由步 8 到步 12 的进展。

(3) 并行分支

并行序列的开始称为并行分支，如图 2.1.58(a)所示。当转换的实现导致几个序列同时被激活时，这些序列称为并行序列。当步 3 是活动的，并且 $e=1$，则 4,6,8 这三步同时被激活，同时步 3 变为不活动。为了强调转换的同步实现，水平连线用双线表示。步 4,6,8 被同时激活后，每个序列中的活动步的进展将是独立的。在表示同步的水平双线之上，只允许有一个转换符号。

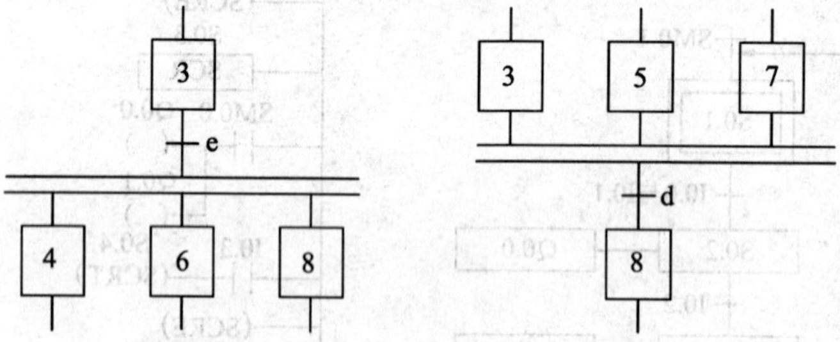

(a) 分支　(b) 合并

图 2.1.58　并行序列的分支和合并

并行序列的结束称为并行合并，如图 2.1.58(b)所示。在表示同步的水平双线之下，只允许有一个转换符号。当直接连在双线上的所有前级步都处于活动状态，并且转换条件 $d=1$ 时，才会发生步 3,5,7 到步 8 的进展，即步 3,5,7 同时变为不活动的，而步 8 变为活动。

(4) 跳转与循环

向下面非相邻状态的直接转移或者向系列外的状态转移被称为跳转，以箭头符号表示转移的目标状态，如图 2.1.59(a)所示；向上面状态的转移被称为循环，与跳转一样，用箭头符号表示转移的目标状态，如图 2.1.59(b)所示。

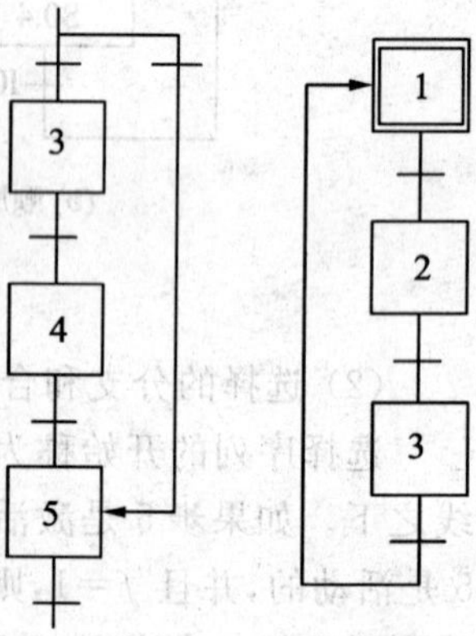

(a) 跳转　(b) 循环

图 2.1.59　跳转与循环

思考与练习

1. 顺序控制指令段有哪些功能？
2. 用顺序控制指令设计“三台电动机顺序起动/停止”。

模块二　PLC 应用指令

任务一　8 盏流水彩灯控制程序设计

任务导入

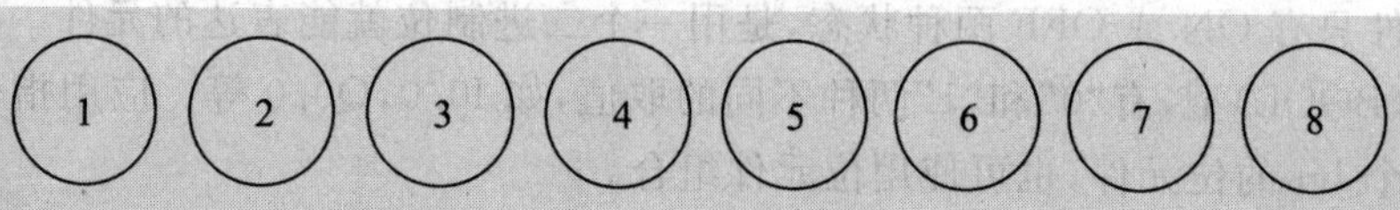

现有 L1～L8 共 8 盏霓虹灯接于 Q0.0～Q0.7，要求 I0.0 为“ON”时，8 盏灯从 L1 开始每隔 1 s 轮流点亮，并不断循环，当 I0.1 为“ON”时，所有灯泡停止工作。由控制要求可知，该控制系统可以用前面所讲的基本指令来实现(可以自己试试)，但编程烦琐，因为 PLC 的一条基本指令只能完成一个特定的操作。那么有没有一条指令能够实现较复杂的控制任务呢？现在几乎所有的 PLC 生产厂家都开发了用于特殊控制要求的指令，这些指令称为应用指令。和基本指令相比，一条应用指令能完成一系列的操作，相当于执行了一个子程序，所以应用指令的功能更加强大，编程也更加精练。

相关知识

1. 应用指令的通用格式

S7-200 PLC 的基本指令大多包含梯形图符号间的相互关系，而应用指令则是直接表达本指令要做什么。应用指令通常用指令盒形式表示，如图 2.2.1 所示。

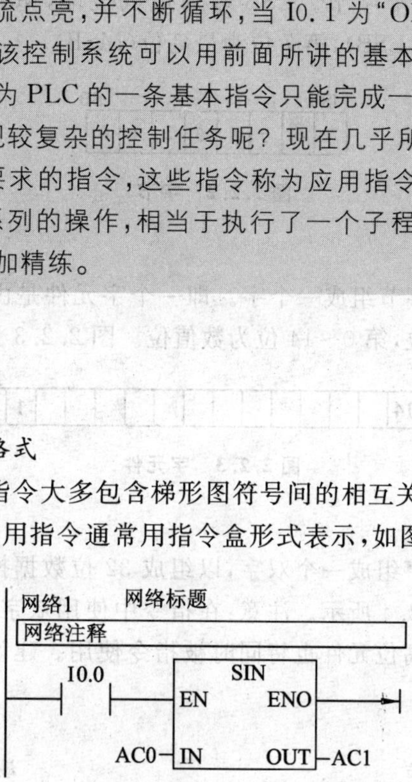

图 2.2.1　指令盒

从图 2.2.1 可以看出，指令盒中以通用的助记符形式来表示应用指令，所以应用指令同一般的汇编指令相似,也是由操作码和操作数两大部分组成。

(1) 操作码部分

图 2.2.1 中 SIN 为操作码部分,表达了该指令的功能。为了便于记忆,每个功能指令都有一个助记符,这样就能见名知义,比较直观。如众所周知,SIN 表示正弦函数。

(2) 操作数部分

功能框中的 IN 和 OUT 都为操作数部分,表达了参加指令操作的操作数在哪里。操作数部分组成:源操作数(source):IN;目标操作数(destination):OUT。操作数排列次序:源在前,目在后。有些应用指令还要求多个操作数,也有的应用指令不需要操作数。

当 I0.0 接通时,SIN 指令的含义是,对 AC0 中的数取正弦运算,并把运算结果存到 AC1 中。当 I0.0 断开时,此指令不执行。

2. 应用指令的数据长度

(1) 位元件

位元件只有 ON 或 OFF 两种状态,是用一个二进制位就能表达的元件。其数据类型为布尔(BOOL)型,有"0"和"1"两种不同的取值,如 I0.0,Q0.0 等。应用指令中能使用只含一个 bit 的位元件,也可使用位元件组合。

(2) 字节

8 位二进制数构成一个字节。LSB 端为最低位端,MSB 端为最高位端。如图 2.2.2中,第 0 位为最低位(LSB),第 7 位为最高位(MSB)。

MSB							LSB
7	6	5	4	3	2	1	0

图 2.2.2　字节

(3) 字元件

字由字节组成,两个字节组成一个字。即一个字元件是由 16 位的存储单元构成,最高位(第 15 位)为符号位,第 0～14 位为数值位。图 2.2.3 为 16 位数据寄存器。

MSB															LSB
15	14													1	0

图 2.2.3　字元件

(4) 双字元件

双字由字组成,两个字组成一个双字,以组成 32 位数据操作数。双字元件是由相邻的寄存器组成,如图 2.2.4 所示。注意:在指令中使用双字元件时,一般只用其低位地址表示这个元件,但其高位元件也将同时被指令使用。建议用偶数作为双字元件的地址。

MSB 31 最高有效字节			LSB 最低有效字节 0
VB100	VB101	VB102	VB103

图 2.2.4　双字元件

（5）不同数据长度之间的传送

由于数据长度不同，字元件与位元件之间在数据传送时，应按以下原则处理。

① 长→短的传送：只传送相应的低位数据，高位数据溢出；如当把一个 16 位数据传送到字节存储单元时，只传送相应的低位数据，高位数据溢出。

② 短→长的传送：长数据的高位全部变零。当一个字节型的数据传送到字型存储单元时，从低位开始传送，高位无数据时全部变为零。

3. 数据传送指令(MOV)

数据传送指令主要用于各个编程元件之间的数据传送。传送数据的类型分为：字节(B)传送、字(W)传送、双字(D)传送和实数(R)传送，对于不同的数据类型采用不同的传送指令。

（1）字节传送指令 MOVB

字节传送指令 MOVB 格式如图 2.2.5 所示。

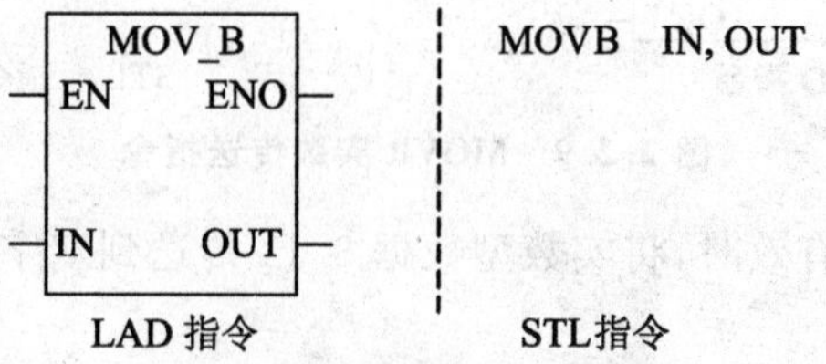

图 2.2.5　MOVB 字节传送指令

例：　MOVB　　VB0，　QB0

在使能输入端 EN 有效时，将 VB0 中的字节数据传送到 QB0 中。

（2）字传送指令 MOVW

字传送指令 MOVW 格式如图 2.2.6 所示。

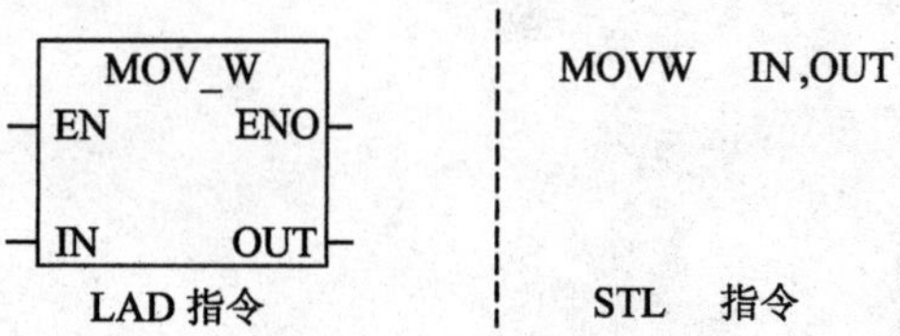

图 2.2.6　MOVM 字传送指令

在使能输入端 EN 有效时，将 VW100 中的字数据传送到 VW200 中，如图 2.2.7 所示。

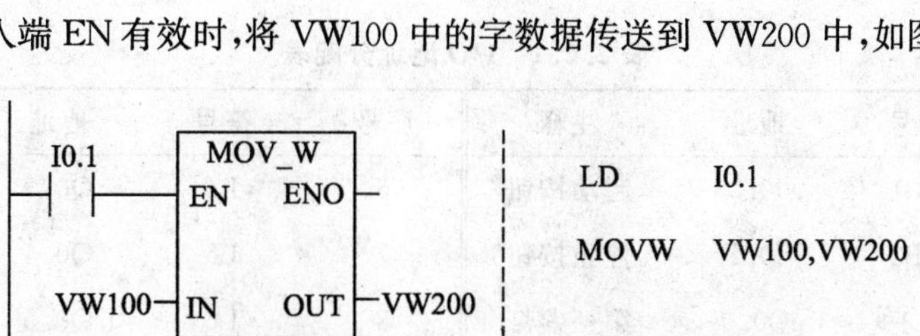

图 2.2.7　MOVM 字传送指令示例

（3）双字传送指令 MOVD

双字传送指令 MOVD 格式如图 2.2.8 所示。

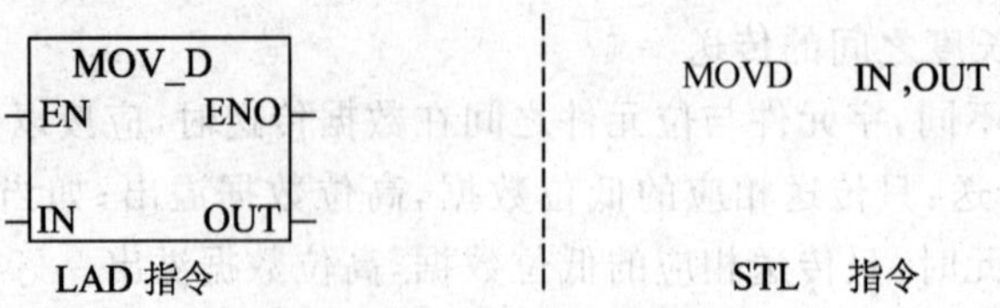

图 2.2.8 MOVD 双字传送指令

在使能输入端 EN 有效时，将由 IN 指定的一个 32 位双字型数据传送到由 OUT 指定的双字存储单元中。

(4) 实数传送指令 MOVR

实数传送指令 MOVR 格式如图 2.2.9 所示。

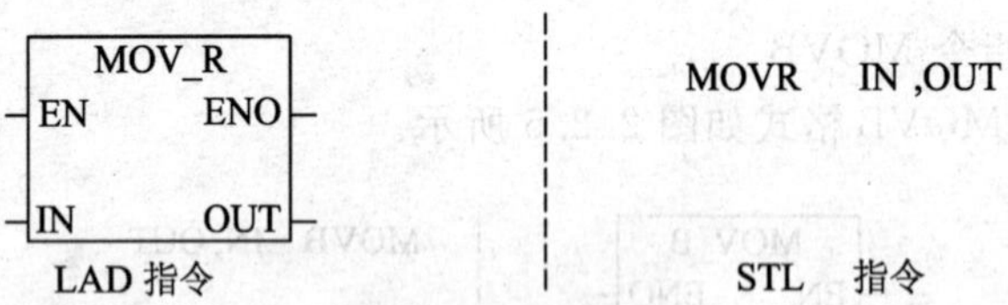

图 2.2.9 MOVR 实数传送指令

在使能输入端 EN 有效时，将实数型数据 3.14 传送到双字存储单元 VD200 中，如图 2.2.10 所示。

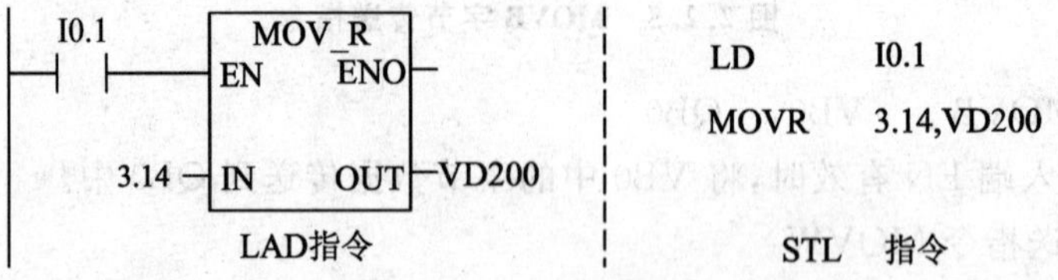

图 2.2.10 MOVR 实数传送指令示例

任务实施

1. 分配 I/O 地址

根据控制要求：输入信号有起动按钮 SB1，停止按钮 SB2；输出信号有 8 盏灯 Q0.0～Q0.7。I/O 地址分配见表 2.2.1。

表 2.2.1 I/O 地址分配表

序号	符号	地址	注释	序号	符号	地址	注释
1	SB1	I0.0	起动按钮	6	L4	Q0.3	第四盏灯
2	SB2	I0.1	停止按钮	7	L5	Q0.4	第五盏灯
3	L1	Q0.0	第一盏灯	8	L6	Q0.5	第六盏灯
4	L2	Q0.1	第二盏灯	9	L7	Q0.6	第七盏灯
5	L3	Q0.2	第三盏灯	10	L8	Q0.7	第八盏灯

2. 程序设计

程序设计梯形图如图 2.2.11 所示。

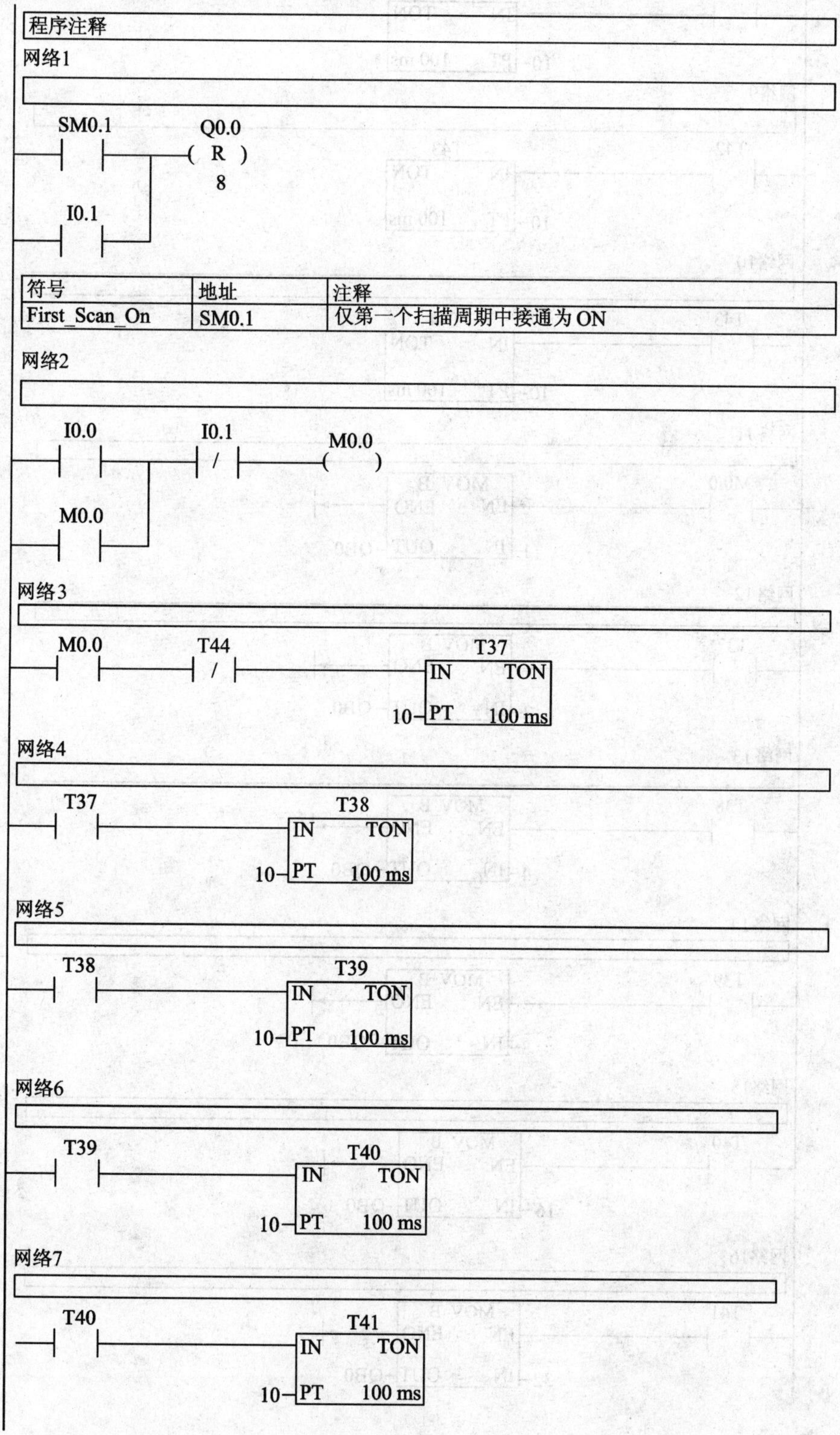

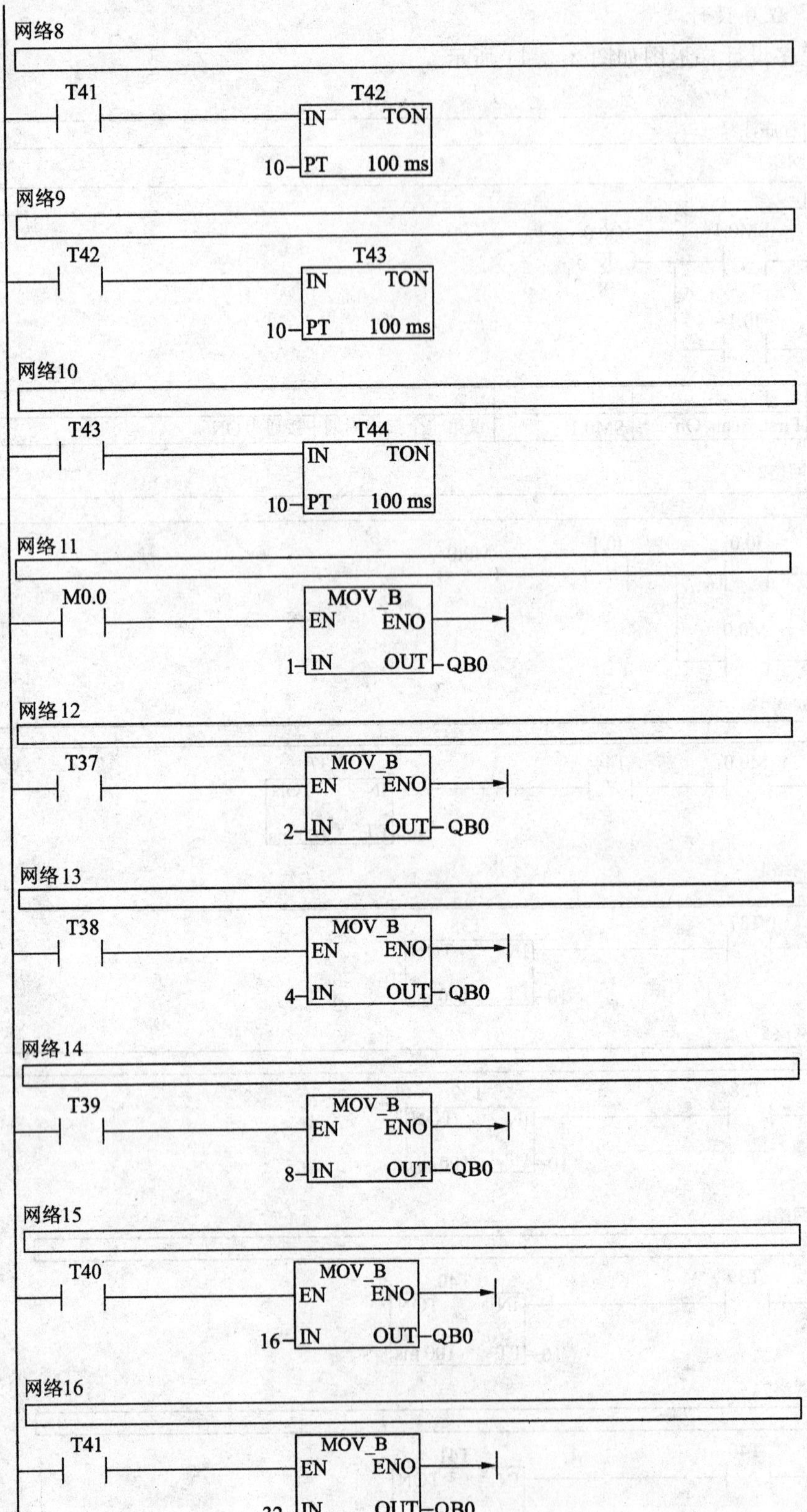
网络8
T41
T42
IN TON
10-PT 100 ms
网络9
T42
T43
IN TON
10-PT 100 ms
网络10
T43
T44
IN TON
10-PT 100 ms
网络11
M0.0
MOV_B
EN ENO
1-IN OUT-QB0
网络12
T37
MOV_B
EN ENO
2-IN OUT-QB0
网络13
T38
MOV_B
EN ENO
4-IN OUT-QB0
网络14
T39
MOV_B
EN ENO
8-IN OUT-QB0
网络15
T40
MOV_B
EN ENO
16-IN OUT-QB0
网络16
T41
MOV_B
EN ENO
32-IN OUT-QB0

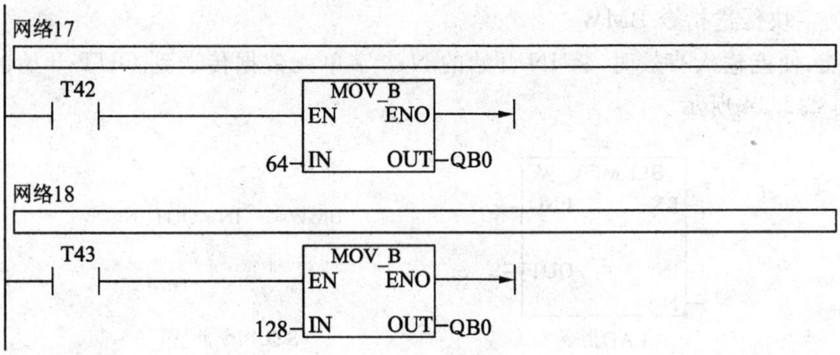

图 2.2.11　程序设计

3. 调试运行

将梯形图 2.2.11 下载到 PLC 中，按下起动按钮 SB1，可以观察到 8 盏灯依次点亮，并不断循环。按下停止按钮 SB2，所有灯停止工作。

知识拓展

1. 块传送指令

块传送指令可用来一次传送多个同一类型的数据。指令可用来进行一次多个（最多 255 个）数据的传送，数据块类型可以是字节块、字块、双字块。

（1）字节块传送指令 BMB

功能：使能输入有效时，将由 IN 开始的 N 个字节单元数据传送到 OUT 开始的数据块中，如图 2.2.12 所示。

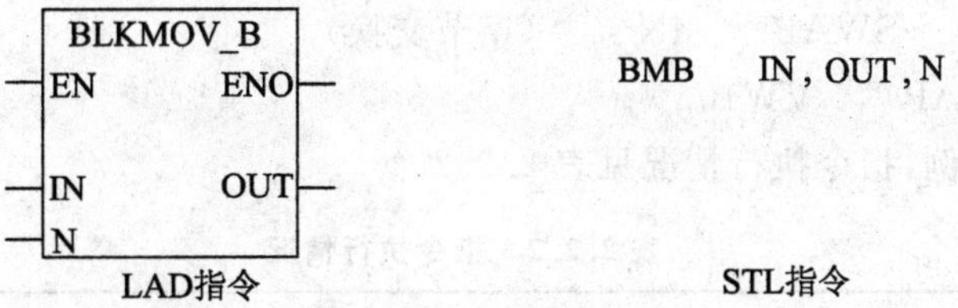

图 2.2.12　字节块传送指令 BMB

例如：将 VB10 开始的 10 个字节单元数据传送到 VB100 开始的数据块中，如图 2.2.13所示。

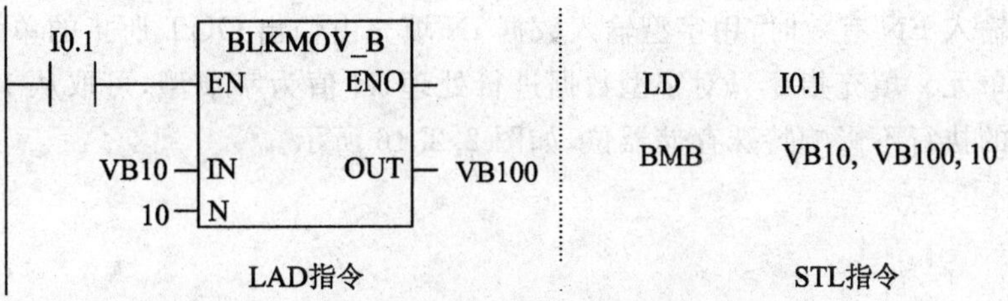

图 2.2.13　字节块传送指令 BMB 的示例

(2) 字块传送指令 BMW

功能:使能输入有效时,将 IN 开始的 N 个字单元数据传送到 OUT 开始的数据块中,如图 2.2.14 所示。

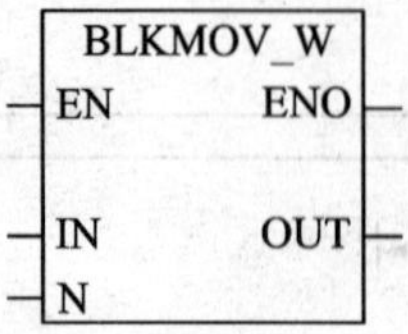

LAD指令

BMW　IN, OUT, N

STL指令

图 2.2.14　字块传送指令 BMW

(3) 双字块传送指令 BMD

功能:使能输入有效时,将 IN 开始的 N 个双字单元数据传送到 OUT 开始的数据块中,如图 2.2.15 所示。

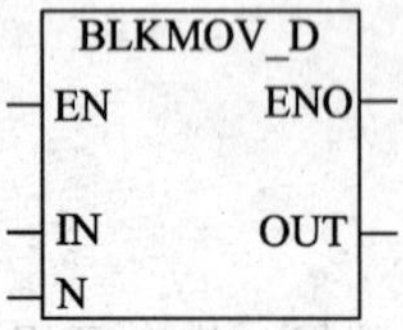

LAD指令

BMD　IN, OUT, N

STL指令

图 2.2.15　双字块传送指令 BMD

2. 字节交换指令 SWAP

使能输入有效时,将字型输入数据 IN 的高字节和低字节进行交换。本指令只对字型数据进行处理,指令的执行不影响特殊存储器位。

指令格式:　SWAP　IN　(字节交换)

例:　SWAP　VW10

以本指令为例,指令执行情况见表 2.2.2。

表 2.2.2　指令执行情况

时间	单元地址	单元内容	说　明
执行前	VW10	10110101 00000001	交换指令执行前
执行后	VW10	00000001 10110101	执行交换指令,将高、低字节的内容交换

3. 填充指令 FILL

使能输入 EN 有效时,用字型输入数据 IN 填充由输出 OUT 所指的单元开始的 N 个字存储单元。填充指令只对字型数据进行处理,N 值为字节型,可取从 1～255 的整数。指令的执行不影响特殊存储器位,如图 2.2.16 所示。

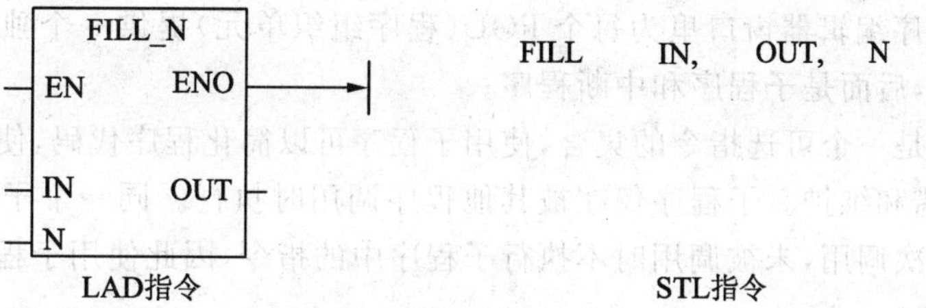

图 2.2.16 填充指令 FILL

指令格式： FILL IN， OUT， N （填充指令）

例： FILL 10， VW100， 12

本条指令的执行结果是：将数据 10 填充到从 VW100 到 VW112 共 12 个字存储单元中。

任务二 温度 PID 控制程序设计

任务导入

1. 总体控制要求：如图 2.2.17 所示，模拟量模块输入端从温度变送器端采集物体温度信号，经过程序运算后由模拟量输出端输出控制信号至驱动端控制加热器。

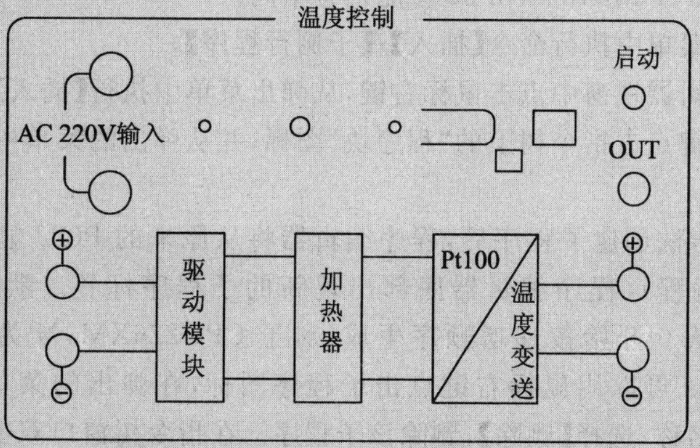

图 2.2.17 控制面板

2. 程序运行后，模拟量输出端输出加热信号，对受热体进行加热。

3. 模拟量模块输入端将温度变送端采集的物体温度信号作为过程变量，经程序 PID 运算后，由模拟量输出端输出控制信号至驱动端控制加热器。

相关知识

1. 子程序

S7-200 CPU 的控制程序由主程序、子程序和中断程序组成。STEP 7-Micro/

Win 32在程序编辑器窗口里为每个 POU(程序组织单元)提供一个独立的页。主程序总是第 1 页,后面是子程序和中断程序。

子程序是一个可选指令的集合,使用子程序可以简化程序代码,使程序结构简单清晰,易于查错和维护。子程序仅在被其他程序调用时执行。同一个子程序可以在不同的地方被多次调用,未被调用时不执行子程序中的指令,因此使用子程序可以减少扫描时间。

如果只使用子程序局部变量,且与其他 POU 没有地址冲突,可以将子程序移植到其他项目。为了移植子程序,应避免使用全局符号和变量,例如 V 存储器中的绝对地址。

子程序可以嵌套调用。从主程序算起,一共可以嵌套 8 层。在中断程序中调用的子程序,不能再调用其他子程序。不禁止递归调用(子程序调用自己),但是当使用带子程序的递归调用时应慎重。

因为累加器可在主程序和子程序之间自由传递,所以在调用子程序时,累加器的值既不保存也不恢复。

当子程序在同一个扫描周期内被多次调用时,不能使用上升沿、下降沿、定时器和计数器指令。

(1) 建立子程序

STEP 7-Micro/Win 32 在打开程序编辑器时,默认提供了一个空的子程序 SBR_0,用户可以直接在其中输入程序。除此之外,用户还可以用以下 3 种方法创建子程序(不同版本的 STEP 7-Micro/Win 32 可能稍有不同):

① 在【编辑】菜单中执行命令【插入】/【子例行程序】;

② 在程序编辑器视窗中点击鼠标右键,从弹出菜单中执行【插入】/【子例行程序】;

③ 用鼠标右键点击指令树上的“程序块”图标,并从弹出的菜单中选择【插入】/【子例行程序】。

按以上 3 种方法创建子程序后,程序编辑器将从原来的 POU 显示进入新的子程序(可以在其中编程),程序编辑器底部出现新的子程序标签。默认的子程序名是 SBR_N,编号 N 从 0 开始按递增顺序生成,对于 CPU226XM,N 为 0～127,对其余 CPU,N 为 0～63。可以用鼠标右键点击子程序图标,在弹出的菜单中选择【重新命名】,修改它们的名称;选择【删除】,删除该子程序。在指令树窗口双击新建的子程序图标(或用鼠标左键单击程序编辑器视窗下方的程序名称),就可进入子程序,对它进行编辑。

(2) 子程序指令

子程序指令包含子程序的调用指令及子程序的返回指令。子程序调用指令将程序控制权交给子程序 SBR_N,可以使用带参数或不带参数的“调用子例行程序”指令。该子程序执行完成后,程序控制权返回到子程序调用指令的下一条指令。子程序调用指令位于指令树的“调用子例行程序”分支中,建立一个子程序相应地就在该分支中产生了一个该子程序的调用指令(即只有建立了子程序后,才可以使用该子程序的调用指令)。

STEP 7-Micro/Win 32 会自动在子程序末尾加上返回指令。S7-200 CPU 还提供了条件返回指令(RET),该指令用于子程序的内部,根据条件选择是否提前返回调用它的程序。条件返回指令在指令树的"程序控制"分支中。

子程序指令见表 2.2.3。

表 2.2.3 子程序指令

指令名称	LAD	STL	指令功能
调用子程序指令	SBR_N —EN	CALL SBR_N	当 EN 端输入接通时,调用子程序 SBR_N
条件返回指令	—(RET)	CRET	从子程序中返回

图 2.2.18 为子程序调用的使用举例。在该例中,子程序中使用了条件返回指令 RET,若条件满足则提前从子程序返回,否则应执行到子程序末尾再返回。

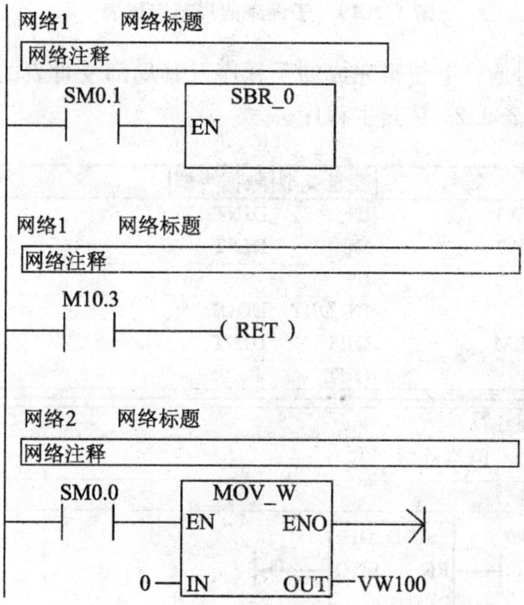

图 2.2.18 子程序调用指令使用举例

(3) 带参数调用子程序

程序中的每个 POU(程序组织单元)都有自己的由 64 字节的 L 存储器组成的局部变量表。它们用来定义有范围限制的变量,局部变量只在它被创建的 POU 中有效。在主程序或中断程序中,局部变量表只包含 TEMP 变量。子程序的局部变量表中的变量类型有 4 种,如图 2.2.19 所示。

① IN(输入变量):由调用它的 POU 提供的输入参数。

② OUT(输出变量):返回给调用它的 POU 的输出参数。

③ IN_OUT(输入输出变量):其初始值由调用它的 POU 提供,被子程序修改后返回给调用它的 POU。

④ TEMP(临时变量):不能用来传递参数,仅用于子程序内部暂存数据。

定义参数时必须指定参数的符号名称(最多 23 个英文字符)、变量类型和数据类型。一个子程序最多可以传递 16 个参数。如要在局部变量表中加入一个参数,首先应根据变量类型选择合适的行,在符号格中输入符号名称,在数据类型表格中单击鼠标左键,在弹出的数据类型选项栏中选择即可。

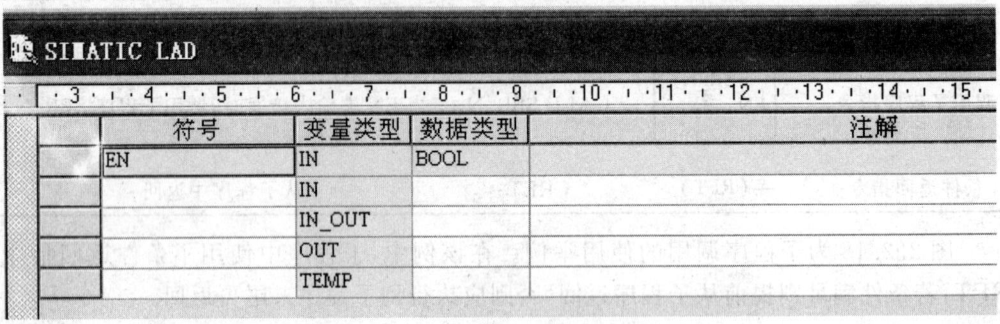

	符号	变量类型	数据类型	注解
	EN	IN	BOOL	
		IN		
		IN_OUT		
		OUT		
		TEMP		

图 2.2.19　子程序的局部变量表

图 2.2.20 所示的是一个编辑完成的子程序及其局部变量表的例子,它是一个带参数调用的子程序。图 2.2.21 是其主程序。

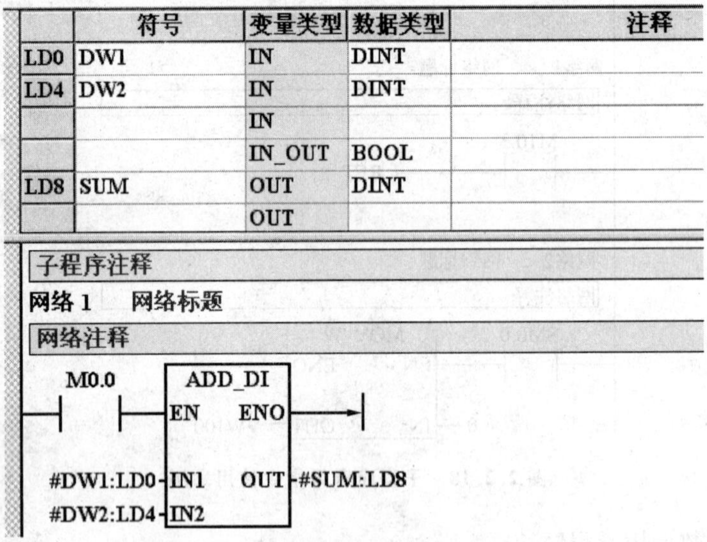

	符号	变量类型	数据类型	注释
LD0	DW1	IN	DINT	
LD4	DW2	IN	DINT	
		IN		
		IN_OUT	BOOL	
LD8	SUM	OUT	DINT	
		OUT		

图 2.2.20　带参数调用的子程序

图 2.2.20 中的子程序完成两个双字类型的整数相加功能。主程序将进行相加的实际数据分别传送给子程序的两个参数 DW1 和 DW2,并将两者的和保存在从 VD238 开始的 4 个字节中。

子程序中定义了 3 个变量 DW1,DW2 和 SUM,这些变量也称为子程序的参数。子程序的参数必须在子程序的局部变量表中定义,如图 2.2.20 所示。

按照子程序指令的调用顺序,参数值分配给局部变量存储器(L 存储器),编程时,系统为每个变量自动分配局部存储器地址。如局部变量表中的 LD0,LD4 和 LD8 等。

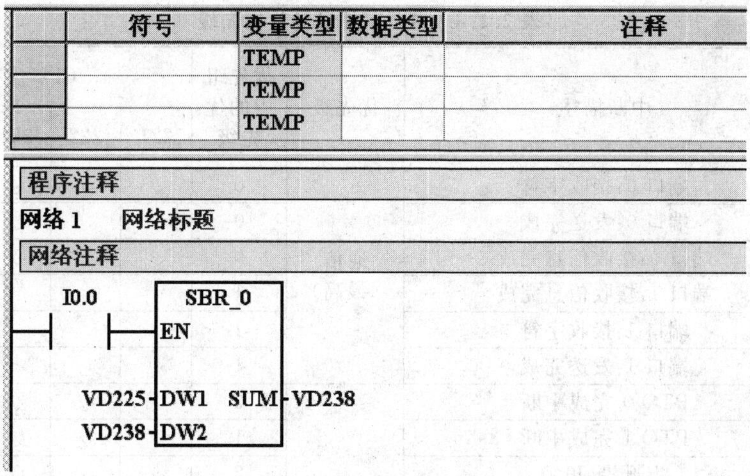

图 2.2.21　带参数调用的主程序

子程序的参数是形式参数，并不是具体的数值或者变量地址，而是以符号定义的参数。这些参数在调用子程序时被实际的数据代替。

子程序中变量符号名称前的“#”号表示该变量是局部符号变量。

子程序可以被多次调用，带参数的子程序在每次调用时可以对不同的变量、数据进行相同的运算、处理，以提高程序编辑和执行的效率，节省程序存储空间。

2. 中断指令

(1) 中断概述

PLC 采用的循环扫描的工作方式，使突发事件或意外情况不能得到及时的处理和响应，为了解决此问题，PLC 提供了中断工作方式。PLC 处理中断事件需要执行中断程序，中断程序由用户编写，当中断事件发生时由操作系统调用。所谓中断事件是指能够用中断功能处理的特定事件。S7-200 系统为每个中断事件规定了一个中断事件号。响应中断事件而执行的程序称为中断服务程序，把中断事件号和中断服务程序关联起来才能执行中断处理功能。若要关闭某中断事件则需要取消中断事件与中断程序之间的联系。这些功能在 PLC 中可以使用相关的中断指令来完成。

多个中断事件可以调用同一个中断程序，一个中断事件不可以连接多个中断程序。中断程序或中断程序调用的子程序不会再被中断。

中断事件可能在 PLC 程序扫描循环周期中的任意时刻发生。执行中断服务程序前后，系统会自动保护和恢复被中断的程序运行环境，以避免中断程序对主程序可能造成的影响。

S7-200 CPU 支持 3 类中断事件：通信口中断、I/O 中断、时基中断。以上中断事件通信中断优先级最高，定时中断优先级最低。任何时刻只能执行一个用户中断程序。中断程序执行过程中发生的其他中断事件不会影响该中断的执行，而是按照优先级和发生时序排队。队列中优先级高的中断事件首先得到处理，优先级相同的中断事件按发生时序处理。中断事件号及其优先级见表 2.2.4。

表 2.2.4　中断事件号及其优先级

事件号	中断描述	优先级	优先组中的优先级	CPU 支持			
				221	222	224	224XP226
8	端口 0:接收字符	通信（最高）	0	√	√	√	√
9	端口 0:发送完成		0	√	√	√	√
23	端口 0:接收信息完成		0	√	√	√	√
24	端口 1:接收信息完成		1				√
25	端口 1:接收字符		1				√
26	端口 1:发送完成		1				√
19	PTO 0 完成中断	I/O（中等）	0	√	√	√	√
20	PTO 1 完成中断		1	√	√	√	√
0	上升沿,I0.0		2	√	√	√	√
2	上升沿,I0.1		3	√	√	√	√
4	上升沿,I0.2		4	√	√	√	√
6	上升沿,I0.3		5	√	√	√	√
1	下降沿,I0.0		6	√	√	√	√
3	下降沿,I0.1		7	√	√	√	√
5	下降沿,I0.2		8	√	√	√	√
7	下降沿,I0.3		9	√	√	√	√
12	HSC0 CV=PV（当前值=预置值）		10	√	√	√	√
27	HSC0 输入方向改变		11	√	√	√	√
28	HSC0 外部复位		12	√	√	√	√
13	HSC1 CV=PV（当前值=预置值）		13			√	√
14	HSC1 输入方向改变		14			√	√
15	HSC1 外部复位		15			√	√
16	HSC2 CV=PV（当前值=预置值）		16			√	√
17	HSC2 输入方向改变		17			√	√
18	HSC2 外部复位		18			√	√
32	HSC3 CV=PV（当前值=预置值）		19	√	√	√	√
29	HSC4 CV=PV（当前值=预置值）		20	√	√	√	√
30	HSC4 输入方向改变		21	√	√	√	√
31	HSC4 外部复位		22	√	√	√	√
33	HSC5 CV=PV（当前值=预置值）		23	√	√	√	√
10	定时中断 0,SMB34	定时（最低）	0	√	√	√	√
11	定时中断 1,SMB35		1	√	√	√	√
21	定时器 T32 CT=PT 中断		2	√	√	√	√
22	定时器 T96 CT=PT 中断		3	√	√	√	√

表 2.2.5 给出了 3 个中断队列及它们能够存储的中断个数。有时，可能有多于队列所能保存数目的中断出现，因而，由系统维护的队列溢出存储器位表明丢失的中断事件的类型。中断队列溢出存储器位见表 2.2.6。应当只在中断程序中使用这些位，因为在队列变空时，这些位会被复位，控制权回到主程序。

表 2.2.5　每个中断队列的最大数目

队列	CPU211,CPU222,CPU224	CPU224XP 和 CPU226
通信中断队列	4	8
I/O 中断队列	16	16
定时中断队列	8	8

表 2.2.6　中断队列溢出标志位

描述(0=不溢出,1=溢出)	SM 位
通信中断队列	SM4.0
I/O 中断队列	SM4.1
定时中断队列	SM4.2

(2) 中断指令

S7-200 系统的中断指令见表 2.2.7。

表 2.2.7　中断指令

指令名称	LAD	STL	指令功能
中断允许指令	—(ENI)	ENI	全局地允许所有被连接的中断事件
中断禁止指令	—(DISI)	DISI	全局地禁止处理所有中断事件
中断连接指令	ATCH EN　ENO INT EVNT	ATCH INT,EVNT	将中断事件 EVNT 与中断服务程序号 INT 相关联,并使能该中断事件
中断分离指令	DTCH EN　ENO EVNT	DTCH EVNT	将中断事件 EVNT 与中断服务程序之间的关联切断,并禁止该中断事件
中断条件返回指令	—(RETI)	CRETI	根据前面的逻辑操作的条件,从中断服务程序中返回
消除中断事件指令	CLR_EVN EN　ENO EVNT	CEVNT EVNT	从中断队列中清除所有 EVNT 类型的中断事件

中断允许指令 ENI(enable interrupt):全局地允许所有被连接的中断事件。

中断禁止指令 DISI(disable interrupt):全局地禁止处理所有中断事件。允许中断事件排队等候,但不允许执行中断服务程序,直到用全局中断允许指令 ENI 重新允许中断。

当进入“RUN”模式时，中断被自动禁止。在“RUN”模式下执行全局中断允许指令后，各中断事件发生时是否会执行中断程序，取决于是否执行了该中断事件的中断连接指令。

中断连接指令 ATCH(attach interrupt)：将中断事件 EVNT 与中断程序号 INT 相关联，并使能该中断事件。也就是说，执行 ATCH 后，该中断程序在事件发生时被自动起动。因此，在起动中断程序之前，应在中断事件和该事件发生时希望执行的中断程序之间，用 ATCH 指令建立联系。

中断分离指令 DTCH(detach interrupt)：用来断开中断事件 EVNT 与中断程序之间的联系，从而禁止单个中断事件。

中断条件返回指令 CRETI(conditional return from interrupt)：用于根据前面的逻辑操作的条件，从中断服务程序中返回，编程软件自动为各中断程序添加无条件返回指令。

清除中断事件指令 CEVNT(clear event)：从中断队列中清除所有 EVNT 类型的中断事件，该指令可以用来消除不需要的中断事件。如果用来清除假的中断事件，首先应分离事件；否则，在执行该指令之后，新的事件将增加到队列中。

在中断程序中不能使用 DISI，ENI，HDEF，LSCR 和 END 指令。

(3) 中断程序的建立

STEP 7-Micro/Win 32 在打开程序编辑器时，默认提供了一个空的中断程序 INT_0，用户可以直接在其中输入程序。除此之外，用户还可以用以下 3 种方法创建中断程序：

① 在【编辑】菜单中执行命令【插入】/【中断】；

② 在程序编辑器视窗中点击鼠标右键，从弹出菜单中执行命令【插入】/【中断】；

③ 用鼠标右键点击指令树上的程序块图标，并从弹出的菜单中执行命令【插入】/【中断】。

按以上 3 种方法创建中断程序后，程序编辑器将从原来的 POU 显示进入新的中断服务程序(可以在其中编程)，程序编辑器底部出现新的中断程序标签。

中断程序提供对特殊(或紧急)内部事件和外部事件的快速响应。中断程序应尽量短小、简单，以减少中断程序的执行时间，减少对其他处理的延迟。中断程序在执行完某项特定任务后，应立即返回主程序，否则可能引起主程序控制的设备操作异常。

(4) 中断指令举例

中断指令使用举例见表 2.2.8，表中给出了主程序和中断服务程序及相应的指令功能。表 2.2.9 为用定时中断读取模拟量数值的程序举例。

表 2.2.8 中断指令举例

程序类型	网络号	LAD	指令功能
MAIN	网络 1	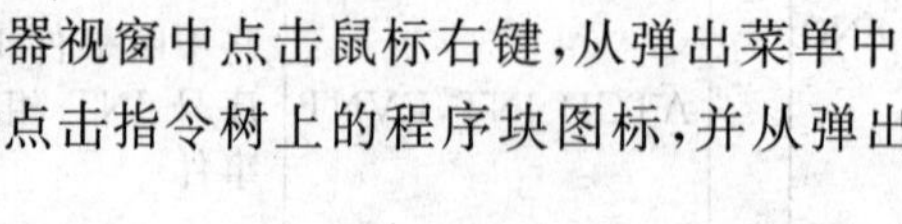	(1) 首次扫描，定义事件 1 (I0.0 的下降沿)中断服务程序为 INT_0 (2) 全局中断允许

续表

程序类型	网络号	LAD	指令功能
MAIN	网络 2	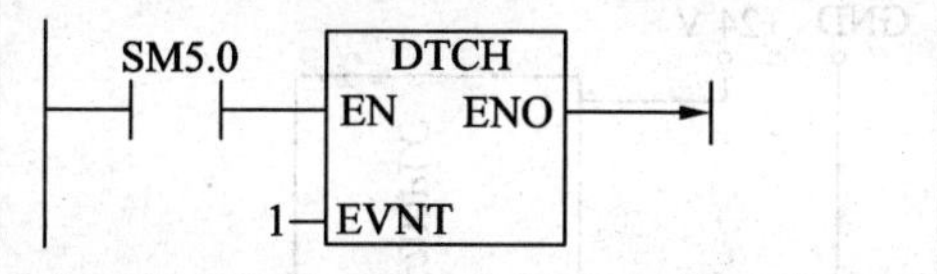	如果检测到 I/O 错误，禁止事件 1(I0.0 的下降沿)的中断，该程序段是可选的
	网络 3	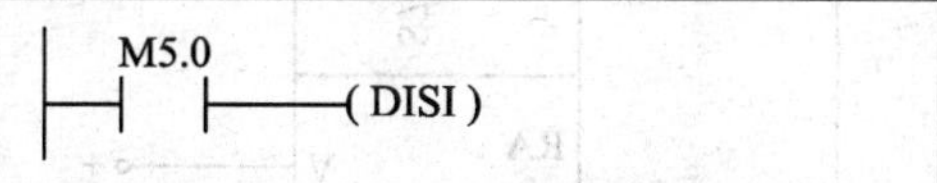	当 M5.0 接通时，禁止所有中断
INT_0		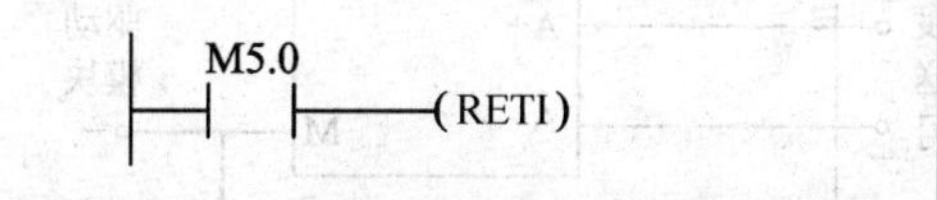	事件 1(I0.0 的下降沿)的中断服务程序：当有 I/O 错误时返回

表 2.2.9　定时中断读取模拟量数值的程序

程序类型	LAD	指令功能
MAIN	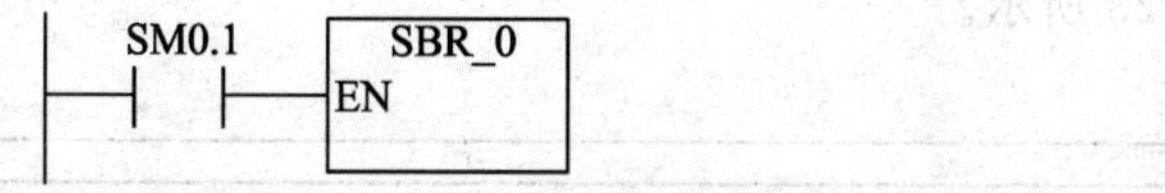	首次扫描，调用 0 号子程序 SBR_0
SBR_0	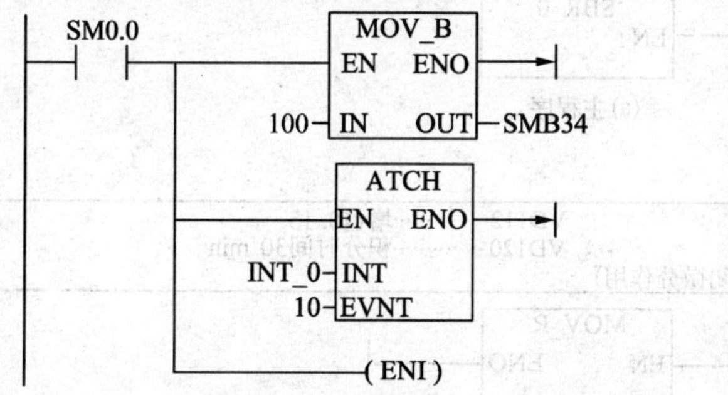	(1) 设置定时中断 0 的时间间隔为 100 ms (2) 连接 INT_0 到事件 10(定时中断 0) (3) 全局中断允许
INT_0	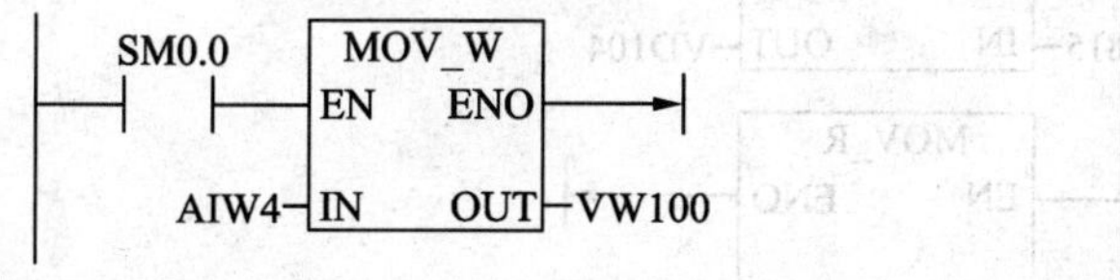	每 100 ms 读 AIW4 的值

任务实施

1. 端口分配

任务的端口分配见表 2.2.10。

表 2.2.10　端口分配

序号	PLC 地址(模拟量端子)	电气符号(面板端子)	功能说明
1	A+	温度变送+	变送器输出正信号
2	A−	温度变送−	变送器输出负信号
3	VO	驱动信号+	驱动正信号
4	MO	驱动信号−	驱动负信号
5	温度模块 OUT 接温度/转速表 S		温度显示信号

2. I/O 连接图

任务的 I/O 连接如图 2.2.22 所示。

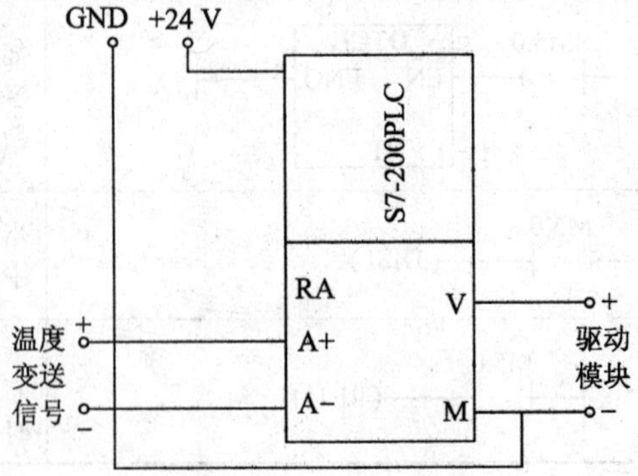

图 2.2.22　I/O 连接图

3. 梯形图

任务梯形图如图 2.2.23 所示。

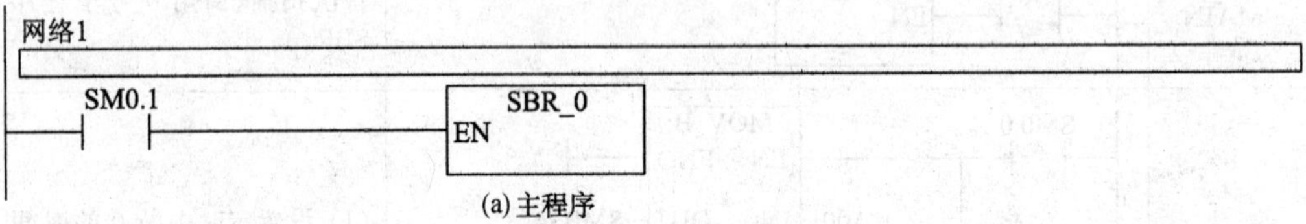

(a) 主程序

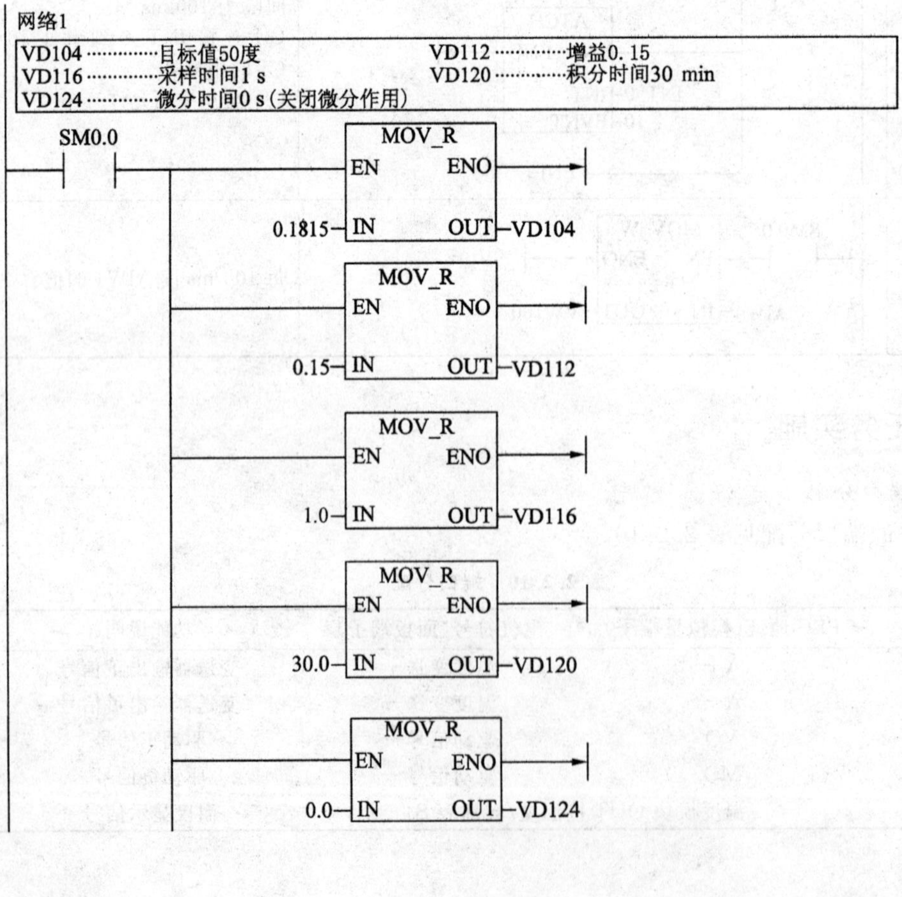

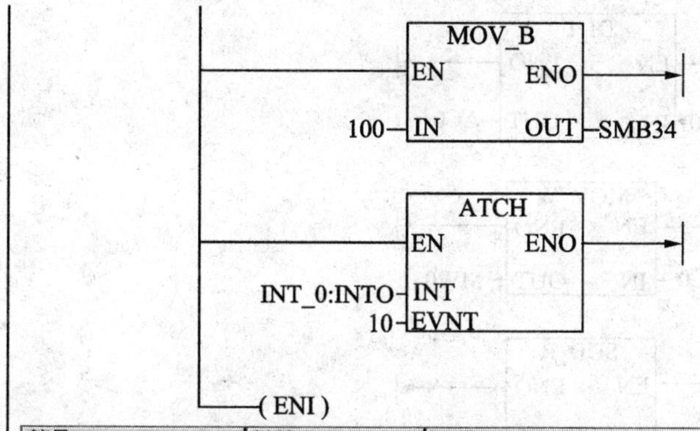

符号	地址	注释
INT_0	INT0	

(b) 子程序

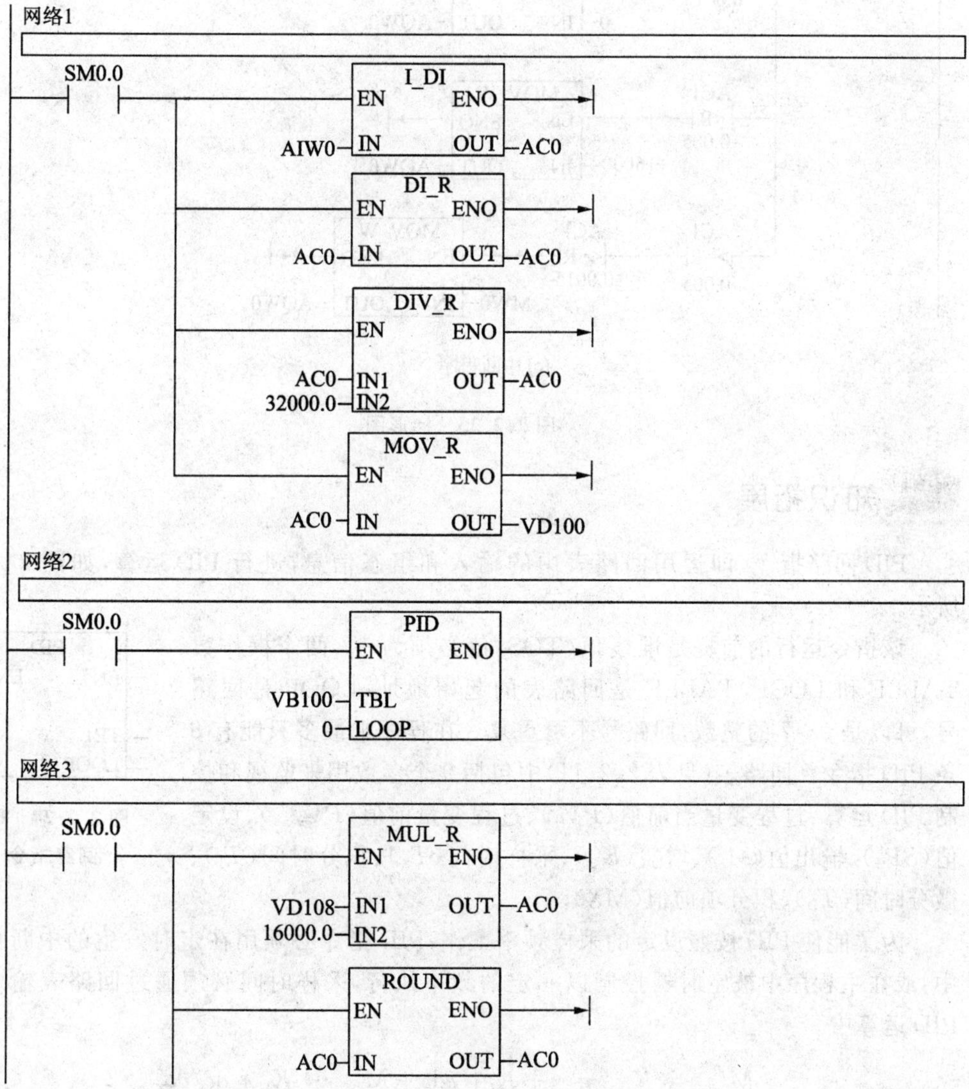

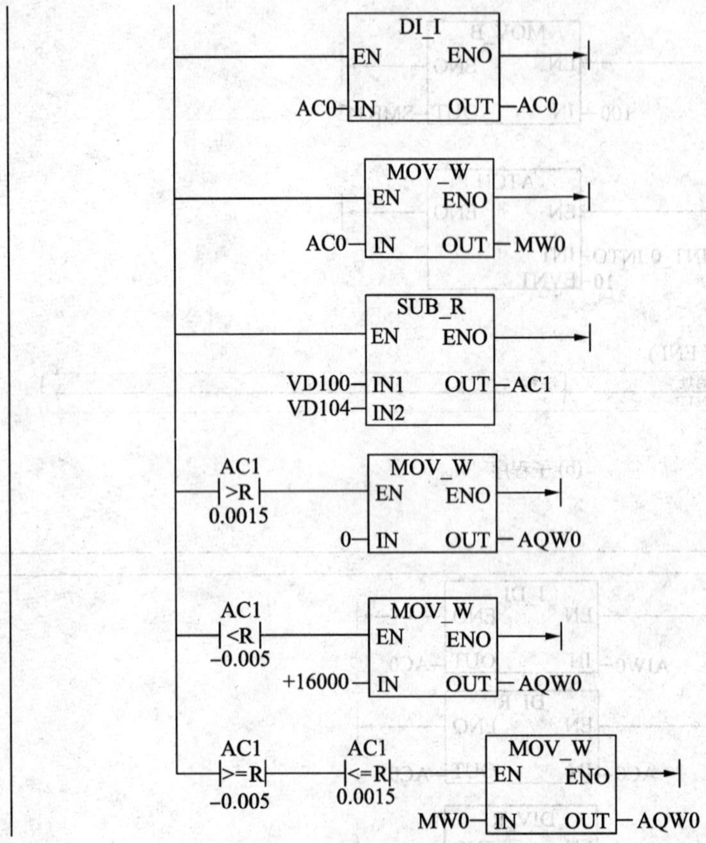

(c) 中断程序

图 2.2.23 梯形图

知识拓展

PID 回路指令，即运用回路表中的输入和组态信息，进行 PID 运算，如图 2.2.24 所示。

该指令运行的前提是堆栈顶(TOS)值必须为 1。两个操作数 TABLE 和 LOOP，TABLE 是回路表的起始地址；LOOP 是回路号，可以是 0～7 的整数，回路号不可重复。在程序中最多只能有 8 条 PID 指令。回路表(见表 2.2.11)中包括 9 个参数用来监视和控制 PID 运算：过程变量当前值(PV_n)、过程变量前值(PV_{n-1})、设定值(SP_n)、输出值(M_n)、增益(K_C)、采样时间(T_S)、积分时间(T_I)、微分时间(T_D)、积分项前值(MX)。

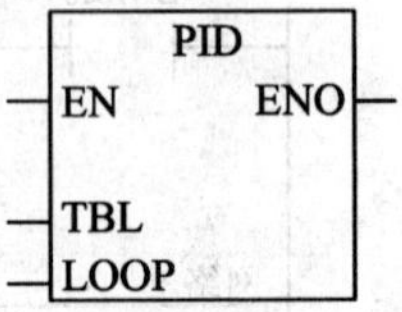

图 2.2.24 PID 回路指令

为了能使 PID 按照设定的采样频率工作，PID 指令必须用在定时发生的中断程序中，或在主程序中被定时器控制以一定的频率执行，采样时间必须通过回路表输入到 PID 运算中。

$$M(t) = K_C * e \quad + K_C\int_0^t e\mathrm{d}t + M_{\mathrm{initial}} + K_C * \mathrm{d}e/\mathrm{d}t$$

输出 =比例项 + 积分项 +微分项

离散后成

$$M_n = MP_n + MI_n + MD_n$$

输出= 比例项+积分项 +微分项

比例项：$MP_n = K_C * (SP_n - PV_n)$

积分项：$MI_n = K_C * T_S / T_I * (SP_n - PV_n) + MX$

微分项：$MD_n = K_C * T_D / T_S * [(SP_n - PV_n) - (SP_{n-1} - PV_{n-1})]$

如果不想要比例回路，可以设增益 Kc 为 0；如果不想要积分回路，可以把积分时间 T_I 设为无穷大；如果不想要微分回路，可以把微分 T_D 时间设为 0。

表 2.2.11 PID 回路表

偏移地址	域	类型	描述
0	过程变量 PV_n	输入	过程变量，必须在 0.0 到 1.0 之间
4	设定值 SP_n	输入	设定值，必须在 0.0 到 1.0 之间
8	输出值 M_n	输入/输出	输入/输出，必须在 0.0 到 1.0 之间
12	增益 K_C	输入	增益是比例常数，可以是正，也可以是负
16	采样时间 T_S	输入	采样时间，单位是秒，必须为正
20	积分时间 T_I	输入	积分时间，单位是分，必须为正
24	微分时间 T_D	输入	微分时间，单位是分，必须为正
28	微分项前项 MX	输入/输出	微分项前项，必须在 0.0 到 1.0 之间
32	过程变量前项 PV_{n-1}	输入/输出	最近一次 PID 运算的过程变量

任务三 天塔之光控制程序设计

任务导入

夜间的天塔或高楼看起来非常阴暗，显得很单调。现代都市大多采用彩灯对之进行装扮，天塔之光的设计（如图 2.2.25 所示）可以将建筑装饰得更加灵动，尽显城市繁华。依据实际生活中对天塔之光的运行控制要求，运用可编程控制器的强大功能，实现控制。闭合"起动"开关，指示灯按以下规律循环显示：L1→L2→L3→L4→L5→L6→L7→L8→L1→L2，L3，L4→L5，L6，L7，L8→L1→L2，L3，L4→L5，L6，L7，L8→L1→L2，L3，L4→L5，L6，L7，L8→L1→L1，L2→L1，L3→L1，L4→L1，L8→L1，L7→L1，L6→L1，L5→L1，L2，L3，L4→L1，L5，L6，L7，L8→L1，L2，L3，L4，L5，L6，L7，L8→L1→L2…

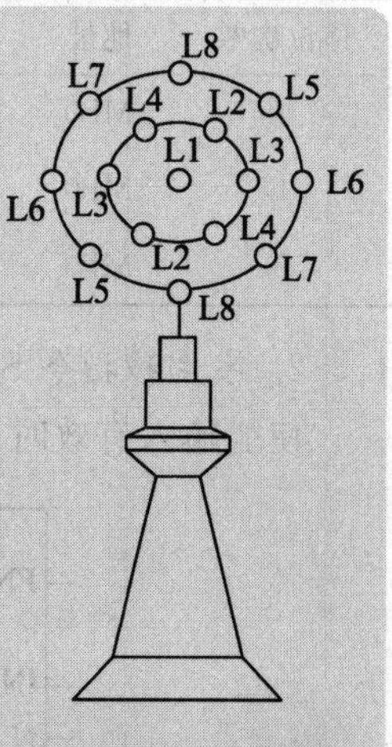

图 2.2.25 天塔之光

相关知识

移位指令都是对无符号数进行的处理，执行时只考虑要移位的存储单元的每一位数字的状态，而不管数据值的大小。移位指令包括字节左移、字节右移、字左移、字右移、双字左移、双字右移。该指令在一个数字量输出点对应多个相对固定状态的情况下被广泛地应用。

移位特点：移位数据存储单元的移出端与 SM1.1（溢出）相连，即最后被移出的位被放置到 SM1.1 位存储单元。移位时，移出位进入 SM1.1，另一端自动补 0。移位次数与移位数据的长度有关，如果所需移位次数大于移位数据的位数，则超出的次数无效。如执行字节左移指令时，最大移位次数为 8，设定值大于 8 时超出部分无效。如果移位操作使数据变为 0，则零存储器位 SM1.0 自动置位。

1. 字节左移指令 SLB 和字节右移指令 SRB（如图 2.2.26 所示）

使能输入有效时，把字节型输入数据 IN 左移或右移 N 位后，再将结果输出到 OUT 所指的字节存储单元。最大实际可移位次数为 8。

指令格式：SLB　OUT，N　（字节左移）

　　　　　SRB　OUT，N　（字节右移）

图 2.2.26　字节移位指令盒

例：SLB　MB0，2。执行结果见表 2.2.12。

表 2.2.12　移位说明

移位次数	地址	单位内容	位 SM1.1	说　明
0	MB0	10110101	x	移位前
1	MB0	01101010	1	数左移，移出位 1 进入 SM1.1，右端补 0
2	MB0	11010100	0	数左移，移出位 0 进入 SM1.1，右端补 0

2. 字左移指令 SLW 和字右移指令 SRW（如图 2.2.27 所示）

使能输入有效时，把字型输入数据 IN 左移或右移 N 位后，再将结果输出到 OUT

图 2.2.27　字型移位指令盒

所指的字存储单元。最大实际可移位次数为16。

指令格式:SLW OUT, N (字左移)

SRW OUT, N (字右移)

例: SRW LW0, 3

执行结果见表2.2.13。

表2.2.13 移位说明

移位次数	地址	单元内容	位 SM1.1	说明
0	LW0	1011010100110011	x	移位前
1	LW0	0101101010011001	1	右移,1进入SM1.1,左端补0
2	LW0	0010110101001100	1	右移,1进入SM1.1,左端补0
3	LW0	0001011010100110	0	右移,0进入SM1.1,左端补0

3. 双字左移指令SLD和双字右移指令SRD(如图2.2.28所示)

使能输入有效时,把双字型输入数据IN左移或右移N位后,再将结果输出到OUT所指的双字存储单元。最大实际可移位次数为32。

指令格式:SLD OUT, N (双字左移)

SRD OUT, N (双字右移)

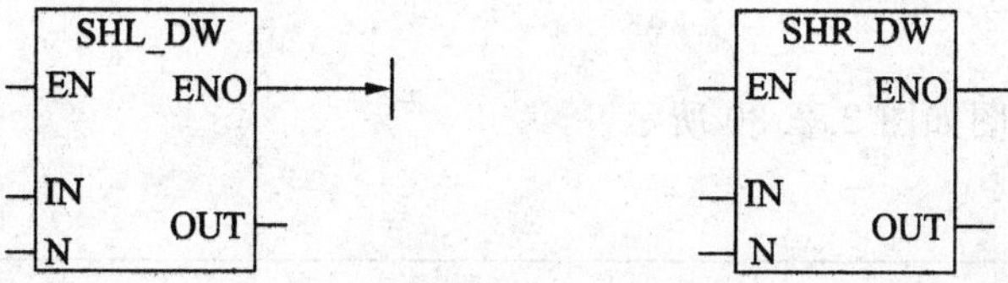

图2.2.28 双字移位指令盒

4. 移位指令举例

4盏流水灯每隔1 s顺序点亮,并不断循环,梯形图如图2.2.29所示。

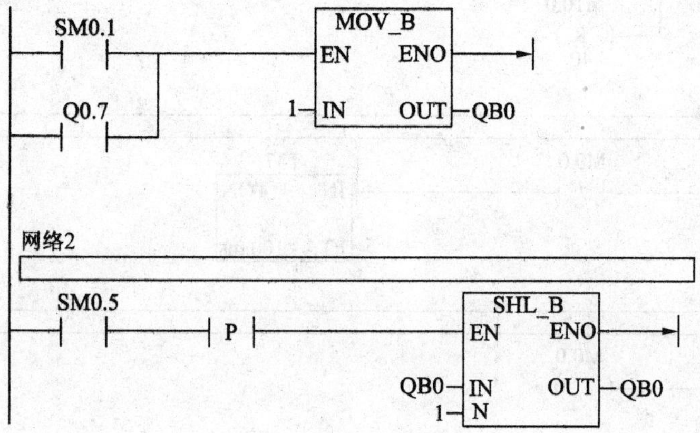

图2.2.29 梯形图

任务实施

1. 分配 I/O 地址

该任务的 I/O 分配地址见表 2.2.14。

表 2.2.14　I/O 分配表

序号	符号	PLC 地址	功能说明
1	SD	I0.0	起动(SD)
2	L1	Q0.0	指示灯 L1
3	L2	Q0.1	指示灯 L2
4	L3	Q0.2	指示灯 L3
5	L4	Q0.3	指示灯 L4
6	L5	Q0.4	指示灯 L5
7	L6	Q0.5	指示灯 L6
8	L7	Q0.6	指示灯 L7
9	L8	Q0.7	指示灯 L8

2. 程序设计

该任务的梯形图如图 2.2.30 所示。

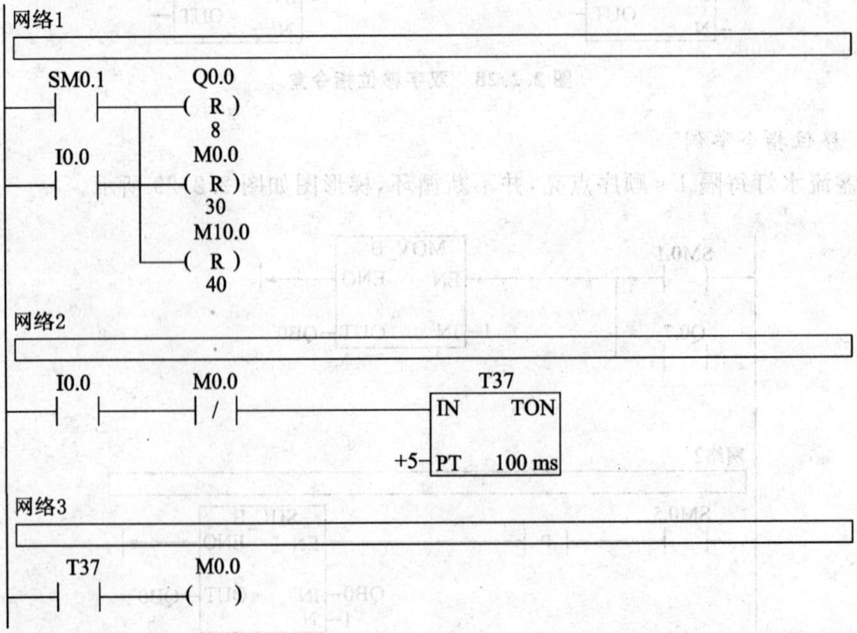

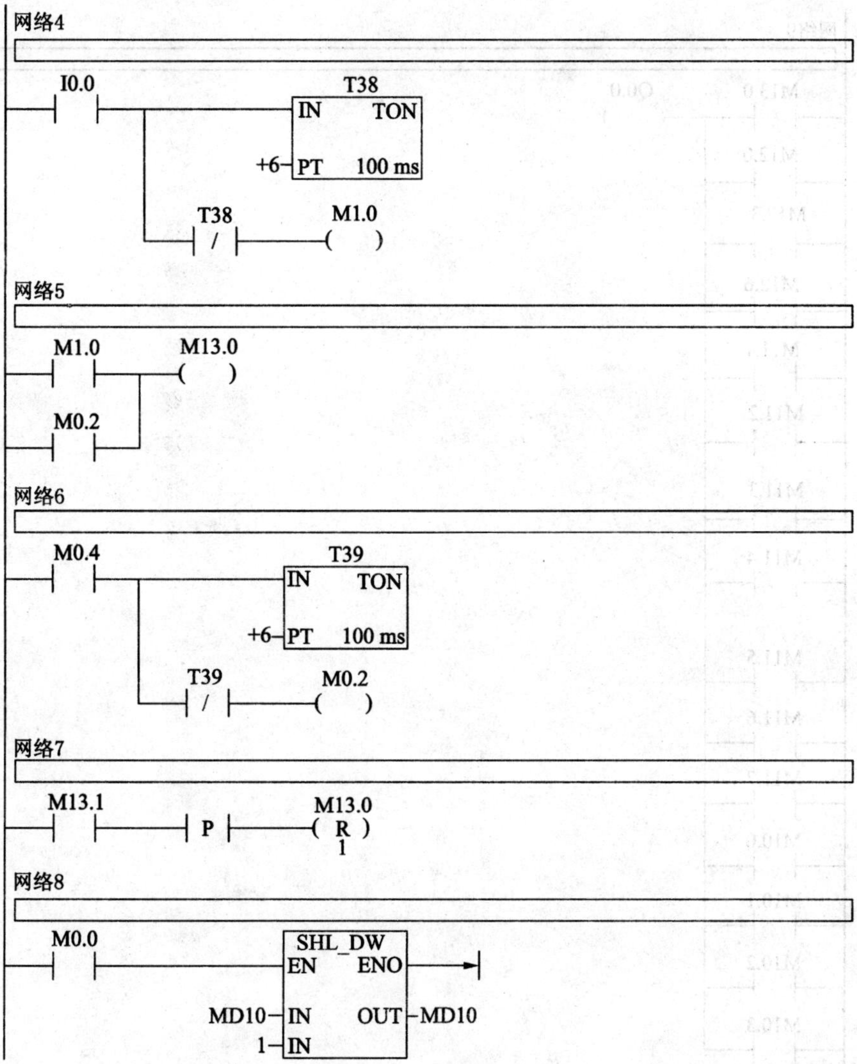
网络4
I0.0
T38
IN
TON
+6
PT
100 ms
T38
M1.0
网络5
M1.0
M13.0
M0.2
网络6
M0.4
T39
IN
TON
+6
PT
100 ms
T39
M0.2
网络7
M13.1
P
M13.0
R
1
网络8
M0.0
SHL_DW
EN
ENO
MD10
IN
OUT
MD10
1
IN

网络9

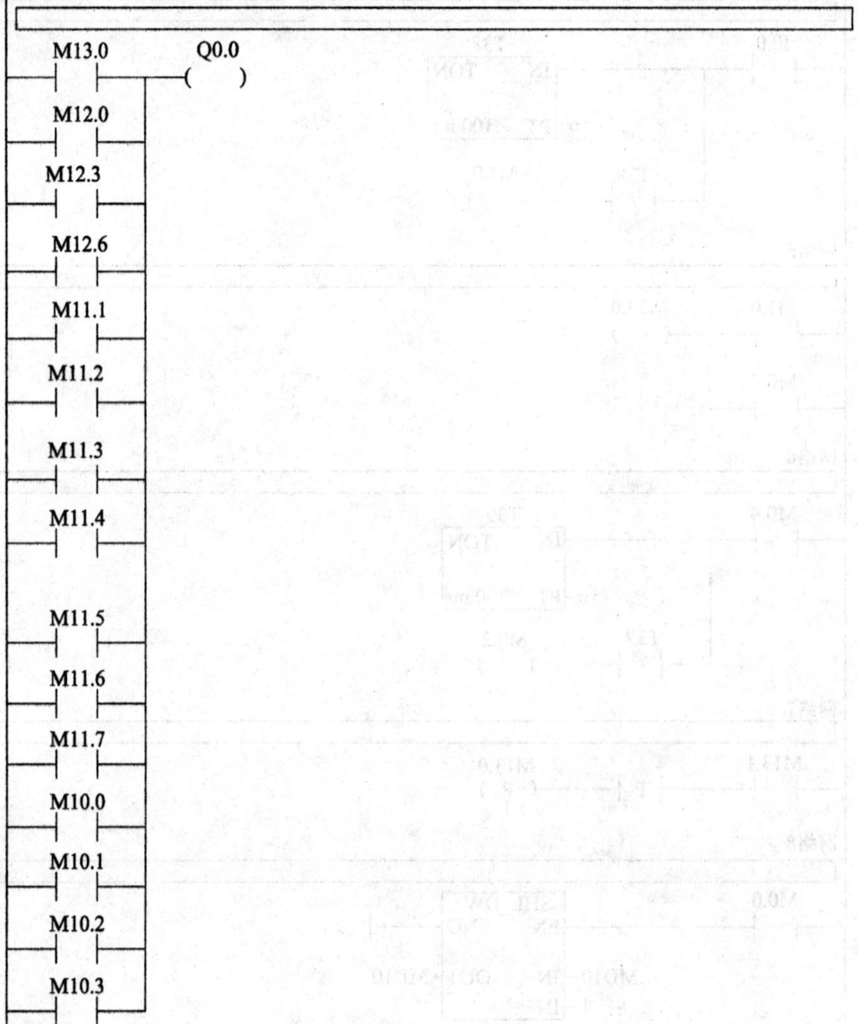
M13.0
Q0.0
M12.0
M12.3
M12.6
M11.1
M11.2
M11.3
M11.4
M11.5
M11.6
M11.7
M10.0
M10.1
M10.2
M10.3

网络10

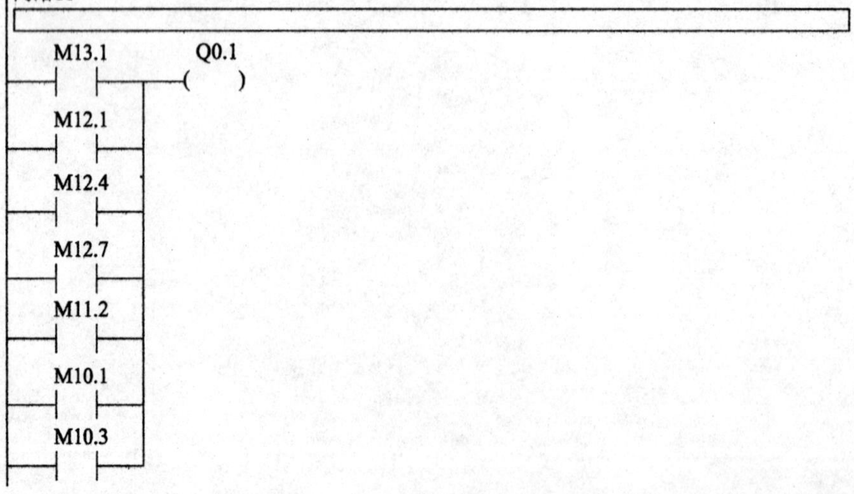
M13.1
Q0.1
M12.1
M12.4
M12.7
M11.2
M10.1
M10.3

网络11

网络12

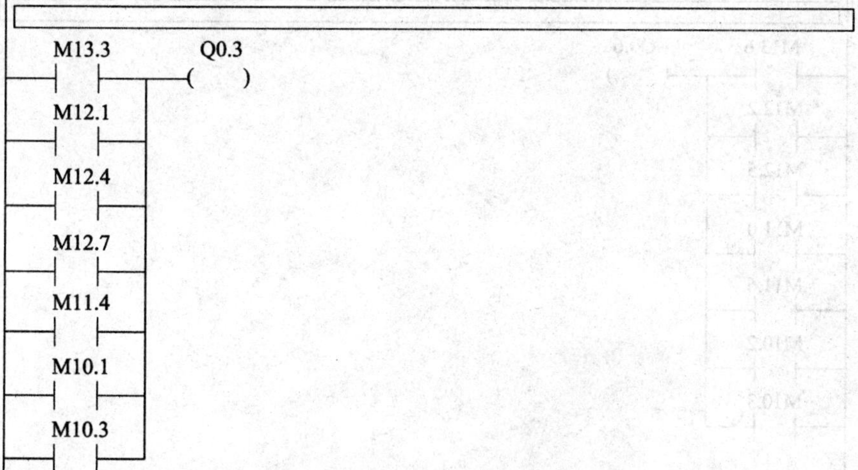

网络13

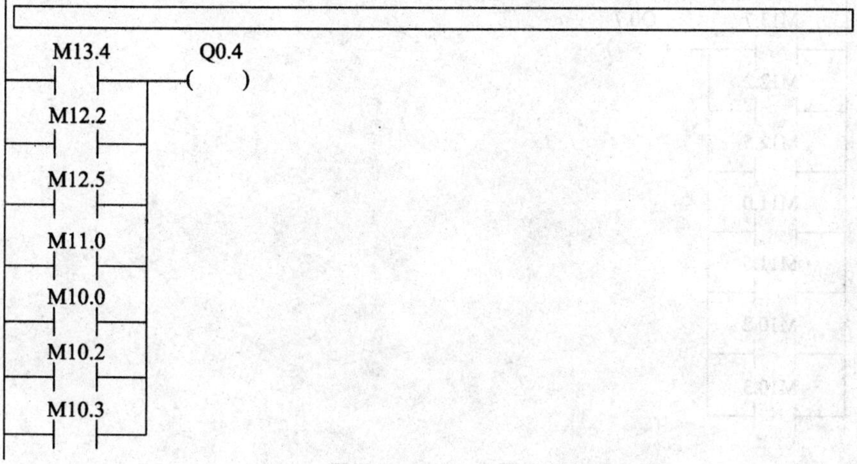

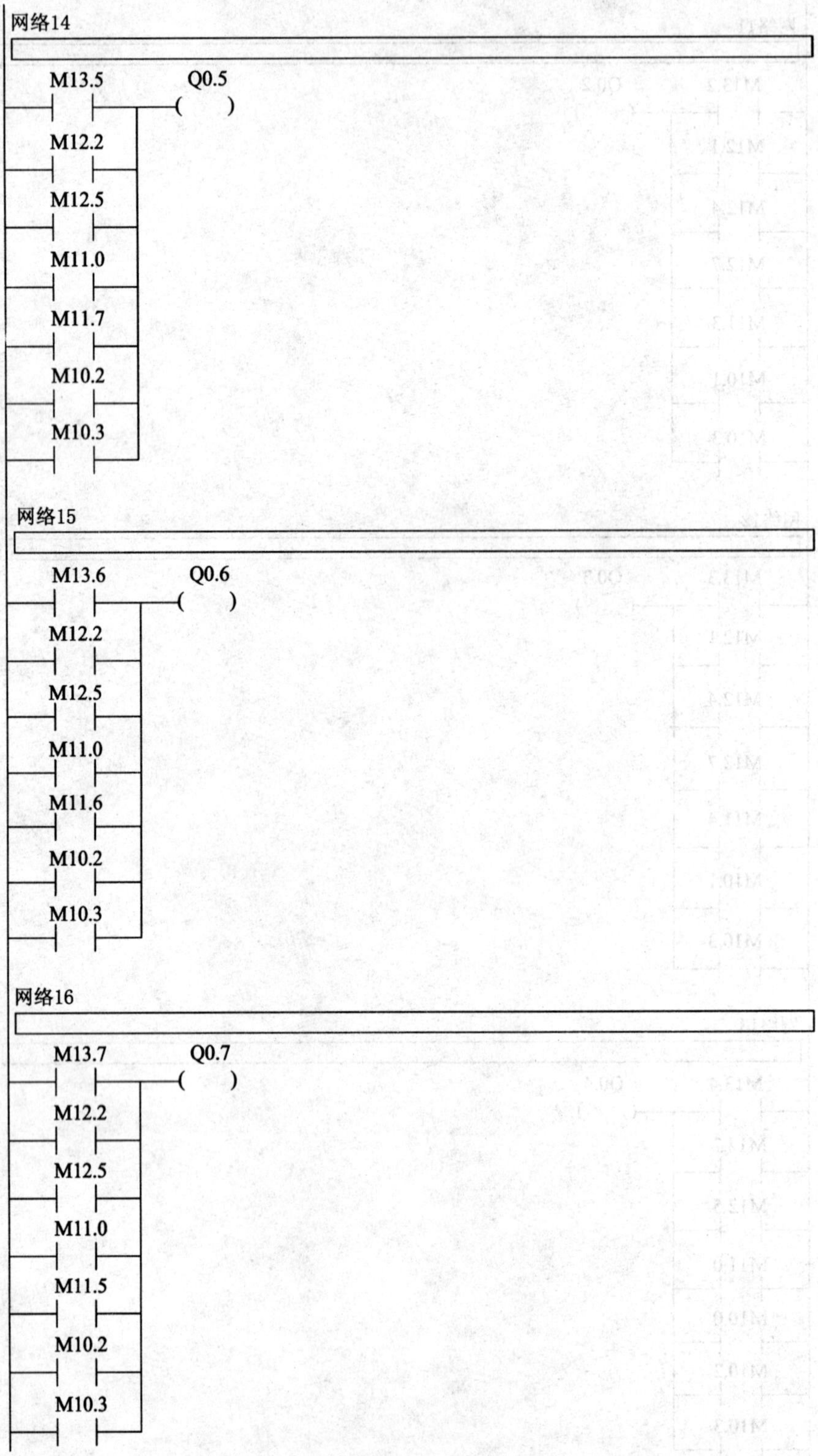
网络14
M13.5
Q0.5
M12.2
M12.5
M11.0
M11.7
M10.2
M10.3
网络15
M13.6
Q0.6
M12.2
M12.5
M11.0
M11.6
M10.2
M10.3
网络16
M13.7
Q0.7
M12.2
M12.5
M11.0
M11.5
M10.2
M10.3

图 2.2.30 梯形图

3. 调试运行

将图 2.2.30 下载到 PLC 中，按下起动按钮 SD，可以观察到“天塔之光”按照要求依次点亮，并不断循环。断开按钮 SD，所有灯停止工作。

知识拓展

1. 循环移位指令

循环左移和循环右移根据所循环移位的数的长度分别又可分为字节型、字型、双字型。

循环移位特点：移位数据存储单元的移出端与另一端相连，同时又与 SM1.1（溢出）相连，所以最后被移出的位被移到另一端的同时，也被放到 SM1.1 位存储单元。例如在循环右移时，移位数据的最右端位移入最左端，同时又进入 SM1.1。SM1.1 始终存放最后一次被移出的位。

移位次数与移位数据的长度有关，如果移位次数设定值大于移位数据的位数，则执行循环移位之前，系统先对设定值取以数据长度为底的模，用小于数据长度的结果作为实际循环移位的次数。如执行字节循环左移指令时，移位次数设定值为 10，则先对 10 取以 8 为底的模，得到小于 8 的结果 2，故指令实际循环移位 2 次。

(1) 字节循环左移 RLB 和字节循环右移 RRB（如图 2.2.31 所示）

指令格式：RLB　OUT，N　（字节循环左移）

　　　　　RRB　OUT，N　（字节循环右移）

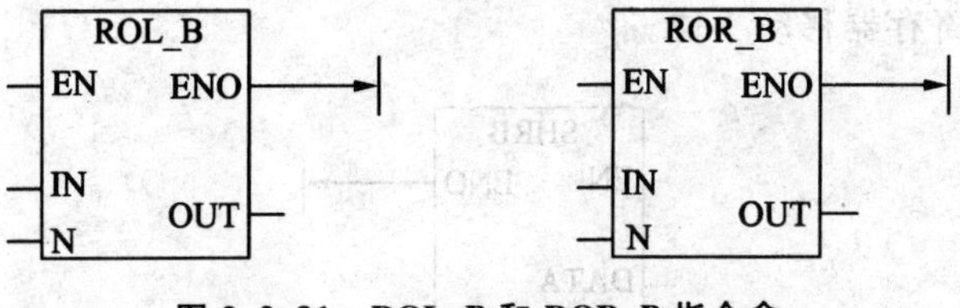

图 2.2.31　ROL_B 和 ROR_B 指令盒

(2) 字循环左移 RLW 和字循环右移 RRW（如图 2.2.32 所示）

指令格式：RLW　OUT，N　（字循环左移）

　　　　　RRW　OUT，N　（字循环右移）

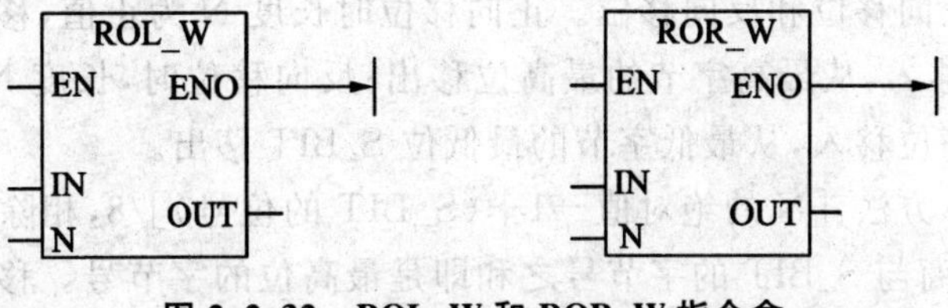

图 2.2.32　ROL_W 和 ROR_W 指令盒

例：RRW　LW0，3。指令执行结果见表 2.2.15。

表 2.2.15 指令说明

移位次数	地址	单元内容	位 SM1.1	说明
0	LW0	1011010100110011	x	移位前
1	LW0	1101101010011001	1	右端 1 移入 SM1.1 和 LW0 左端
2	LW0	1110110101001100	1	右端 1 移入 SM1.1 和 LW0 左端
3	LW0	0111011010100110	0	右端 0 移入 SM1.1 和 LW0 左端

(3) 双字循环左移 RLD 和双字循环右移 RRD(如图 2.2.33 所示)

指令格式:RLD　OUT,N　(双字循环左移)

　　　　　RRD　OUT,N　(双字循环右移)

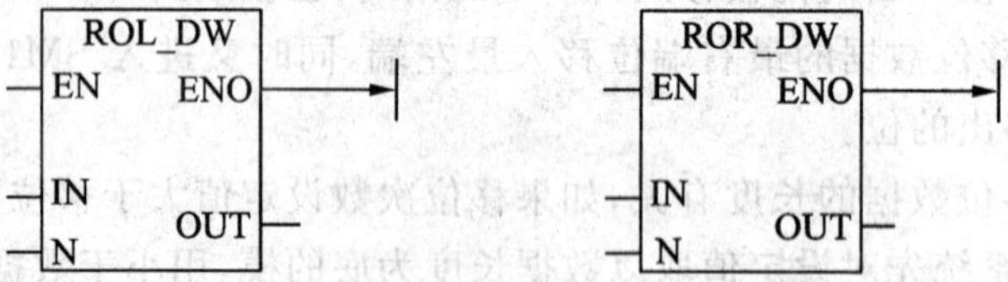

图 2.2.33 ROL_DW 和 ROR_DW 指令盒

2. 寄存器移位指令 SHRB(如图 2.2.34 所示)

指令格式:SHRB　　DATA,S_BIT,N

该指令在梯形图中有 3 个数据输入端:DATA 为数值输入,将该位的值移入移位寄存器;S_BIT 为移位寄存器的最低位端;N 指定移位寄存器的长度。每次使能输入有效时,整个移位寄存器移动 1 位。

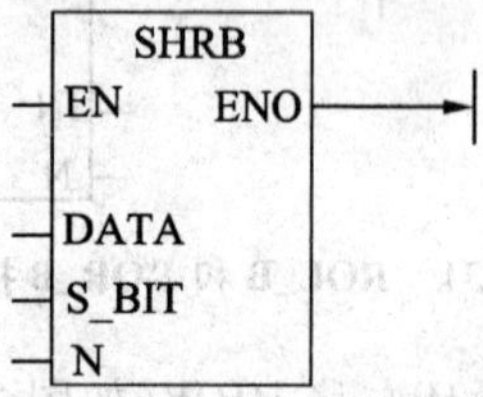

图 2.2.34 SHRB 指令盒

移位特点:移位时,移出位进入 SM1.1,另一端自动补以 DATA 移入位的值。根据移位方向分为正向移位和反向移位。正向移位时长度 N 为正值,移位是从最低字节的最低位 S_BIT 移入,从最高字节的最高位移出;反向移位时,长度 N 为负值,移位是从最高字节的最高位移入,从最低字节的最低位 S_BIT 移出。

最高位的计算方法:[N 的绝对值－1＋(S_BIT 的位号)]/8,相除结果中的余数即是最高位的位号,商与 S_BIT 的字节号之和即是最高位的字节号。移位寄存器长度在指令中指定,没有字节型、字型、双字型之分。可指定的最大长度为 64 位,可正也可负。

例:SHRB　I0.5,VB20.0,5

执行结果见表 2.2.16。

表 2.2.16　指令说明

脉冲数	I0.5 值	VB20 内容	位 SM1.1	说明
0	1	10110101	x	移位前。移位时,从 VB20.4 移出
1	1	10101011	1	1 移入 SM1.1,I0.5 的脉冲前值进入右端
2	0	10110111	0	0 移入 SM1.1,I0.5 的脉冲前值进入右端
3	0	10101110	1	1 移入 SM1.1,I0.5 的脉冲前值进入右端

任务四　自动售货机控制程序设计

任务导入

自动售货机的面板示意图如图 2.2.35 所示。

(1) 按下 1 元、5 元、10 元按钮,可以投入货币,按下【可乐】和【雪碧】按钮分别代表购买可乐和雪碧。出货口的“出可乐”和“出雪碧”表示可取出可乐和雪碧。购买后用两个 LED 数码管显示当前余额,按下【找零】按钮,退币口退币。

(2) 该售货机可以卖出可乐和雪碧两种饮料,价格分别为 8 元/瓶和 5 元/瓶。当投入的货币大于等于其售价时,对应的可乐指示灯、雪碧指示灯点亮,表示可以购买。

(3) 当可以购买时,按下相应的【可乐】或【雪碧】按钮,与之对应的指示灯闪烁,表示已经购买了可乐或雪碧,同时出货口延时 3 s 吐出可乐或雪碧。

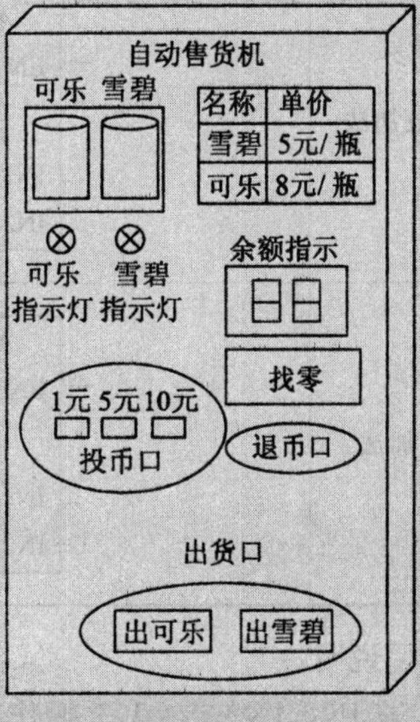

图 2.2.35　自动售货机的面板示意图

(4) 在购买了可乐或雪碧后,余额指示显示当前余额,若余额还可以购买饮料,按下【可乐】或【雪碧】选择按钮可以继续购买,若不想再购买,按下【找零】按钮后,退币口退币。

由控制要求可知,自动售货机需要计算所投币的总金额及计算购买饮料后的余额,这就需要用到 PLC 的算术运算指令。

相关知识

1. 加法指令

加法指令 ADD 是对两个有符号数 IN1 和 IN2 进行相加操作，产生的结果输出到 OUT。它包括整数加法、双整数加法和实数加法。加法指令格式见表 2.2.17。

表 2.2.17　加法指令格式

指令	LAD	STL
整数加法	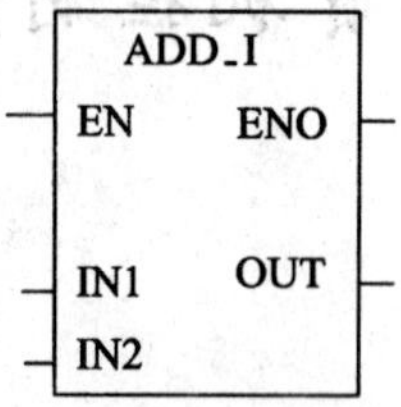	MOVW　IN1,OUT +I　IN2,OUT
双整数加法	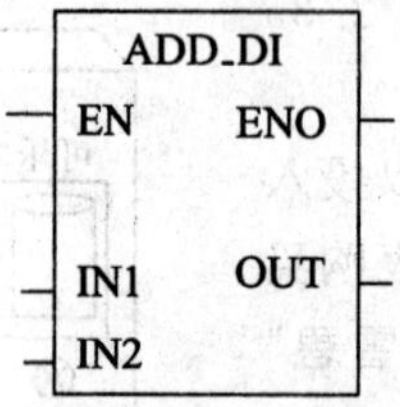	MOVW　IN1,OUT +D　IN2,OUT
实数加法	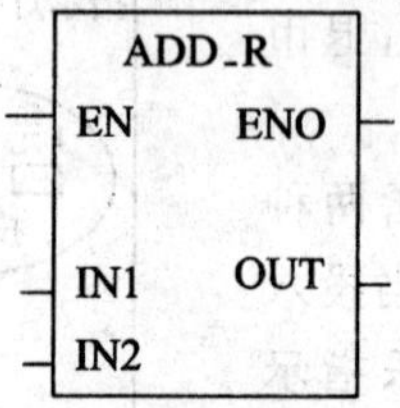	MOVW　IN1,OUT +R　IN2,OUT

使用说明：

① 若 IN1,IN2 和 OUT 操作数的地址不同，在 STL 指令中，首先用数据传送指令将 IN1 中的数据送入 OUT，然后再执行相加运算 IN1+IN2=OUT。若 IN1 和 OUT 操作数地址相同，在 STL 中是 IN1+OUT=OUT，但在 LAD 中是 IN1+IN2=OUT。

② 执行加法指令时，+I 表示两个 16 位的有符号数 IN1 和 IN2 相加，产生一个 16 位的整数和 OUT；+D 表示两个 32 位的有符号数 IN1 和 IN2 相加，产生一个 32 位的整数和 OUT；+R 表示两个 32 位的实数 IN1 和 IN2 相加，产生一个 32 位的实数和 OUT。

③ 进行相加运算时，将影响特殊存储器位 SM1.0(零标志位)、SM1.1(溢出标志位)和 SM1.2(负数标志位)。

④ 使 ENO=0 的错误条件是 0006(间接寻址错误)、SM1.1(溢出)、SM4.3(运行时间)。

【例 1】 将两个有符号数 25 和 42 相加，运算结果送入 MW12 中。程序执行过程如图 2.2.36 所示。

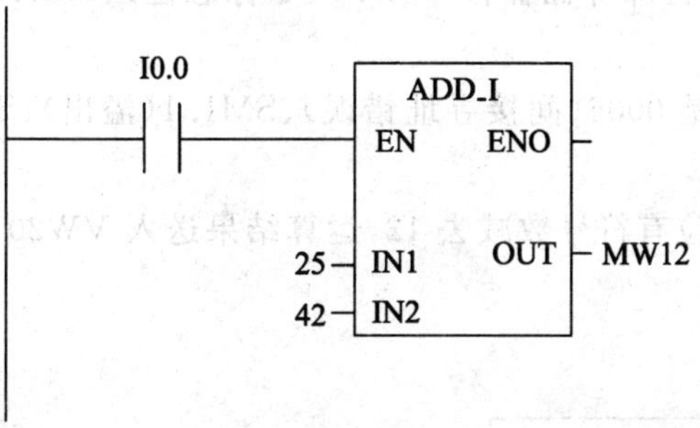


```
LD     I0.0
MOVW   25,MW12
+I     42,MW12
```

图 2.2.36　例 1 程序执行过程

2. *减法指令*

减法指令 SUB 是对两个有符号数 IN1 和 IN2 进行相减操作，产生的结果输出到 OUT。它包括整数减法、双整数减法和实数减法。指令格式见表 2.2.18。

表 2.2.18　减法指令格式

指令	LAD	STL
整数减法	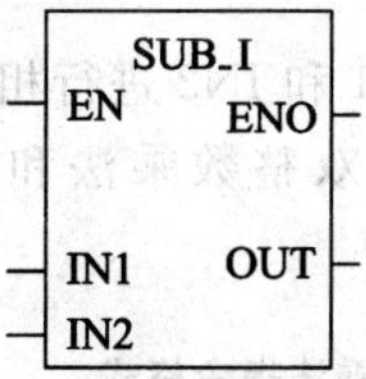	MOVW　IN1,OUT －I　IN2,OUT
双整数减法	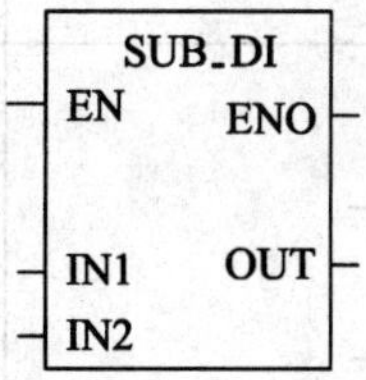	MOVW　IN1,OUT －D　IN2,OUT
实数减法	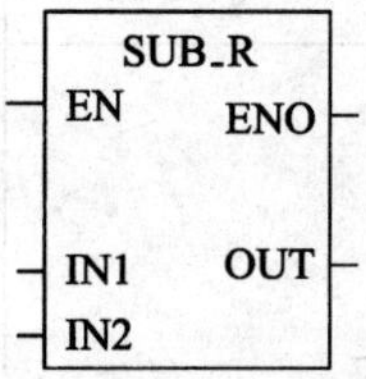	MOVW　IN1,OUT －R　IN2,OUT

使用说明：

① 若 IN2 和 OUT 操作数的地址相同，在 STL 指令中有 OUT－IN2＝OUT，但在 LAD 中有 IN1－IN2＝OUT。

② 执行减法指令时，－I 表示两个 16 位的有符号数 IN1 和 IN2 相减，产生一个 16

位的整数 OUT；－D 表示两个 32 位的有符号数 IN1 和 IN2 相减，产生一个 32 位的整数 OUT；－R 表示两个 32 位的实数 IN1 和 IN2 相减，产生一个 32 位的实数 OUT。

③ 进行减法运算时，将影响特殊存储器位 SM1.0（零标志位）、SM1.1（溢出标志位）和 SM1.2（负数标志位）。

④ 使 ENO=0 的错误条件是 0006（间接寻址错误）、SM1.1（溢出）、SM4.3（运行时间）。

【例 2】 将 MW10 中的 16 位有符号数减去 12，运算结果送入 VW20 中。程序执行如图 2.2.37 所示。

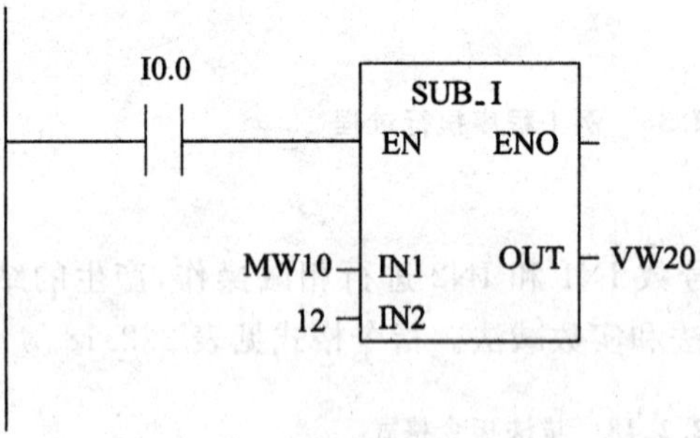


```
LD      I0.0
MOVW    MW10,VW20
-I      12,VW20
```

图 2.2.37　例 2 程序执行结果

3. 乘法指令

乘法指令 MUL 是对两个有符号数 IN1 和 IN2 进行相乘操作，产生的结果输出到 OUT。它包括完全整数乘法、整数乘法、双整数乘法和实数乘法。乘法指令格式见表 2.2.19。

表 2.2.19　乘法指令格式

指令	LAD	STL
完全整数乘法	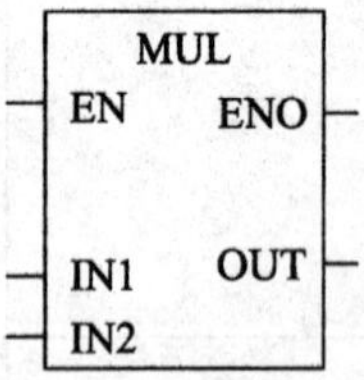	MOVW　IN1,OUT MUL　IN2,OUT
整数乘法	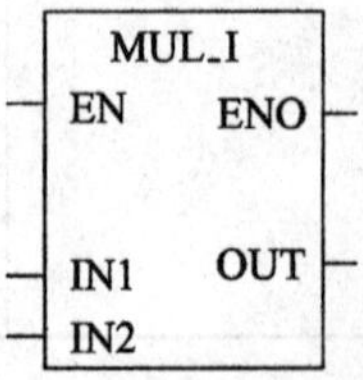	MOVW　IN1,OUT *I　IN2,OUT

续表

指令	LAD	STL
双整数乘法	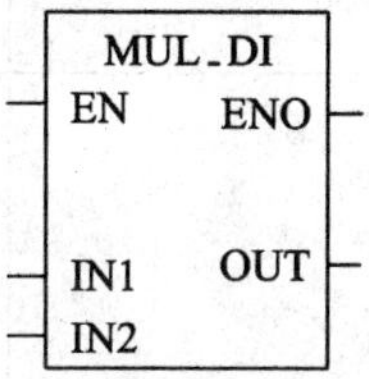	MOVW IN1,OUT *D IN2,OUT
实数乘法	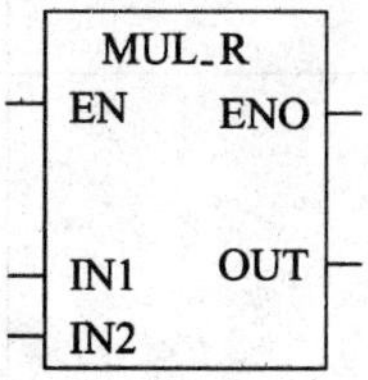	MOVW IN1,OUT *R IN2,OUT

使用说明：

① 执行乘法指令时，完全整数乘法指令 MUL 表示两个 16 位的有符号数 IN1 和 IN2 相乘，产生一个 32 位的双整数结果 OUT，其中操作数 IN2 和 OUT 的低 16 位共用一个存储器地址单元；整数乘法 *I 表示两个 16 位的有符号数 IN1 和 IN2 相乘，产生一个 16 位的整数结果 OUT，如果运算结果大于 32767，则产生溢出；双整数乘法 *D 表示两个 32 位的有符号 IN1 和 IN2 相乘，产生一个 32 位的双整数结果 OUT，如果运算结果超出 32 位二进制范围，则产生溢出；实数乘法 *R 表示两个 32 位的实数 IN1 和 IN2 相乘，产生一个 32 位的实数结果 OUT，如果运算结果超出 32 位二进制数范围，则产生溢出。

② 进行相乘运算时，若产生溢出，SM1.1 置 1，结果不写到输出 OUT，其他状态位都清零。

③ 使 ENO=0 的错误条件是 0006(间接寻址错误)、SM1.1(溢出)、SM4.3(运行时间)。

【例 3】 将 MW10 中的 16 位有符号数乘以 7，运算结果送入 MW20 中。程序执行过程如图 2.2.38 所示。

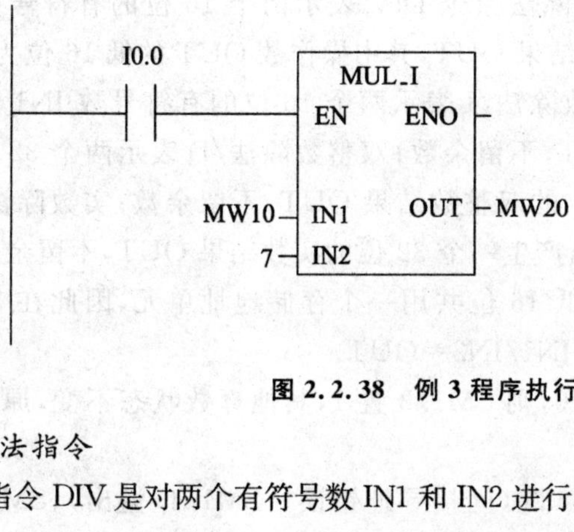


```
LD    I0.0
MOVW  MW10,MW20
*I    7,MW20
```

图 2.2.38 例 3 程序执行过程

4. 除法指令

除法指令 DIV 是对两个有符号数 IN1 和 IN2 进行相除操作，产生的结果输出到 OUT。

它包括完全整数除法、整数除法、双整数除法和实数除法。除法指令格式见表 2.2.20。

表 2.2.20　除法指令格式

指令	LAD	STL
完全整数除法	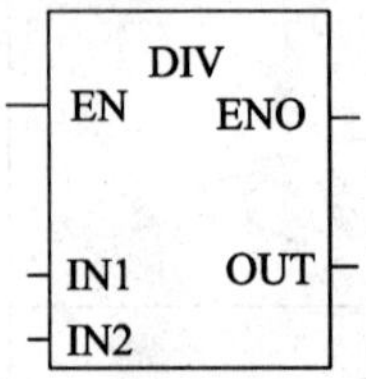	MOVW　IN1, OUT DIV　IN2,OUT
整数除法	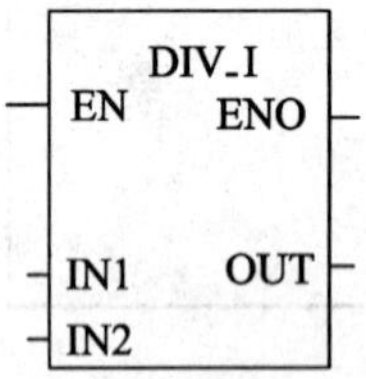	MOVW　IN1, OUT /I　IN2,OUT
双整数除法	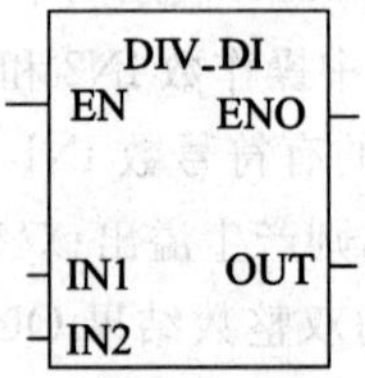	MOVW　IN1, OUT /D　IN2,OUT
实数除法	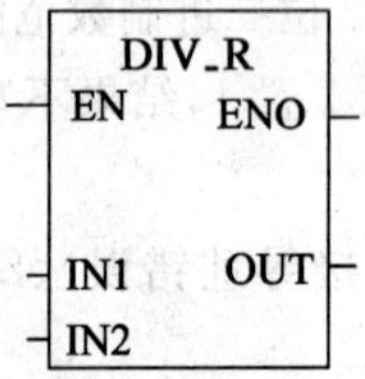	MOVW　IN1, OUT /R　IN2,OUT

使用说明：

① 执行除法指令时，完全整数除法指令 DIV 表示两个 16 位的有符号数 IN1 和 IN2 相除，产生一个 32 位的双整数结果 OUT，其中操作数 OUT 的低 16 位为商，高 16 位为余数，共用一个存储单元；整数除法/I 表示两个 16 位的有符号数 IN1 和 IN2 相除，产生一个 16 位的整数结果 OUT，不留余数；双整数除法/D 表示两个 32 位的有符号 IN1 和 IN2 相除，产生一个 32 位的双整数结果 OUT，不留余数；实数除法/R 表示两个 32 位的实数 IN1 和 IN2 相除，产生一个 32 位的实数结果 OUT，不留余数。

② 除法操作数 IN1 和 IN2 的低 16 位共用一个存储地址单元，因此在 STL 中有 OUT/IN2＝OUT，但在 LAD 中有 IN1/IN2＝OUT。

③ 进行相除运算时，若除数为 0，则 SM1.3 置 1，其他算数状态不变，原始输入操作数也不变。

④ 使 ENO＝0 的错误条件是 0006（间接寻址错误）、SM1.1（溢出）、SM4.3（运行

时间）。

【例 4】　将累加器 AC0 中的数据与 VD10 中的数据相除，并将结果写入 VD100 中，程序执行过程如图 2.2.39 所示。

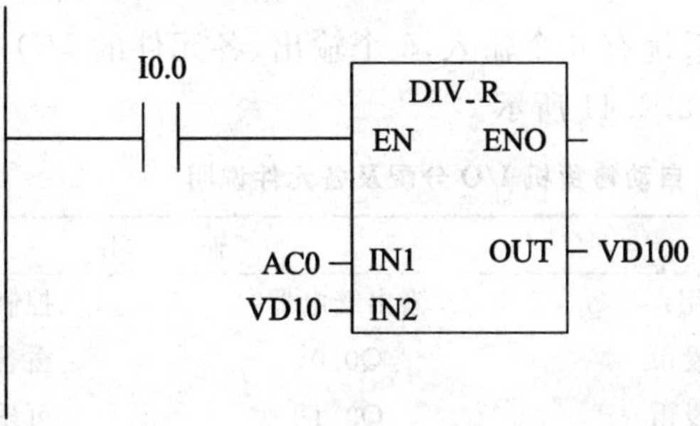


```
LD      I0.0
MOVW    AC0,VD100
/R      VD10,VD100
```

图 2.2.39　例 4 程序执行过程

5. 比较指令

比较指令用于两个相同数据类型操作数按一定条件的比较，比较运算符有等于（＝）、小于等于（＜＝）、大于等于（＞＝）、小于（＜）、大于（＞）、不等于（＜＞）。

在梯形图中，比较指令是以动合触点的形式编程的，用参数和运算符的触点表示比较指令，比较条件满足时，触点闭合，否则断开。比较触点可以装入、串联或并联。

在功能块图中，比较指令以功能框图的形式编程，当比较结果为真时，输出接通。

在语句表中，比较指令与基本逻辑指令 LD，A 和 O 进行组合后编程，当比较结果为真时，PLC 将栈顶置 1。

比较指令的类型有字节比较 B(无符号数)、整数比较 I(W)(有符号数)、双字节比较 DW 或 D(有符号数)、实数比较 R(有符号双字浮点数)。

【例 5】　一自动仓库存放某种货物，最多 6000 箱，需对所存的货物进出计数。当货物少于 1000 箱，灯 L1 亮；货物多于 5000 箱，灯 L2 亮。当货物达到库存上限时，灯 L3 亮。其中，L1，L2，L3 分别受 Q0.0，Q0.1，Q0.3 控制，数值 1000 和 5000 分别存储在 VW20 和 VW30 字存储单元中。梯形图如图 2.2.40 所示。

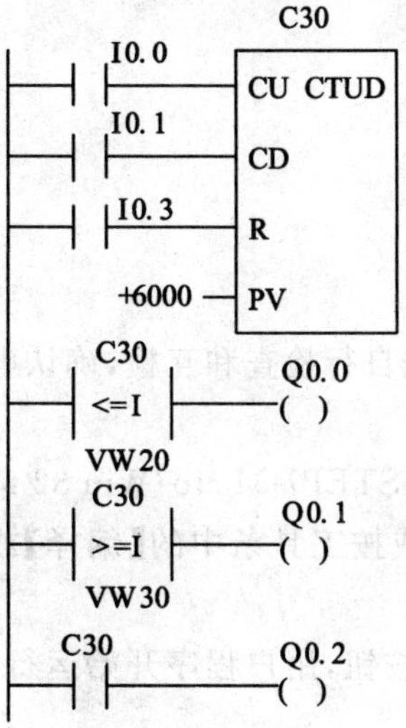


```
LD      I0.0            //递增计数输入端
LD      I0.1            //递减计数输入端
LD      I0.3            //复位输入端
CTUD    C30, +6000      //增减计数设定脉冲数为 6 000
LDW<=   C30,VW20        // 比较计数器，当前值是否小于等于VW20中的值
=       Q0.0            // 输出触点
LDW >=  C30,VW30        // 比较计数器，当前值是否大于等于VW30中的值
=       Q0.1            // 输出触点
LD      C30             // 货物是否达到库存上限
=       Q0.2            // 输出触点
```

图 2.2.40　仓库货物计数显示

任务实施

1. 分配 I/O 地址

根据控制要求可知，该控制系统有 6 个输入，5 个输出，各元件的 I/O 分配和作用见表 2.2.21，其 I/O 接线图如图 2.2.41 所示。

表 2.2.21 自动售货机 I/O 分配及各元件说明

输入		输出	
输入继电器	作用	输出继电器	控制对象
I0.0	1 元投币	Q0.0	雪碧指示
I0.1	5 元投币	Q0.1	可乐指示
I0.2	10 元投币	Q0.2	雪碧出口
I0.3	雪碧选择	Q0.3	可乐出口
I0.4	可乐选择	Q0.4	退币口
I0.5	找零选择		

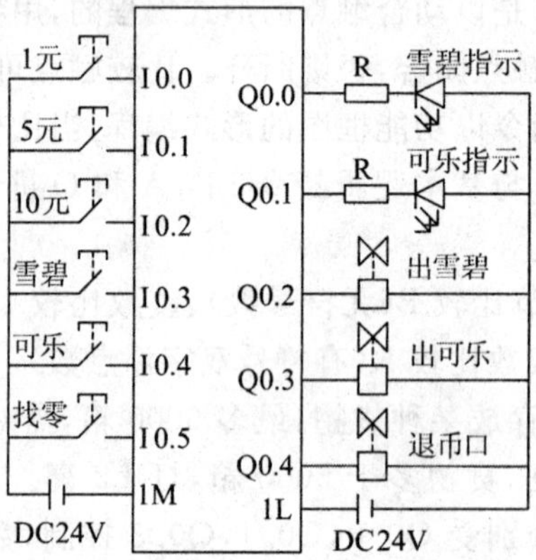

图 2.2.41 I/O 接线图

2. 程序设计

自动售货机的程序如图 2.2.42 所示。

3. 操作步骤

① 检查实验设备，准备好实验用导线。

② 按图 2.2.41 正确连接电路，进行接线。

③ 对照电路图检查是否有掉线、错线，接线是否牢固。先自行检查和互检，确认电路正确、无安全隐患，经指导老师检查后方可通电实验。

④ 接通 PLC 电源，打开计算机，接通 DC 24V 电源，操作 STEP7-Micro/Win 32 编程软件。首先选择 PLC 类型，录入程序，用“PLC”菜单命令或按工具条中的【编译】或【全部编译】按钮来编译输入的程序，并下载到 PLC 上。

⑤ 确认系统处于要求的初始状态，单击工具栏的【运行】按钮，用户程序开始运行，“RUN”状态灯亮。

⑥ 用“程序状态”功能监视程序的运行，观察输出情况。

⑦ 若出现故障，检查电路及梯形图后重新调试，直至实现系统功能。

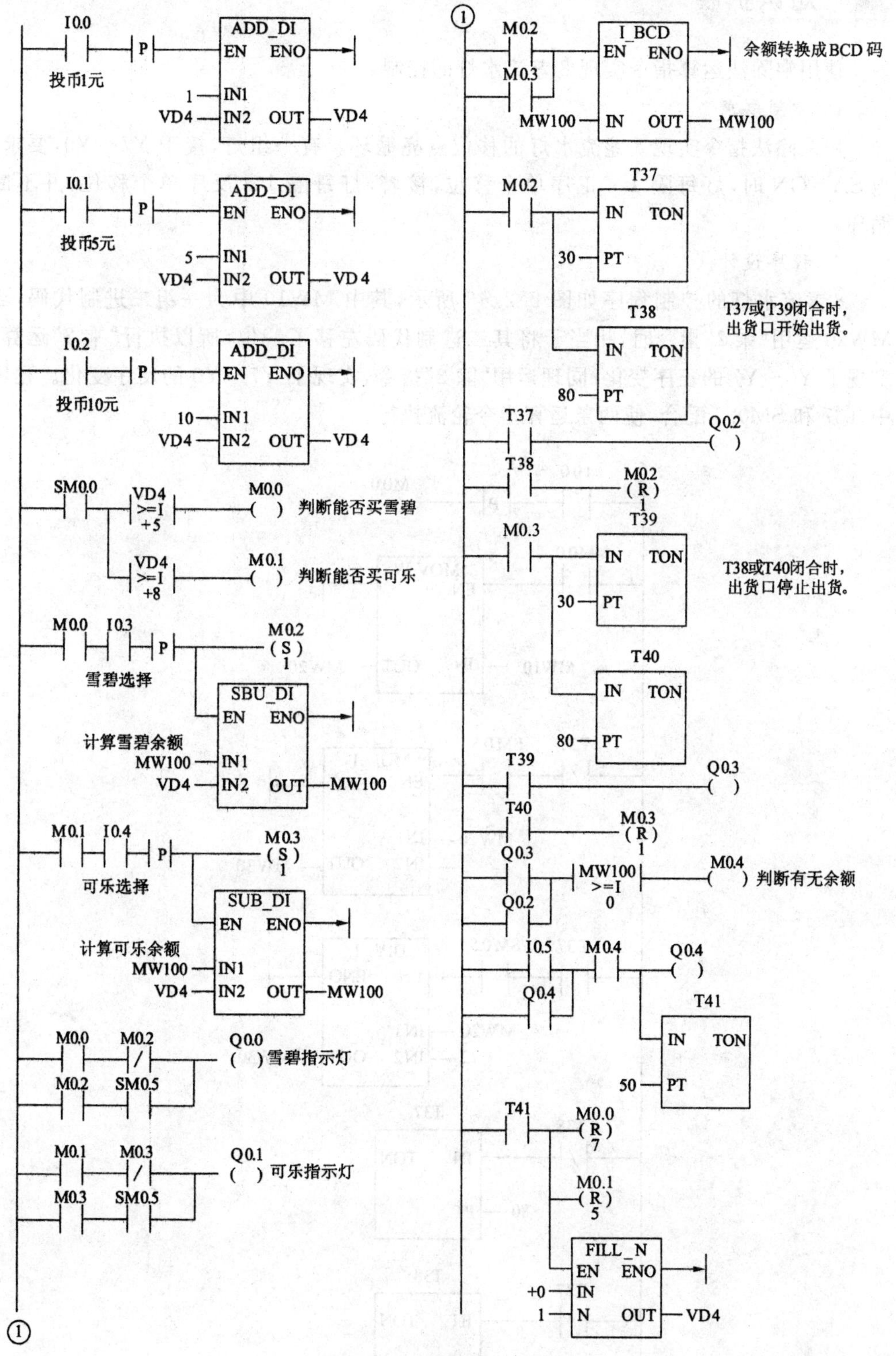

图 2.2.42　自动售货机的程序

知识扩展

使用乘除法运算指令实现 8 盏流水灯的控制。

1. 控制要求

用乘除法指令实现 8 盏流水灯的移位点亮循环。有一组灯，接于 Y7～Y0，要求：当 SA＝ON 时，灯每隔 1 s 正序单个移位，接着，灯每隔 1 s 反序单个移位，并不断循环。

2. 程序设计

8 盏流水灯的控制程序如图 2.2.43 所示，其中 MW10 中为一组二进制代码，当 MW20 运用“乘 2”指令时，相当于将其二进制代码左移了一位，所以执行“乘 2”运算，实现了 Y0～Y7 的正序变化；同理运用“除 2”指令，实现了 Y7～Y0 的反序变化。程序中 T37 和 SM0.5 配合，使两条运算指令轮流执行。

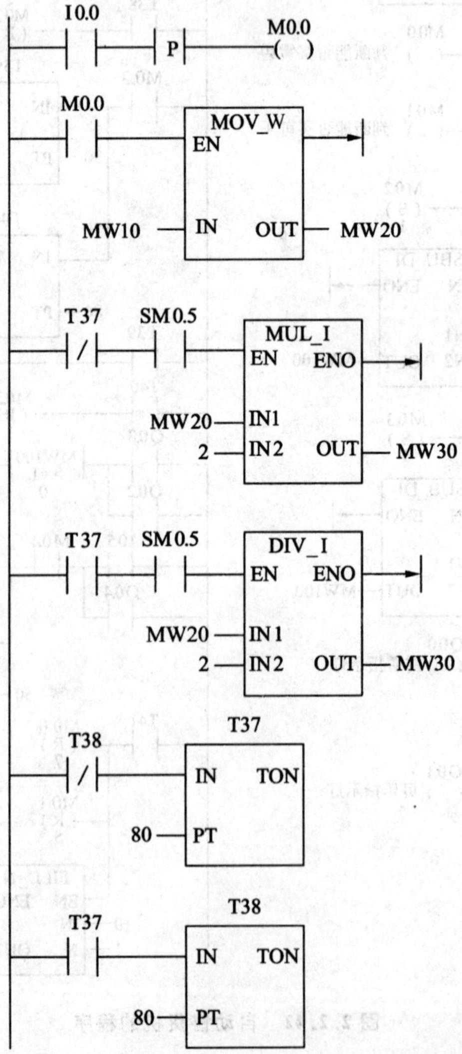

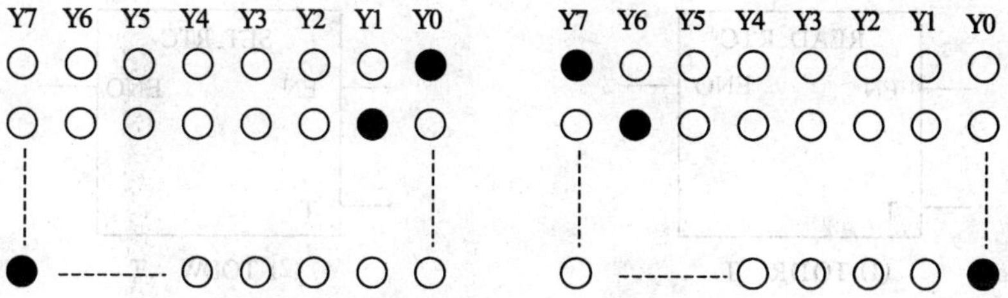

(a) 乘2运算效果　　(b) 除2运算效果

图 2.2.43　8 盏流水灯的控制程序

思考与练习

1. 运用算数运算指令完成[(100+35)×10]/3运算。

任务五　通风系统定时控制

任务导入

某通风系统要求每天7:00开第一台电动机(Q0.0),7:30开第二台电动机(Q0.1),16:00关第一台电动机(Q0.0),23:30关第二台电动机(Q0.1),试用时钟指令编写程序。

相关知识

1. 指令功能

① TODR,读实时时钟指令,从实时时钟读取当前时间和日期数值,并把它们装入以T为起始地址的8个字节缓冲区,依次存放年、月、日、时、分、秒、0和星期几,日期和时间的数据类型是字节型。实际上可以读取的最小时间单位为1 s,可以在SM0.5的上升沿每秒读取时钟。没有必要在每个扫描周期都读取实时时钟。

② TODW,写实时时钟指令,通过起始地址为T的8字节缓冲区,将设置的日期和时间写入实时时钟。

③ 指令格式:TODR　T　(读实时时钟指令)

TODW　T　(写实时时钟指令)

例如:TODR　VB100

④ 指令梯形图程序结构如图 2.2.44 所示。

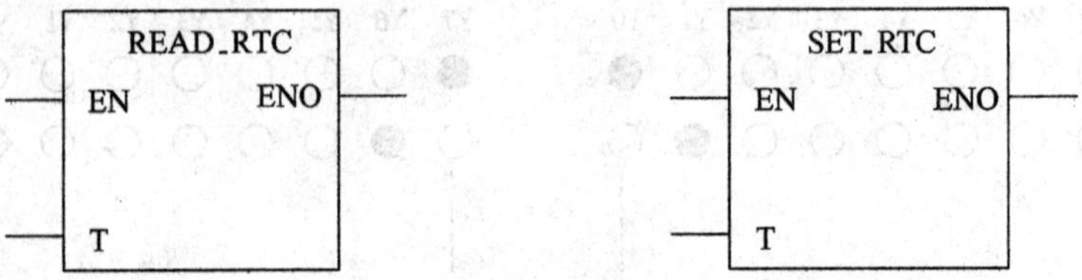

(1) TODR T　　(2) TODW T

图 2.2.44　TODR 和 TODW 指令图

说明：

① 读实时时钟指令(TODR)，当使能输入端有效时，系统读取当前日期和时间，并把它装入一个 8 个字节缓冲区。操作数 T 用来指定 8 个字节缓冲区的起始地址。

② 写实时时钟指令(TODW)，用来设定实时时钟，当使能输入端有效时，系统将包含当前日期和时间，一个 8 个字节缓冲区将装入时钟。操作数 T 用来指定 8 个字节缓冲区的起始地址。时钟缓冲区格式见表 2.2.22。

表 2.2.22　时钟缓冲区格式表

字节	含义	范围	字节	含义	范围
T	年	00～99	T+4	分钟	00～59
T+1	月	01～12	T+5	秒	00～59
T+2	日	01～31	T+6	0	0
T+3	小时	00～23	T+7	星期几	01～07

③ 在时钟读写指令中，T 的寻址范围：VB，IB，QB，MB，SB，SMB，LB，* VD，* AC，* LD。

④ 使能流输出 ENO 断开的出错条件：SM4.3(运行时间)；0006(间接寻址)；000C(时钟模块不存在)。

2. 指令的注意事项

① 对于一个没有使用过时钟指令的 PLC，在使用时钟指令前，打开编程软件菜单“PLC→实时时钟”界面，在该界面中可以读取 PLC 时钟，然后可把 PLC 的时钟设置成 PLC 的实时时钟，也可重新进行时钟的调整。PLC 时钟设定后才可以开始使用时钟指令。时钟可以设成与 PC 中的一样，也可用 TODW 指令自由设定，但必须先对时钟存储单元赋值后，才能使用 TODW 指令。

② 所有时间和日期的值均要用 BCD 码表示，如对年来说，16#03 表示 2003 年；对小时来说，16#23 表示晚上 11 点。星期的表示范围是 1～7，1 表示星期日，依次类推，7 表示星期六，0 表示禁用星期。

③ 系统不检查与核实时钟各值的正确与否，所以必须确保输入的设定数据是正确的。如 2 月 31 日为无效日期，但可以被系统接受。

④ 不能同时在主程序和中断程序中使用 TODR 或 TODW 指令，否则会发生致命错误，中断程序中的实时时钟指令将不被执行。

⑤ 硬件时钟在 CPU224 以上的 CPU 中才有。

任务实施

1. 通风系统控制电路如图 2.2.45 所示。

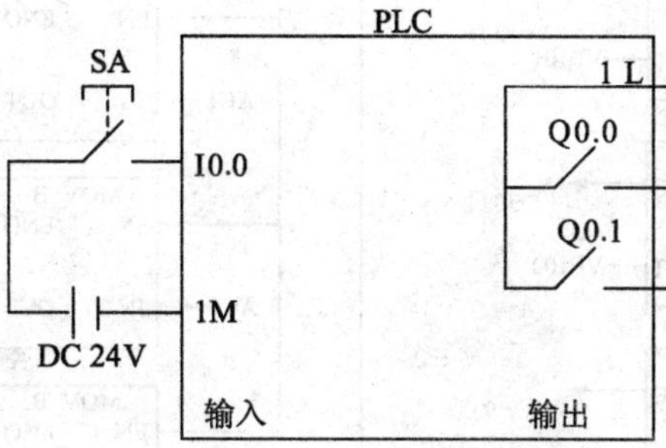

图 2.2.45　通风系统控制电路

2. I/O 分配地址

I/O 分配地址见表 2.2.23。

表 2.2.23　I/O 分配地址

输入信号		输出信号	
起动按钮 SA	I0.0	M1 的接触器 KM1	Q0.0
		M2 的接触器 KM2	Q0.1

3. 程序设计

通风系统定时控制程序如图 2.2.46 所示。

4. 操作步骤

① 检查实验设备,准备好实验用导线。

② 按图 2.2.44 所示正确连接电路,进行接线。

③ 对照电路图检查是否有掉线、错线,接线是否牢固。先自行检查和互检,确认电路正确且无安全隐患,经指导老师检查后方可通电实验。

④ 接通 PLC 电源,打开计算机,接通 DC 24V 电源,操作 STEP7-Micro/WIN32 编程软件。首先选择 PLC 类型,录入程序,用“PLC”菜单命令或按工具条中的【编译】或【全部编译】按钮来编译输入的程序,并下载到 PLC 上。

⑤ 确认系统处于要求的初始状态,单击工具栏的【运行】按钮,用户程序开始运行,“RUN”状态灯亮。

⑥ 用“程序状态”功能监视程序的运行情况。按下起动按钮 SA,观察输出情况。

⑦ 若出现故障,检查电路及梯形图后重新调试,直至实现系统功能。

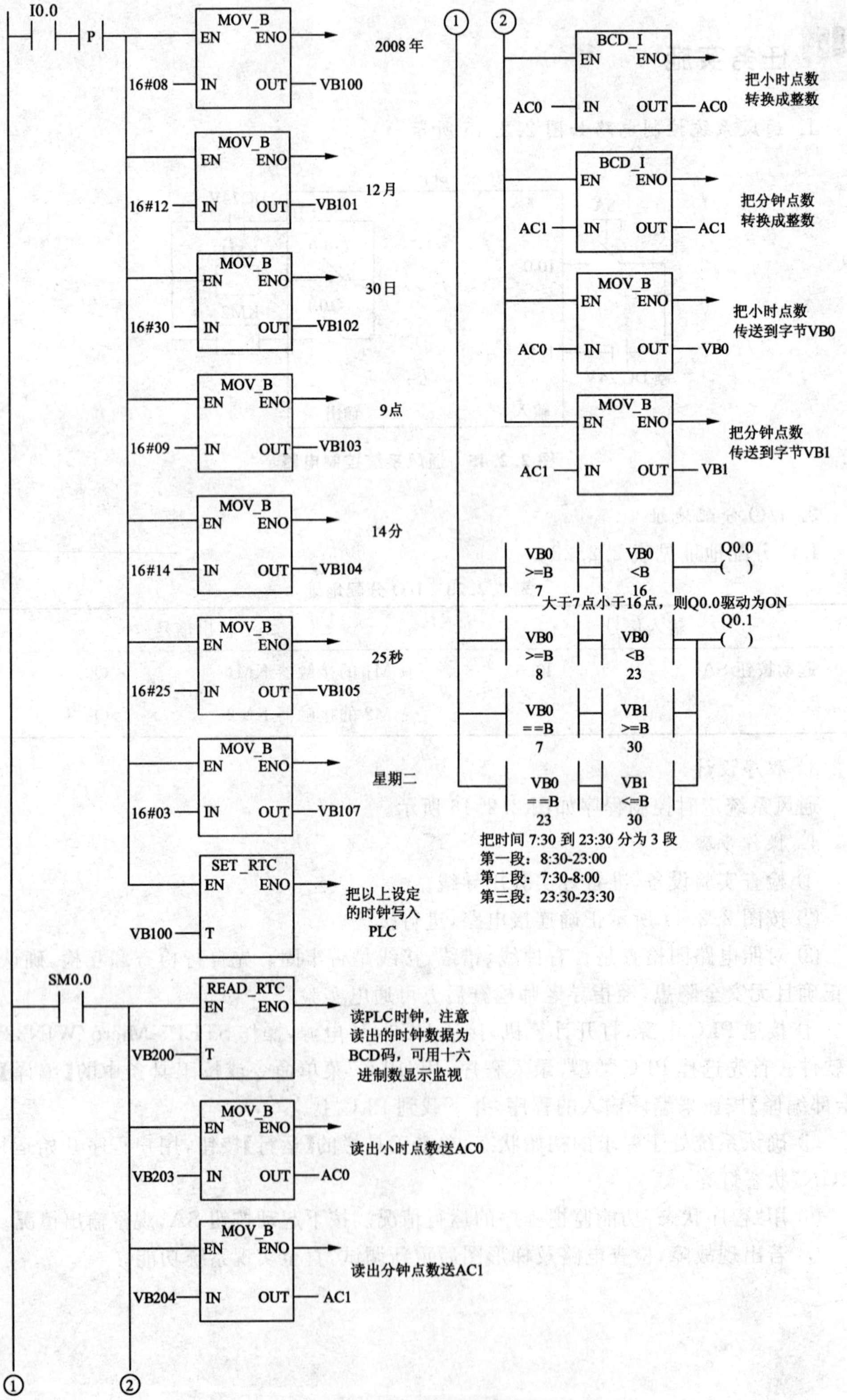

图 2.2.46 通风系统定时控制程序

知识扩展

1. 左移位和右移位指令格式及功能见表 2.2.24。

(1) 左移位指令(SHL)

使能输入有效时，将输入 IN 的无符号数字节、字或双字中的各位向左移 N 位(右端补 0)，将结果输出到 OUT 所指定的存储单元中，如果移位次数大于 0，最后一次移出位保存在"溢出"存储器位 SM1.1。

(2) 右移位指令(SHR)

使能输入有效时，将输入 IN 的无符号数字节、字或双字中的各位向右移 N 位，将结果输出到 OUT 所指定的存储单元中，移出位补 0，最后一次移出位保存在 SM1.1 。

表 2.2.24　左、右移位指令格式及功能

LAD	STL	功能
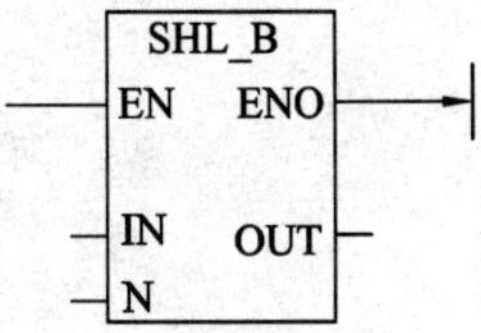 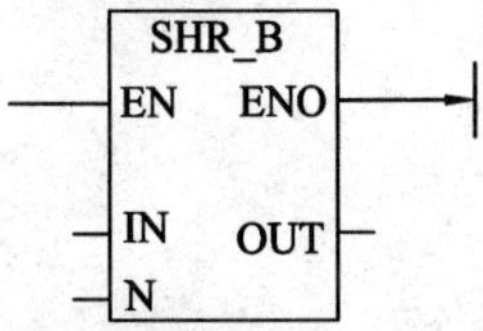	SLB　OUT,N SRB　OUT,N	SHL:字节、字、双字左移 N 位;SHR:字节、字、双字右移 N 位
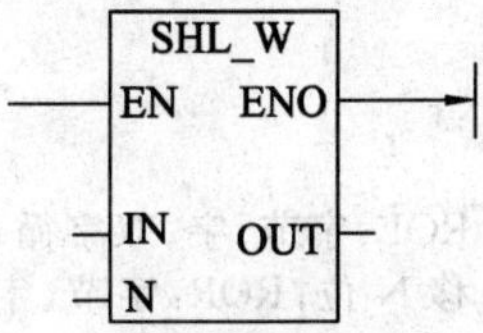 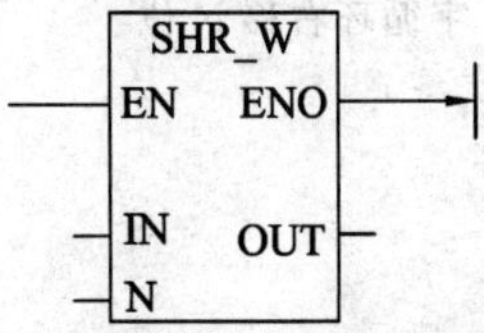	SLW　OUT,N SRW　OUT,N	
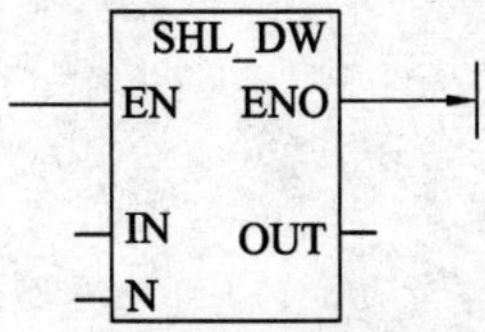 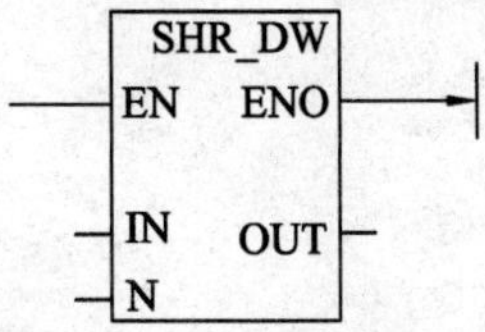	SLD　OUT,N SRD　OUT,N	

2. 循环左移位、循环右移位

循环左移(ROL)和循环右移(ROR)指令格式及功能见表 2.2.25。

移位特点:移位数据存储单元的移出端与另一端相连,同时又与 SM1.1(溢出)相连,所以最后被移出的位被移到另一端的同时,也被放到 SM1.1 位存储单元。例如在循环右移时,移位数据的最右端位移入最左端,同时又进入 SM1.1。SM1.1 始终存放最后一次被移出的位。

循环移位的类型:

① 字节循环左移和字节循环右移;

② 字循环左移和字循环右移;

③ 双字循环左移和双字循环右移。

表 2.2.25 循环左、右移位指令格式及功能

LAD	STL	功 能
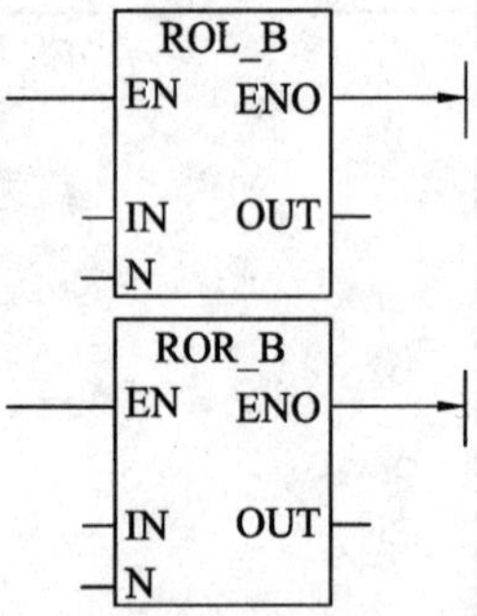	RLB OUT,N RRB OUT,N	
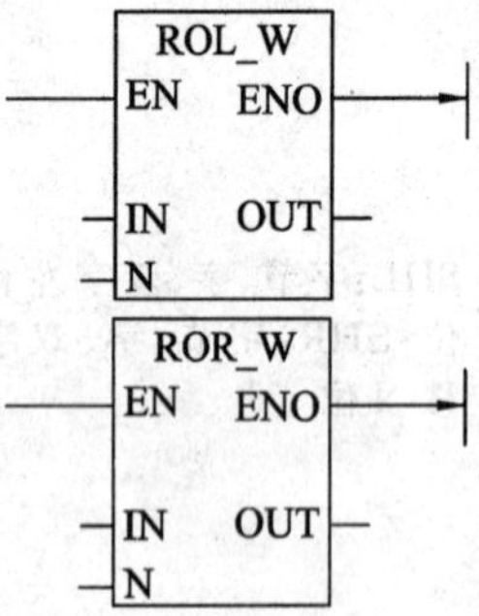	RLW OUT,N RRW OUT,N	ROL:字节、字、双字循环左移 N 位;ROR:字节、字、双字循环右移 N 位
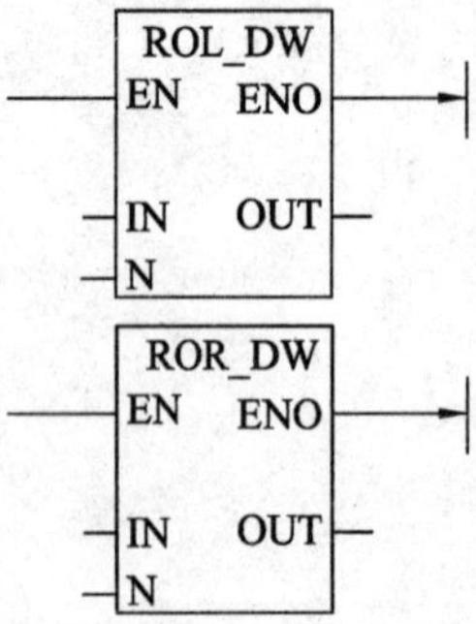	RLD OUT,N RRD OUT,N	

【例 1】 字循环右移 3 次,程序过程见表 2.2.26。

表 2.2.26　例 1 程序过程

移位次数	地址	单元内容	位 SM1.1	说　明
0	LW0	1011010100110011	x	移位前
1	LW0	1101101010011001	1	右端 1 移入 SM1.1 和 LW0 左端
2	LW0	1110110101001100	1	右端 1 移入 SM1.1 和 LW0 左端
3	LW0	0111011010100110	0	右端 0 移入 SM1.1 和 LW0 左端

【例 2】 循环指令实现 8 位循环彩灯,梯形图如图 2.2.47 所示。

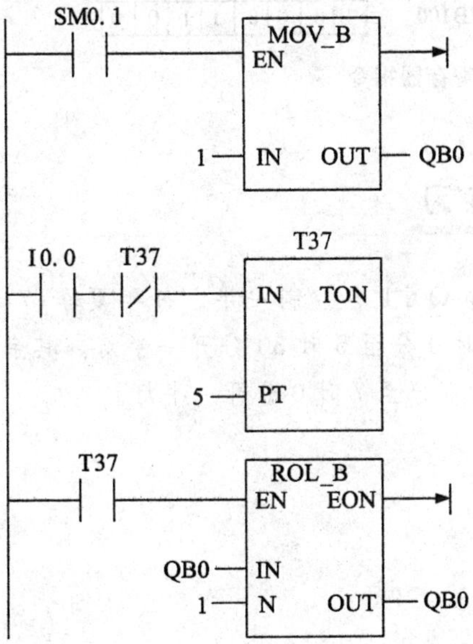


```
LD  SM0.1          // 首次扫描时置8位彩灯初态
MOVB  1,QB0

LD  I0.0           // T37产生周期为0.5s的移位脉冲
AN   T37
TON  T37, +5

LD   T37           // 每来一个脉冲，彩灯循环左移1位
RLB QB0,1
```

图 2.2.47　例 2 梯形图

3. 移位寄存器

移位寄存器指令(SHRB)可用来进行顺序控制、物流及数据流控制。移位寄存器指令把输入端 DATA 的数值送入移位寄存器,S_BIT 指定移位寄存器的最低位,N 指定移位寄存器的长度(从 S_BIT 开始,共 N 位)和移位的方向(正数表示为左移,负数表示为右移)。当移位寄存器允许输入端 EN 有效时,每个扫描周期寄存器各位都移动一位。左移时,输入数据从移位寄存器的最低有效位移入,从最高有效位移出;右移时,输入数据从移位寄存器的最高有效位移入,从最低有效位移出。移出的数据影响SM1.1。N 为字节型数据,移位寄存器的最大长度为 64 位。操作数 DATA,S_BIT 为位型数据。

【例 3】 移位寄存器的梯形图与时序图如图 2.2.48 所示,VB100 中的内容为 30H,移位后 VB100 中的内容为多少?

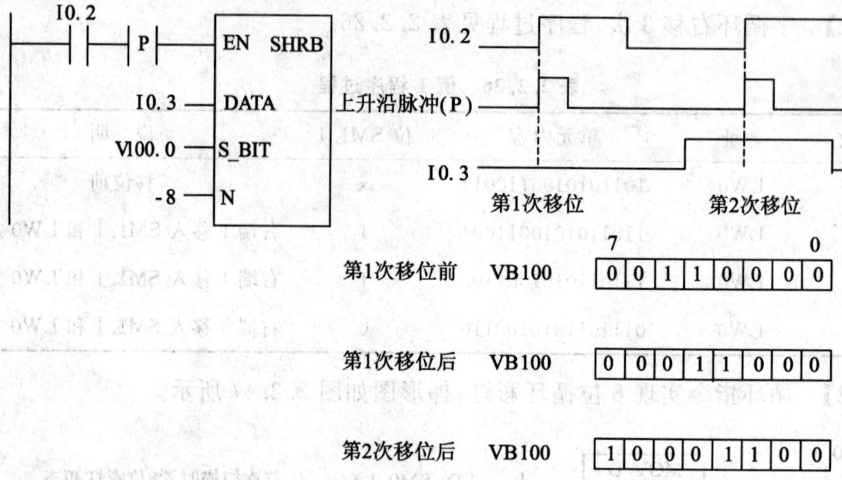

图 2.2.48 例 3 移位寄存器指令

思考与练习

1. 设马路照明灯由 PLC 输出端口 Q0.0 和 Q0.1 各控制一半。每年夏季(7—9月)每天 19 时 0 分至次日 0 时 0 分灯全部开,0 时 0 分至 5 时 30 分开一半灯。其余季节每天 18 时 0 分至次日 0 时 0 分灯全部开,0 时 0 分至 7 时 0 分开一半灯。

模块三

PLC 其他指令的应用

任务一　水箱水位控制程序设计

任务导入

某水箱的出水口流量是变化的，进水口流量可通过调节水泵转速控制，水位检测由差压变送器完成。现需对水箱进行水位控制，使其水位保持在满水位的75%位置。以 PLC 为主控制器，采用 EM235 模拟量模块实现模拟量和数字量的转换，差压变送器送出的水位测量值通过模拟量输入通道送入 PLC 中，PID 回路输出值通过模拟量转化控制变频器实现对水泵转速的调节。

相关知识

PID 算法是过程控制领域中技术成熟、应用方便且被广泛使用的控制方法。它是基于经典控制理论，并经过长期工程实践总结出的一套行之有效的控制算法。在较早的 PLC 中并没有 PID 的现成指令，只能通过运算指令实现 PID 功能，但随着 PLC 技术的发展，很多品牌的 PLC 都增加了 PID 功能，有些是专用模块，有些是指令形式，都大大扩展了 PLC 的应用范围。西门子 S7-200 系列 PLC 中使用的是 PID 回路指令形式。

PID 控制（比例—积分—微分控制）算法在过程控制领域的闭环控制中得到了广泛应用，如图 2.3.1 所示。

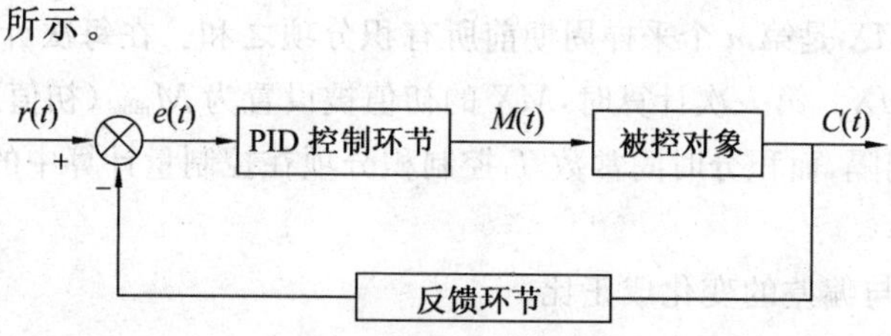

图 2.3.1　PID 控制

PID 控制器可调节回路输出，使系统达到稳定状态。偏差 e 是给定值 SP 和测量值 PV 的差值。式(1)为 PID 控制的位置式算法，回路的输出变量 $M(t)$ 是时间函数，可以看作是比例项、积分项、微分项 3 项之和。

$$M(t) = K_C e + K_C \int_0^t e\mathrm{d}t + M_{\mathrm{initial}} + K_C \mathrm{d}e/\mathrm{d}t \tag{1}$$

式中，$M(t)$为 PID 回路的输出，是时间函数；K_C为 PID 回路的增益；e 为 PID 回路的偏差；M_{initial}为 PID 回路的初始值。

数字计算机处理这个函数关系式，必须将连续函数离散化，对偏差周期采样后，计算输出值。式(2)是式(1)的离散形式。

$$M_n = K_C e_n + K_I \sum_{i=1}^{n} e_i + M_{\mathrm{initial}} + K_D(e_n - e_{n-1}) \tag{2}$$

式中，M_n为在第 n 个采样时刻 PID 回路输出的计算值；K_C为 PID 回路增益；e_n为在第 n 个采样时刻的偏差值；e_{n-1}为在第 $n-1$ 个采样时刻的偏差值(偏差前值)；K_I为积分项的系数；M_{initial}为 PID 回路的初值；K_D为微分项的系数。

式(2)中，积分项 $K_I \sum_{i=1}^{n} e_i$ 是包括从第 1 个采样周期到当前采样周期的所有误差的累积值。计算中，没有必要保留所有采样周期的误差项，只需保留积分项前值 MX 即可。CPU 实际上是使用式(3)的改进形式的 PID 算式。

$$M_n = K_C e_n + K_I e_n + MX + K_D(e_n - e_{n-1}) = MP_n + MI_n + MD_n \tag{3}$$

式中，MX 为积分项前值(在第 $n-1$ 个采样时刻的积分项)；MP_n为第 n 个采样时刻的比例项；MI_n为第 n 个采样时刻的积分项；MD_n为第 n 个采样时刻的微分项。

(1) 比例项

比例项 MP_n 是增益 K_C(决定输出对偏差的灵敏度)和偏差 e_n的乘积。增益为正的回路为正作用回路，反之为反作用回路。选择正、反作用回路的目的是使系统处于负反馈控制。CPU 采用式(4)来计算 MP_n。

$$MP_n = K_C e_n = K_C(SP_n - PV_n) \tag{4}$$

式中，SP_n为第 n 个采样时刻的给定值；PV_n为第 n 个采样时刻的过程变量值。

(2) 积分项

积分项 MI_n与偏差的和成正比，是各次积分项的累积值。CPU 采用式(5)来计算 MI_n。

$$MI_n = K_I e_n + MX = K_C T_S / T_I (SP_n - PV_n) + MX \tag{5}$$

式中，T_S为采样周期；T_I为积分时间常数。

积分项前值 MX 是第 n 个采样周期前所有积分项之和。在每次计算出 MI_n之后，都要用 MI_n去更新 MX。第一次计算时，MX 的初值被设置为 M_{initial}(初值)。采样周期 T_S是每次采样的时间间隔，而积分时间常数 T_I控制积分项在控制量计算中的作用程度。

(3) 微分项

微分项 MD_n与偏差的变化成正比。

$$\begin{aligned} MD_n &= K_D(e_n - e_{n-1}) \\ &= \frac{K_C T_D}{T_S}[(SP_n - PV_n) - (SP_{n-1} - PV_{n-1})] \end{aligned} \tag{6}$$

为了避免给定值变化的微分作用而引起的跳变，可设置给定值不变($SP_n = SP_{n-1}$)。那么计算公式可简化为式(7)。

$$MD_n = \frac{K_C T_D}{T_S}(SP_n - PV_n - SP_{n-1} + PV_{n-1}) = \frac{K_C T_D}{T_S}(PV_{n-1} - PV_n) \quad (7)$$

式中，T_D为微分时间常数；SP_{n-1}个为第 $n-1$ 个采样时刻的给定值；PV_{n-1}为第 $n-1$ 个采样时刻的过程变量值。

PID回路指令学习

1. 指令格式及梯形图(见表 2.3.1)

表 2.3.1　PID 指令格式及梯形图

名称	指令	指令表格式	梯形图格式	操作数	
PID 运算	PID	PID TBL,LOOP	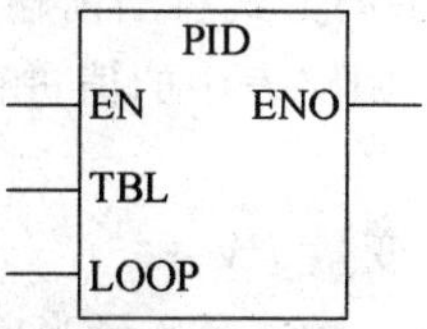	TBL LOOP	VB(BYTE 型) 常数(0～7)

2. 指令功能

PID 在 EN 端口执行条件存在时，运用回路表中的输入信息和组态信息，进行 PID 运算，编程极其简便，见表 2.3.2。

该指令有两个操作数：TBL 和 LOOP。其中 TBL 是回路表的起始地址，操作数限用 VB 区域；LOOP 是回路号，可以是 0～7 的整数。在程序中最多可以用 8 条 PID 指令，PID 回路指令不可重复使用同一个回路号(即使这些指令的回路表不同)，否则会产生不可预料的结果。

回路表包含 9 个参数，用来控制和监视 PID 运算。这些参数分别是过程变量当前值 PV，过程变量前值 PV_{n-1}，给定值 SP_n，输出值 M_n，增益 K_C，采样时间 T_S，积分时间 T_I，微分时间 T_D和积分项前值 MX。36 个字节的回路表格式，见表 2.3.2。若要以一定的采样频率进行 PID 运算，采样时间必须输入到回路表中，且 PID 指令必须编入定时发生的中断程序中，或者在主程序中由定时器控制 PID 指令的执行频率。

表 2.3.2　PID 指令回路表

偏移地址	变量名	数据类型	变量类型	描述
0	过程变量(PV_n)	实数	输入	必须在 0.0～1.0
4	给定值(SP_n)	实数	输入	必须在 0.0～1.0
8	输出值(M_n)	实数	输入/输出	必须在 0.0～1.0
12	增益(K_C)	实数	输入	比例常数，可正可负
16	采样时间(T_S)	实数	输入	单位为 s，必须是正数
20	积分时间(T_I)	实数	输入	单位为 min，必须是正数
24	微分时间(T_D)	实数	输入	单位为 min，必须是正数
28	积分项前值(MX)	实数	输入/输出	必须在 0.0～1.0
32	过程变量前值(PV_{n-1})	实数	输入/输出	最近一次 PID 运算的过程变量值，必须在 0.0～1.0

对于 PID 回路的控制，有些控制系统只需要比例、积分、微分其中的一种或两种控制类型。通过设置相关参数即可选择所需的回路控制类型。

若只需要比例、微分回路控制，可以把积分时间常数设为无穷大，此时积分项为初值；若只需要比例、积分回路控制，可以把微分时间常数设置为 0；若只需要积分、微分回路，则可以把回路增益 K_C 设为 0，在计算积分项和微分项时，系统把回路增益 K_C 当作 1。

一般情况下，比例、积分回路控制应用较多。微分控制的作用不宜过强，否则易引起系统不稳定。

3. PID 回路指令控制方式

S7-200 系列 PLC 中，PID 回路指令没有控制方式的设置，只要 EN 端有效就可以执行 PID 指令。PID 指令运行称之为“自动”方式，PID 指令不运行称之为“手动”的方式。当 EN 端口检测到一个正跳变信号时，PID 回路从手动方式切换到自动方式。为达到无扰动切换，必须用手动方式将当前输入值填入回路表中的 M_n 栏，用来初始化输出值 M_n，且 PID 指令需对回路表中的值进行一系列操作，以保证手动方式无扰动地切换到自动方式。

置给定值 SP_n = 过程变量 PV_n；

置过程变量前值 PV_{n-1} = 过程变量当前值 PV_n；

置积分项前值 MX = 输出值 M_n。

4. 回路输入输出变量的数值转换及其范围

(1) 回路输入变量的数据转换和归一化处理

每个 PID 回路都有两个输入变量：给定值 SP 和过程变量 PV。给定值通常是一个固定的值，如温度控制中温度的给定值。过程变量 PV 则与 PID 回路输出有关，并反映了控制的效果。在温度控制系统中，测量并转换为标准信号的温度值就是过程变量。

给定值和过程变量一般都是实际工程物理量，其数值大小、范围和测量单位都可能不一样。执行 PID 指令前必须把它们转换成标准的浮点型实数。

① 回路输入变量的数据转换

把 A/D 模拟量单元输出的整数值转换成浮点型实数值，程序如下。

```
XORD    AC0,AC0             //清空累加器
MOVW    AIW0,AC0            //模拟量采集，送入 AC0
LDW>=   AC0,0               //若为正，直接转换为实数
JMP     0                   //否则，先对 AC0 中的值进行符号扩展
NOT
ORD     16#FFFF0000,AC0
LBL     0
DTR     AC0,AC0             //把 32 位整数转换为实数
```

② 实数值的归一化处理

实数值进一步归一化为 0.0～1.0 之间的实数。归一化公式为

$$R_{noum} = (R_{raw}/S_{pan} + OFF_{set})$$

式中，R_{noum} 为标准化的实数值；R_{raw} 为未标准化的实数值；OFF_{set} 为补偿值或偏置，单极性为 0.0，双极性为 0.5；S_{pan} 为值域大小，为最大允许值减去最小允许值，单极性为 32 000(典型值)，双极性为 64 000(典型值)。

双极性实数标准化的程序如下。

```
/R        64000.0,AC0       //累加器值进行标准化
+R        0.5,AC0           //加上偏置,使其落在 0.0～1.0
MOVR      AC0,VD100         //标准化的值存入回路表
```

(2) 回路输出变量的数据转换

回路输出变量是用来控制外部设备的,例如控制水泵的速度。PID 运算的输出值是 0.0～1.0 的标准化了的实数值,在输出变量传送给 D/A 模拟量单元之前,必须把回路输出变量转换成相应的整数。这一过程是实数值标准化的逆过程。

① 回路输出变量的刻度化

把回路输出的标准化实数转换成实数,公式如下。

$$R_{scal}=(M_n-OFF_{set})S_{pan}$$

式中,R_{scal} 为回路输出的刻度实数值;M_n 为回路输出的标准化实数值。

回路输出变量的刻度化的程序如下。

```
MOVR      VD108,AC0         //将回路输出值放入累加器
-R        0.5,AC0           //对双极性输出,要减 0.5 的偏置
                            //(单极性无此句)
*R        64000.0,AC0       //得到回路输出的刻度值
```

② 将实数转换为整数(INT)

把回路输出变量的刻度值转换成整数(INT)的程序如下。

```
ROUND     AC0,AC0           //实数转换为 32 位整数
MOVW      AC0,AQW0          //将输出值输出到模拟量输出寄
存器
```

(3) 变量的范围

过程变量和给定值是 PID 运算的输入变量,因此,在回路表中这些变量只能被除数回路指令读取,而不能被改写。

输出变量是由 PID 运算产生的,在每一次 PID 运算完成之后,需要把新输出值写入回路表,以供下一次 PID 运算使用。输出值应为 0.0～1.0 的实数。

如果使用积分控制,积分项前值要根据 PID 运算结果更新。每次 PID 运算后,更新了的积分项前值要写入回路表,用作下一次运算的输入。若输出值超过范围(大于 1.0 或小于 0.0),那么积分项前值必须根据下列公式进行调整:

$$MX=1.0-(MP_n-MD_n) \qquad \text{计算输出值 } M_n>1.0$$

$$MX=-(MP_n-MD_n) \qquad \text{计算输出值 } M_n<0.0$$

5. PID 指令运行出错条件

PID 指令不检查回路表中的值是否在范围之内,所以必须确保过程变量、给定值、输出值、积分项前值、过程变量前值在 0.0～1.0。如果指令操作数超出范围 CPU 会产生编译错误,导致编译失败。

如果 PID 运算发生错误,那么特殊存储器标志位 SM1.1(溢出或非法值)会被置 1,并且中止 PID 指令的执行。要想消除这种错误,单靠改变回路中的输出值是不够的,正确的方法是在下一次执行 PID 运算之前,改变引起运算错误的输入值,而不是更新输出值。

任务实施

1. 任务分析及 I/O 分配

根据任务要求，水位测量值为过程变量 PV，满水位的 75% 的量值为给定值 SP。本任务中过程变量 PV 和回路输出量归一化采用单极性方案。控制方式采用比例、积分控制，PID 参数采用如下设置：$K_C=0.25$，$T_S=0.1$ s，$T_I=30$ min。

因系统只有一组模拟量输入和一组模拟量输出，暂且选定其为 AIW0 和 AQW0，故不再列出 I/O 分配表。

2. 程序设计

本任务的控制程序如图 2.3.2 所示，其中：

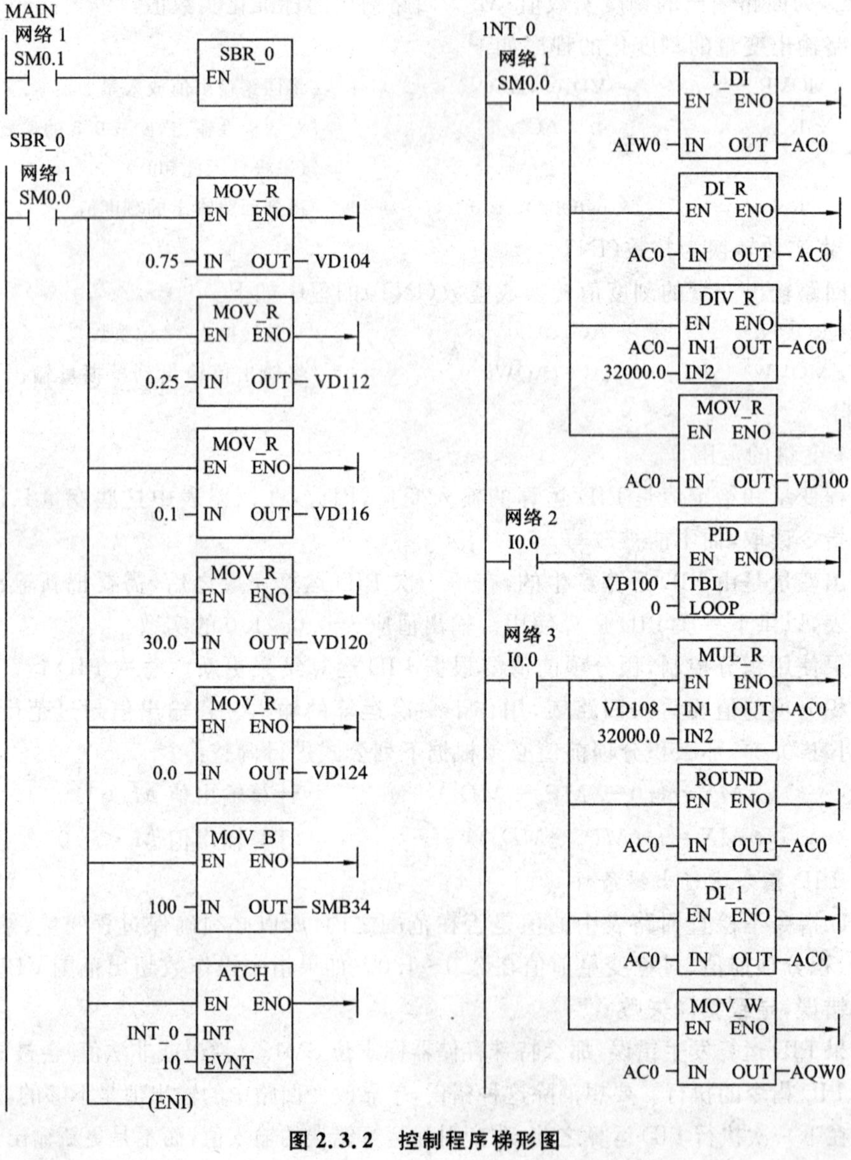

图 2.3.2 控制程序梯形图

① 系统起动时，关闭出水口，用手动方式控制进水，使水位达到满水位的 75%位置，然后打开出水口，同时将控制方式从“手动”转为“自动”。I0.0 控制 PID 指令的起动，只需提供一个上升沿。

② SBR_0 子程序为 PID 参数设置及定时中断程序的起动。

③ 定时中断程序 INT_0 为数据的标准化、PID 指令的执行及控制量的输出。

3. 硬件接线

因系统只有一组模拟量输入 AIW0 和一组模拟量输出 AQW0，结构简单，硬件接线从略。

知识拓展

PID 指令使用说明：

① 采用主程序、子程序、中断程序的程序结构形式，可优化程序结构，减少周期扫描时间。

② 在子程序中，先进行组态编程的初始化工作，将 5 个固定值的参数（SP_n，K_C，T_S，T_I，T_D）填入回路表；然后再设置定时中断，以便周期性地执行 PID 指令。

③ 在中断程序中完成 3 个任务。

a. 将由模拟量输入模块提供的过程变量 PV_n 转换成标准化的实数（0.0～1.0 的实数）并填入回路表。

b. 设置 PID 指令的无扰动切换的条件（如 I0.0），并执行 PID 指令。使系统由手动方式无扰动地切换到自动方式。将参数 M_n，SP_n，PV_{n-1}，MX 先后填入回路表，完成回路表的组态编程，从而周期地执行 PID 指令。

c. 将 PID 运算输出的标准化实数值 M_n 先刻度化，然后再转换成有符号整数（INT），最后送至模拟量输出模块，以实现对外部设备的控制。

思考与练习

1. 试分析理解 PID 控制指令执行过程。
2. 单极性信号和双极性信号是什么意思？怎么区分两者？

任务二 PLC 数据通信

任务导入

以 S7-200 自由口通信举例。

1. 功能要求

记录定时中断次数，将计数值转化为 ASCII 字符串，再通过 CPU224XP 的

Port0 发送到计算机串口，计算机接受并利用超级终端显示与 S7-200CPU 通信的内容。

2. 硬件要求

带串口的 PC 机、S7-200CPU224XP、RS232 电缆(推荐采用西门子 S7-200 串口编程电缆)。

相关知识

PLC 通信就是将地理位置不同的 PLC、计算机、各类现场设备等，通过通信介质连接起来，按照规定的通信协议，以某种特定的通信方式高效率地完成数据的传送、交换和处理。

1. 通信系统的组成

当任意两台设备之间有信息交换时，它们之间就产生了通信。PLC 通信就是指 PLC 与 PLC、PLC 与计算机、PLC 与现场设备或远程 I/O 之间的信息交换。当然，并不是所有的 PLC 都包括上述全部功能，有些小型 PLC 只有上述部分功能。

① 传送设备(包括发送设备、接收设备)。

主设备：起控制、发送和处理信息的主导作用。

从设备：被动地接收、监视和执行主导设备的信息。

主、从设备在实际通信时由数据传送的结构来确定。

② 传送控制设备。传送控制设备主要用于控制发送与接收之间的同步协调。

③ 通信介质。通信介质是信息传送的基本通道，是发送与接收设备之间的桥梁。

④ 通信协议。通信协议是通信过程中必须严格遵守的各种数据传送规则。

⑤ 通信软件。通信软件用于对通信的软件和硬件进行统一调度、控制与管理。

2. 通信方式

(1) 并行通信和串行通信

① 并行通信。并行通信方式一般发生在可编程序控制器的内部各元件之间、主机与扩展模块或近距离智能模板的处理器之间。

并行传送时，一个数据的所有位同时传送，因此，其每个数据位都需要一条单独的传输线，信息由多少二进制位组成就需要多少条传输线，如图 2.3.3 所示。

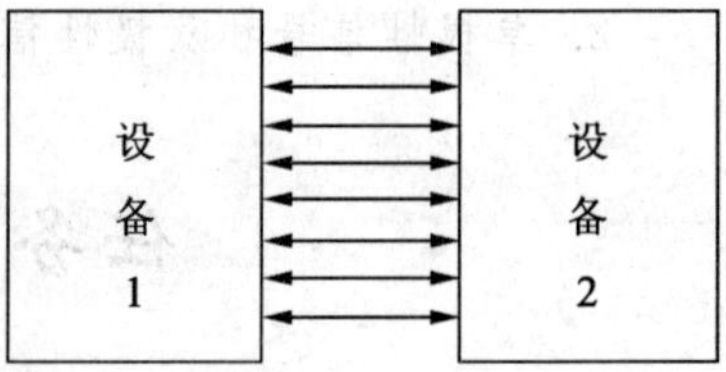

图 2.3.3 并行通信

② 串行通信。串行通信多用于可编程序控制器与计算机之间，多台可编程序控制器之间的数据传送。传送时，数据的各个不同位分时使用同一条传输线，从低位开始一位接一位按顺序传送，数据有多少位就需要传送多少次，如图 2.3.4 所示。

(2) 同步通信和异步通信

① 同步通信。同步通信是一种以字节为单位传送数据的通信方式，一次通信只传送一帧信息。这里的信号帧与异步通信中的字符帧不同，通常含有一两个数据字符。

同步通信的缺点是要求发送时钟和接收时钟保持严格的同步。

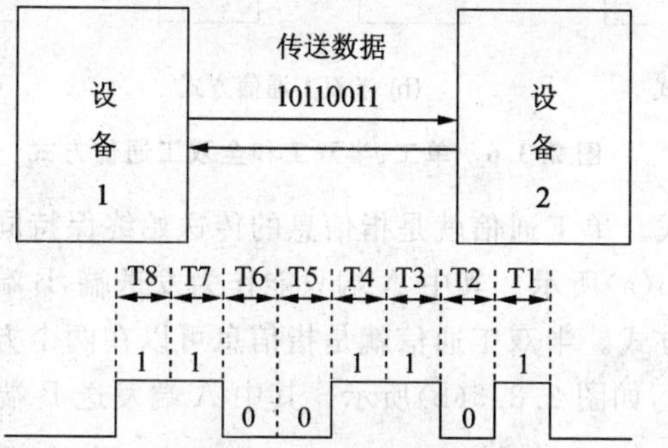

图 2.3.4 串行通信

② 异步通信。在异步通信中，数据通常以字符或者字节为单位组成字符帧传送。字符帧由发送端逐帧发送，通过传输线被接收设备逐帧接收。发送端和接收端可以由各自的时钟来控制数据的发送和接收，这两个时钟源彼此独立、互不同步。

异步通信的数据格式如图 2.3.5 所示。

图 2.3.5 异步通信的数据格式

起始位：位于字符帧开头，占 1 位，始终为逻辑 0 电平，用于向接收设备表示发送端开始发送一帧信息。

数据位：紧跟在起始位之后，可以设置为 5 位、6 位、7 位、8 位，低位在前，高位在后。

奇偶检验位：位于数据位之后，仅占 1 位，用于表示串行通信中采用奇校验还是偶校验。

接收端检测到传输线上发送过来的低电平逻辑“0”(即字符帧起始位)时，确定发送端已开始发送数据，每当接收端收到字符帧中的停止位时，就知道一帧字符已经发送完毕。

异步通信的优点是不需要传送同步脉冲，字符帧长度也不受限制；缺点是字符帧中因为包含了起始位和停止位，因此降低了有效数据的传输速率。

3. 数据传送方向

在通信线路上按信息在设备间的传送方向又分为单工、半双工和全双工 3 种方式，分别如图 2.3.6 中的(a)、(b)和(c)所示。

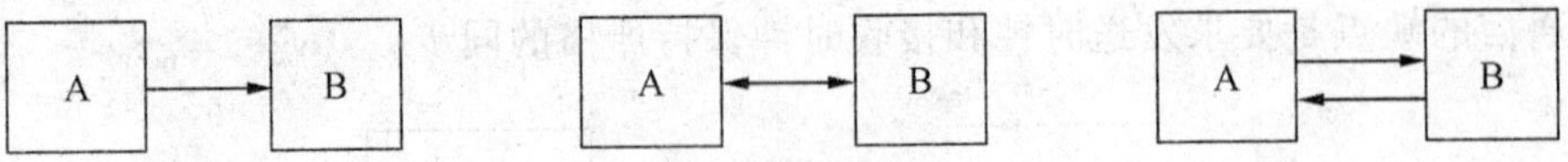

(a) 单工通信方式　(b) 半双工通信方式　(c) 全双工通信方式

图 2.3.6　单工、半双工和全双工通信方式

① 单工通信方式。单工通信就是指信息的传送始终保持同一个方向，而不能进行反向传送，如图 2.3.6(a)所示。其中 A 端只能作为发送端，B 端只能作为接收端。

② 半双工通信方式。半双工通信就是指信息可以在两个方向上传送，但同一时刻只限于一个方向传送，如图 2.3.6(b)所示。其中 A 端发送 B 端接收，或者 B 端发送 A 端接收。

③ 全双工通信方式。全双工通信能在两个方向上同时发送和接收，如图 2.3.6(c)所示。A 端和 B 端双方都可以一面发送数据，一面接收数据。

4. PLC 常用通信接口标准

PLC 通信主要采用异步串行通信，其常用的串行通信接口标准有 RS-232C，RS-422A 和 RS-485 等。

RS-232C 的接口标准是目前计算机和 PLC 中最常用的一种串行通信接口，它是美国电子工业协会(EIA)于 1969 年公布的通信协议，RS-232C 接口规定使用全 25 针连接器或 9 针连接器，采用单端驱动非差分接收电路，因而存在着传输距离不太远(最大传输距离为 15 m)和传输速率不太高(最高传输速率为 20kb)的问题。

针对 RS-232C 总线标准存在的问题，EIA 制定了新的串行通信标准 RS-422A，其采用平衡驱动差分接收电路，抗干扰能力强，在传输速率为 100 kb/s 时，最大通信距离为1 200 m。

RS-485 是 RS-422A 的变形。RS-422A 采用全双工通信方式，而 RS-485 则采用半双工通信方式。RS-485 是一种多主发送器标准，在通信线路上最多可以使用 32 对差分驱动器/接收器。传输线采用差动信道，所以干扰抑制性极好，又因为其阻抗低无接地问题，所以传输距离可达 1 200 m，传输速率可达 10 Mb/s。

RS-422A/RS-485 接口一般采用 9 针的 D 形连接器。普通计算机一般不配备 RS-422A和 RS-485 接口，但工业控制计算机和小型 PLC 上都设有 RS-422A 或 RS-485 通信接口。

5. 通信介质

通信介质就是在通信系统中位于发送端与接收端之间的物理通路。采用的通信介质有双绞线、同轴电缆和光纤等。

6. S7-200 的网络通信协议

(1) 点对点接口协议(PPI)

PPI(Point-to-Point)是主/从协议，网络中的 S7-200CPU 均为从站，其他 CPU、SIMATIC 编程器或文本显示器 TD200 为主站。PPI 协议用于 S7-200CPU 与编程计算机之间、S7-200CPU 之间、S7-200CPU 与 HMI(人机界面)之间的通信。

如果在用户程序中使用 PPI 主站模式，一些 S7-200CPU 在“RUN”模式下可以作主站，它们可以用网络读(NETR)和网络写(NETW)指令读写其他 CPU 中的数据。

S7-200CPU 作 PPI 主站时，还可以作为从站响应来自其他主站的通信请求。

(2) 多点接口协议(MPI)

MPI 是集成在西门子公司的 PLC、操作员界面和编程上的集成通信接口，用于建立小型通信网络。最多可以接 32 个节点，典型数据长度为 64 个字节，最大距离为100 m。

MPI 的通信速率为 19.2 kb/s～12 Mb/s，连接 S7-200 通信接口时 MPI 网络的最高速率为 187.5 kb/s。如果要求波特率高于 187.5 kb/s，S7-200 必须使用 EM277 模块连接网络，计算机必须通过信息处理卡(CP)来连接网络。

MPI 允许主/主通信和主/从通信，一个 CPU 作为网络的主站，其他 CPU 是从站。S7-300/400 可以用 XGET/XPUT 指令来读写 S7-200 的数据。

(3) PROFIBUS 协议

PROFIBUS-DP 协议通信主要用于分布式 I/O 设备(远程 I/O)的高速通信。许多厂家生产类型众多的 PROFIBUS 设备，例如 I/O 模块、电动机控制器和 PLC。

S7-200CPU 需要通过 EM277PROFIBUS-DP 模块接入 PROFIBUS 网络，网络通常有一个主站和几个 I/O 从站。主站初始化网络并核对网络的从站设备是否与设置相符。主站周期性地将输出数据写入从站，并读取从站的数据。

(4) TCP/IP 协议

S7-200 配备了以太网模块 CP243-1 或互联网模块 CP243-1IT 后，支持 TCP/IP 以太网通信协议。计算机应安装以太网卡。安装了 STEP7-Micro/WIN 之后，计算机会有一个标准的浏览器，可以用它来访问 CP243-1IT 模块的主页。

(5) 用户定义的协议(自由端口模式)

在自由商品模式下，由用户自定义与其他串行口通信的通信协议。Modbus RTU 通信、与西门子变频器的 USS 通信就是建立在自由端口模式基础上的通信协议。

自由端口模式通过使用接收中断、发送中断、字符中断、发送指令和接收指令，实现 S7-200CPU 通信口与其他设备的通信。

任务实施

1. 简要实现步骤

① 编写 S7-200PLC 程序。

② 下载程序到 S7-200PLC 中。

③ 配置计算机的超级终端。

④ 使用计算机上超级终端接收并显示与 S7-200CPU 通信的通信内容。

2. PLC 程序说明

(1) 缓冲区

规定缓冲区为 VB100 到 VB114，使用数据块进行缓冲区定义，见表 2.3.3。

表 2.3.3 缓冲区存储内容说明

地址	存储数据	说明
VB100	14	发送字节数
VB101～VB112	数据字节	数据字节
VB113	16＃0D	消息结束字符
VB114	16＃0A	回车符

在 STEP-Micro/Win 32 中组态数据块，如图 2.3.7 所示。

16＃0D 和 16＃0A 用于计算机的超级终端显示需要。

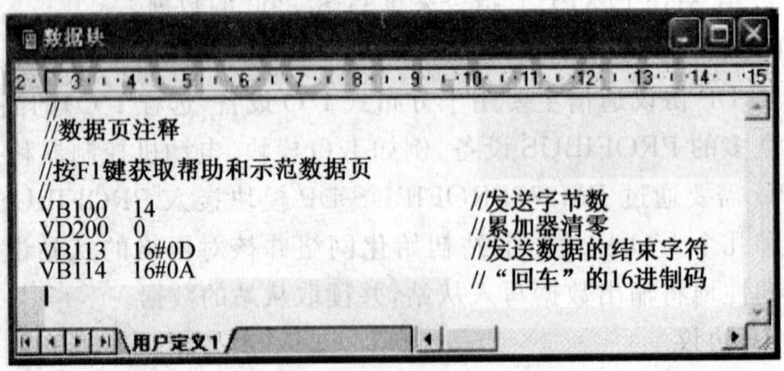

图 2.3.7 数据块显示

(2) 程序结构及用途

主程序：根据 I0.3 状态初始化端口 1 为自由口通信。

SBR_0：定义端口 0 为自由口，初始化定时中断。

SBR_1：定义端口 0 为普通 PPI 从站通信口。

INT_0：对定时中断计数并从端口 0 发送计数值。

① 主程序编程（如图 2.3.8 所示）

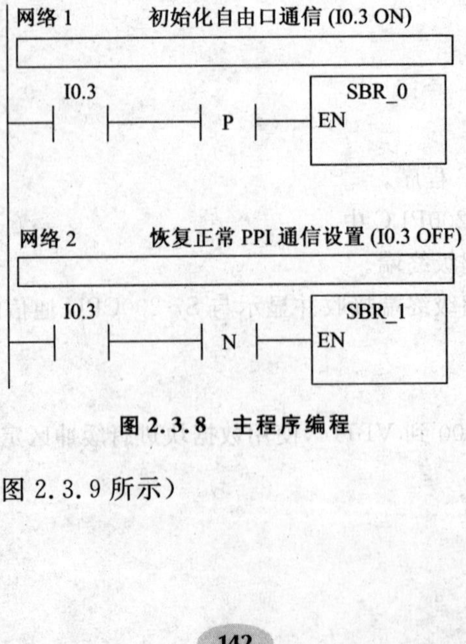

图 2.3.8 主程序编程

② SBR_0 编程（如图 2.3.9 所示）

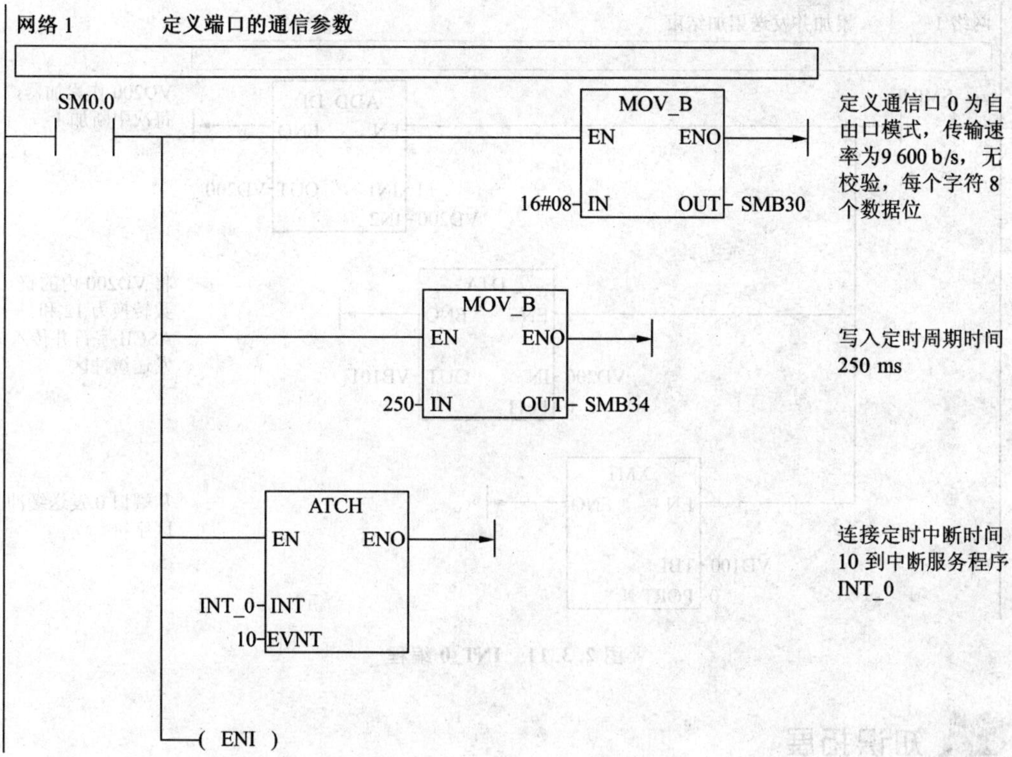

图 2.3.9　SBR_0 编程

③ SBR_1 编程(如图 2.3.10 所示)

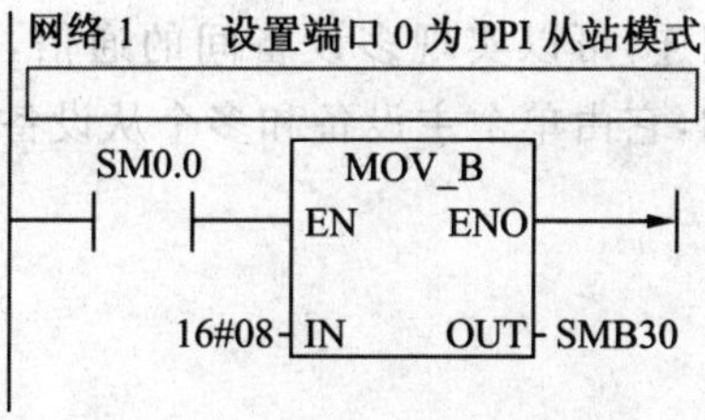

图 2.3.10　SBR_1 编程

④ INT_0 编程(如图 2.3.11 所示)

补充说明:配置计算机的超级终端的过程此处略。

中断事件 10 是由中断 0 产生的时间中断,该时间中断的间隔时间范围为 1～255 ms,中断间隔的数值由 SMB34 定义。由于 RS232 传输线由空闲状态切换到接收模式需要切换时间(一般为 0.15～14 ms),故为防止传送失败,设置的中断间隔时间必须大于切换时间,并再增加一些富余。

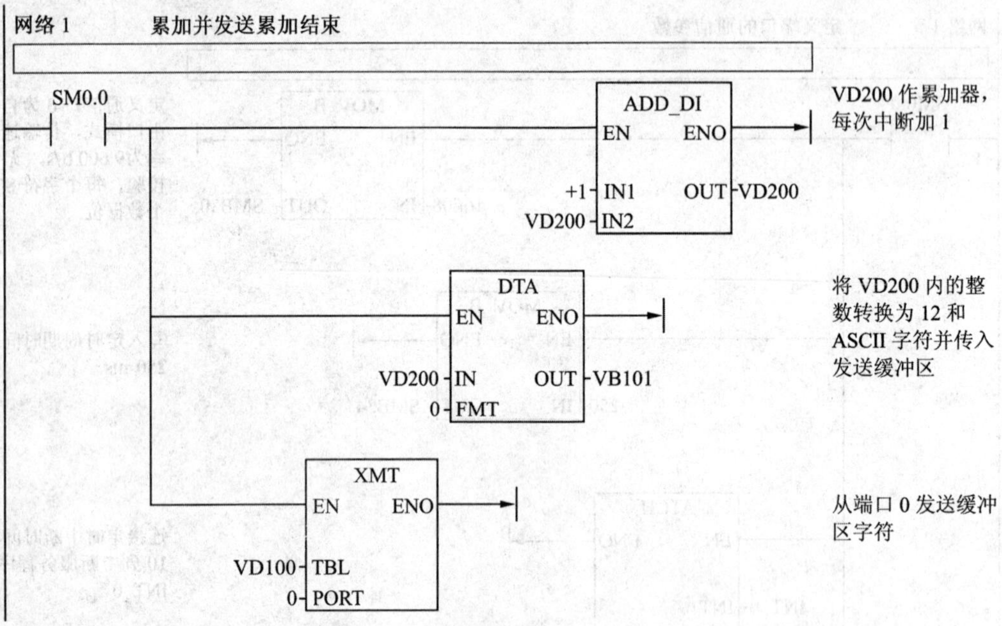

图 2.3.11 INT_0 编程

知识拓展

1. 网络结构概述

(1) 简单网络

多台设备通过传输线相连，可以实现多设备间的通信，形成网络结构。图 2.3.12 就是一种最简单的网络结构，它由单个主设备和多个从设备构成。

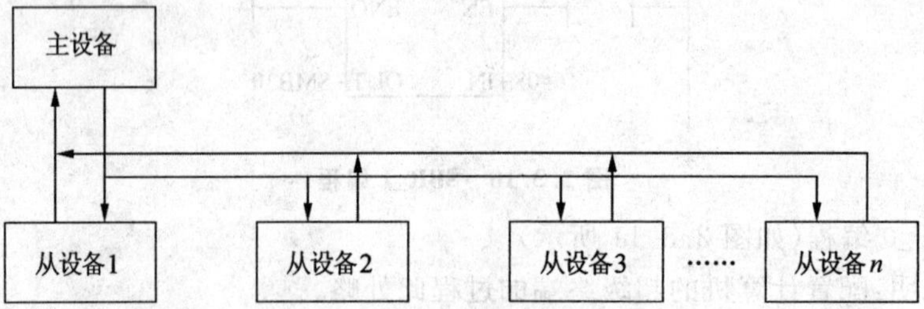

图 2.3.12 网络结构

(2) 多级网络

现代大型工业企业中，一般采用多级网络的形式，可编程序控制器制造商经常用生产金字塔结构来描述其产品可实现的功能。这种金字塔结构的特点是，上层负责生产管理，底层负责现场检测与控制，中间层负责生产过程的监控与优化。

国际标准化组织(ISO)对企业自动化系统确立了初步的模型，如图 2.3.13 所示。

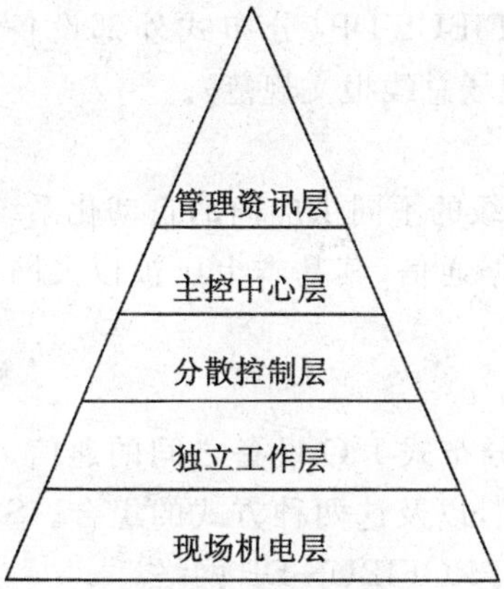

(a) A-B 生产金字塔

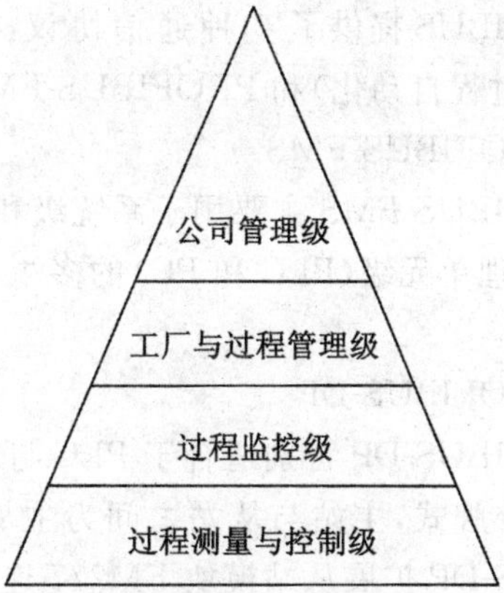

(b) SIEMENS 生产金字塔

图 2.3.13 生产金字塔结构示意图

2. 西门子工业自动化通信

(1) 工业以太网

SIMATIC NET 的顶层称为工业以太网，是基于国际标准 IEEE802.3 的开放式网络。以太网可以实现管理—控制网络的一体化，可以集成互联网，为全球联网提供了条件。以太网在局域网(LAN)领域中的市场占有率高达 80%，通过广域网(例如 ISDN 或 Internet)可实现全球性的远程通信。网络规模可达 1 024 个从站，距离可达 1.5 km(电气网络)或 200 km(光纤网络)。符合 IEEE802.3u 标准 100 Mb/s 的高速以太网的传输速率，占用总线的时间极短。PROFINET 是基于工业以太网的现场总线标准，它的实时通信功能的响应时间约为 10 ms，其同步实施功能用于高性能的同步运动控制，响应时间小于 1 ms，拉动时间小于 1 μs。

为了将 S7-200 接入以太网，计算机应安装以太网卡，S7-200 应配置对应的以太网模块 CP234-1 或互联网模块 CP243-1IT。安装了 STEP7-Micro/Win 32 之后，计算机上将会有一个标准的浏览器，可以用它来访问 CP243-1IT 模块的主页。使用以太网时，在编程软件中应配置 TCP/IP 协议。在"通信"对话框中，应为网络中的每个以太网/互联网模块指定远程 IP 地址。

CP243-1IT 可以发送电子邮件，在以太网中可以作为 Web 服务器、HTTP 服务器和 FTP 服务器。

通过工业以太网和 STEP7-Micro/Win 32，可以实现 S7-200 系统的远程编程、组态和诊断。

(2) 现场总线 PROFIBUS

西门子通信网络的中间层为工业现场总线 PROFIBUS，它适用于车间级和现场级的国际标准，传输速率最高 12 Mb/s，响应时间的典型值为 1 ms，使用屏蔽双绞线电缆(最长 9.6 km)或光缆(最长 90 km)，最多可以接 127 个从站。

PROFIBUS 是开放式的现场总线，已被纳入现场总线的国际标准 IEC61158 中，并于 2006 年成为我国首个现场总线国家标准(GB/T 20540-2006)。

截至 2007 年底，全球安装的 PROFIBUS 节点总数超过 1 800 万个。

PROFIBUS 提供了 3 种通信协议：PROFIBUS-DP（分布式外部设备），PROFIBUS-PA（过程自动化）和 PROFIBUS-FMS（现场总线报文规范）。

① PROFIBUS-FMS

PROFIBUS-FMS 主要用于系统级和车间级的不同供应商的自动化系统之间的传输数据，处理单元级（PLC 和 PC）的多主站数据通信，其基本上已被以太网取代，现在很少使用。

② PROFIBUS-DP

PROFIBUS-DP 特别适合于 PLC 与现场分布式 I/O 设备之间的通信。主站之间的通信为令牌式，主站与从站之间为主从方式，以及这两种方式的组合。S7-200 通过 PROFIBUS-DP 扩展从站模块 EM277 连接到 PROFIBUS-DP 网络。

③ PROFIBUS-PA

PROFIBUS-PA 用于过程自动化的现场传感器和执行器的低速传输。由于它的传输技术采用 IEC1158-2 标准，确保了本征安全性可通过总线给现场设备供电，可以用于防爆区域传感器和执行器与中央控制系统的通信。使用 DP/PA 连接器可以将 PROFIBUS-PA 设备很方便地集成到 PROFIBUS-DP 网络中。PROFIBUS-PA 使用屏蔽双绞线电缆，由总线提供电源。

此外，基于 PROFIBUS，西门子公司还推出了用于运动控制的总线驱动技术 PROFI-drive 和故障安全通信技术 PROFI-safe。

(3) 现场总线 AS-I

西门子通信网络的底层包括 AS-I 和 EIB。instabus EIB 是楼宇安装总线系统，符合国际标准 CEN TC247。

AS-I 是执行器-传感接口的简称，是传感器和执行器通信的国际标准，响应时间小于 5 ms，使用未屏蔽的双绞线，由总线提供电源，最长通信距离为 300 m，最多 62 个从站。特别适合于连接需要传送开关的传感器和执行器。

AS-I 属于主从式网络，每个网络、每个网段只能有一个主站。主站是网络通信的中心，负责网络的初始化，以及设置从站的地址和参数。AS-I 从站是 AS-I 系统的输入通道和输出通道，它们仅在被 AS-I 主站访问时才被激活。接到命令后，它们触发动作或者将现场信息传送给主站。

西门子公司的“LOGO”微型控制器可以介入 AS-I 网络，此外，西门子公司还提供各种各样的 AS-I 产品，例如气动控制模块、电动机起动器、能源与通信现场安装系统，及带 AS-I 接口的接近开关、按钮与指示灯组成的人机接口。

CP243-2 是 S7-200（CPU 22X）的 AS-I 主站通信处理器，通过双重地址（A-B）赋值，最多可以连接 62 个 AS-I 从站。S7-200 可以接两个 CP243-2，每个 CP 最多可访问 248 点数字量输入和 186 点数字量输出，可以对模拟量进行处理。可以用编程软件的 AS-I 向导对 AS-I 网络组态。

3. S7-200 网络指令

网络指令有两条：NETR 和 NETW。

(1) NETR 指令

NETR，网络读指令。使能输入有效时，指令初始化通信操作，通过通信端口

PORT 从远程设备上接收数据并形成数据表 TBL。

NETR 指令最多可从远程站点上读 16 个字节的信息。

指令格式:NETR　TBL,PORT

例:NETR　VB200,0

(2) NETW 指令

NETW,网络写指令。使能输入有效时,指令初始化通信操作,通过通信端口 PORT 将数据表 TBL 中的数据发送到从远程设备。

NETW 指令最多可向远程站点上写 16 个字节的信息。

指令格式:NETW　TBL,PORT

使能流输出 ENO 为 0 的出错条件:SM4.3(运行时间),0006(间接寻址)。

思考与练习

1. PLC 通信方式有几种?

2. 区别串行通信与并行通信、异步通信与同步通信、单工通信与双工通信的基本概念。

3. 解释 S7-200PLC 的通信协议和通信功能。

模块四

PLC 控制系统设计案例

任务一　液体混料罐的PLC控制系统设计

任务导入

图 2.4.1 为液体搅拌机的混合搅拌装置示意图,具体控制要求如下:

(1) 初始状态:当装置投入运行前容器内为空状态。

(2) 起动操作:按下起动按钮,装置开始按规定工作,液体 A 阀门打开,液体 A 流入容器。当液面到达 SL2 时,关闭液体 A 阀门,打开液体 B 阀门。当液面到达 SL1 时,关闭液体 B 阀门,搅拌电动机 M 开始转动。搅拌电动机工作 1 min 后,停止搅动,混合液体排出阀门打开,开始放出混合液体。当液面下降到 SL3 时,SL3 由接通变为断开,经过 20 s 后,容器空,混合液体排出阀门 YV3 关闭,接着开始下一个循环操作。

(3) 停止操作:按下停止按钮后,要求处理完当前循环周期剩余工作后,系统停止在初始状态。

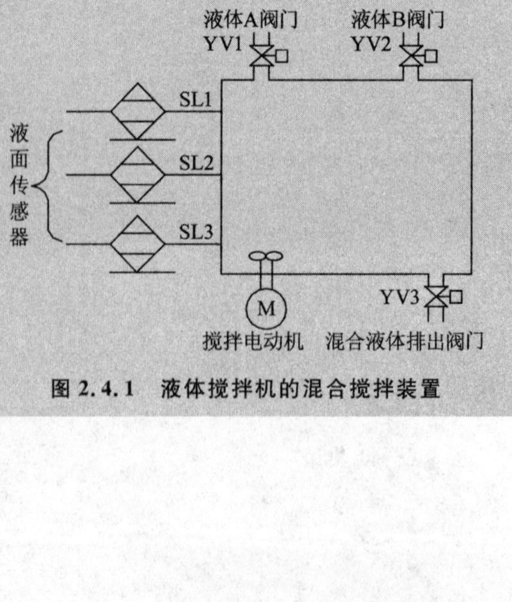

图 2.4.1　液体搅拌机的混合搅拌装置

相关知识

1. 顺序控制设计法

所谓顺序控制，就是按照生产工艺预先规定的顺序，在各个输入信号的作用下，根据内部状态和时间顺序，在生产过程中各个执行机构自动、有秩序地进行操作。使用顺序控制设计法时，首先要根据系统的工艺过程画出顺序功能图，然后根据顺序功能图画出梯形图。有的可编程序控制器为用户提供了顺序功能图语言，在编程软件中生成顺序功能图后便完成了编程工作。

顺序功能图(sequential function chart)是描述控制系统的控制过程、功能和特性的一种图形，也是设计 PLC 的顺序控制程序的有力工具。主要由步、有向连线、转换、转换条件和动作(或命令)组成。

顺序功能图并不涉及所描述的控制功能的具体技术，它是一种通用的技术语言，可以供不同专业的人员之间进行技术交流之用。

2. 步的基本概念

顺序控制设计法最基本的思想是将系统的一个工作周期划分为若干个顺序相连的阶段，这些阶段称为步(step)，并用编程元件(例如位存储器 M 和顺序控制继电器 S)来代表各步。步是根据输出量的状态变化来划分的，在任何一步之内，各输出量的 ON/OFF 状态均不变，但是相邻两步输出量总的状态是不同的。步的这种划分方法使代表各步的编程元件的状态与各输出量的状态之间有着极为简单的逻辑关系。

顺序控制设计法用转换条件控制代表各步的编程元件，让它们的状态按一定的顺序变化，然后用代表各步的编程元件去控制 PLC 的各输出位。

与系统的初始状态相对应的步称为初始步，初始状态一般是系统等待起动命令的相对静止的状态。初始步用双线方框表示，每一个顺序功能图至少应该有一个初始步。

3. 动作或命令

可以将一个控制系统划分为被控系统和施控系统，例如在数控车床系统中，数控装置是施控系统，而车床是被控系统。对于被控系统，在某一步中要完成某些"动作"(action)；对于施控系统，在某一步中则要向被控系统发出某些"命令"(command)。为了叙述方便，下面将动作或命令统称为动作，并用矩形框中的文字或符号表示，该矩形框应与相应的步的符号相连。

4. 活动步

当系统正处于某一步所在的阶段时，该步处于活动状态，称该步为"活动步"。步处于活动状态时，相应的动作被执行；处于不活动状态时，相应的非存储型动作被停止执行。

5. 有向连线

在顺序功能图中，随着时间的推移和转换条件的实现，将会发生步的活动状态的进展，这种进展按有向连线规定的路线和方向进行。在画顺序功能图时，将代表各步的方框按它们成为活动步的先后顺序排列，并用有向连线将它们连接起来。步的活动状态习惯的进展方向是从上到下或从左至右，在这两个方向有向连线上的箭头可以省略。如果不是上述的方向，应在有向连线上用箭头注明进展方向。在可以省略箭头的有向连线上，为了更易于理解也可以加箭头。

6. 转换与转换条件

转换用有向连线上与有向连线垂直的短画线来表示，转换将相邻两步分隔开。步的活动状态的进展是由转换的实现来完成的，并与控制过程的发展相对应。

使系统由当前步进入下一步的信号称为转换条件，转换条件可以是外部的输入信号，例如按钮、指令开关、限位开关的接通或断开等；也可以是 PLC 内部产生的信号，例如定时器、计数器常开触点的接通等；还可以是若干个信号的与、或、非逻辑组合。

在顺序功能图中，只有当某一步的前级步是活动步时，该步才有可能变成活动步。如果用没有断电保持功能的编程元件代表各步，进入 RUN 工作方式时，它们均处于 OFF 状态，必须用初始化脉冲 SM0.1 的常开触点作为转换条件，将初始步预置为活动步，否则因为顺序功能图中没有活动步，系统将无法工作。如果系统有自动、手动两种工作方式，顺序功能图是用来描述自动工作过程的，这时还应在系统由手动工作方式进入自动工作方式时，用一个适当的信号将初始步置为活动步。

7. 顺序功能图的基本结构

(1) 单流程

单流程也叫顺序结构，由一系列相继激活的步组成，每一步的后面仅有一个转换，每一个转换的后面只有一个步。

(2) 选择分支/汇合

在顺序控制流程中，有多条分支控制状态流需要选择，即分支选择。

(3) 并行分支/汇合

在顺序控制流程中，一个顺序控制状态流必须分成两个或多个不同分支控制状态流，这就是并行流程分支。

(4) 跳步、重复和循环结构

跳步、重复和循环结构实际上都是选择分支/汇合结构的特殊形式。

8. 顺序控制指令(见表 2.4.1)

表 2.4.1　顺序功能列表

指令名称	指令表(STL)	梯形图(LAD)	功能说明
装载顺序控制继电器指令	LSCR n	n ├──[SCR]	顺序控制开始
顺序控制继电器转换指令	SCRT n	n ──(SCRT)	顺序状态转移
顺序控制继电器结束指令	SCRE	──(SCRE)	顺序状态结束

任务实施

液体搅拌机主电路如图 2.4.2 所示。

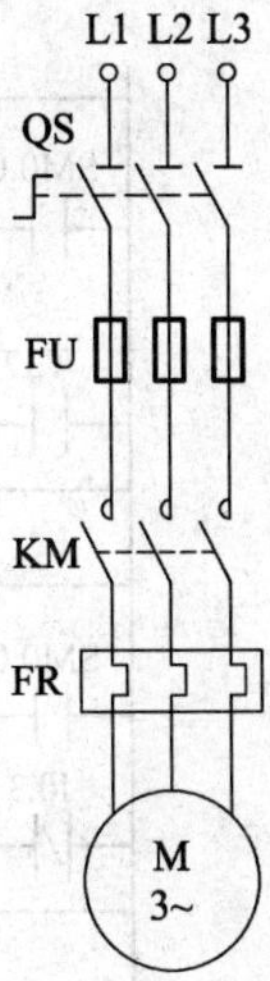

图 2.4.2　液体搅拌机主电路

1. 任务分析及 I/O 分配(见表 2.4.2)

表 2.4.2　I/O 分配表

输入信号		输出信号	
起动按钮	I0.0	液体 A 阀门 YV1	Q0.1
液面传感器 SL1	I0.1	液体 B 阀门 YV2	Q0.2
液面传感器 SL2	I0.2	混合液排出阀 YV3	Q0.3
液面传感器 SL3	I0.3	搅拌电动机 M 的接触器	Q0.4
停止按钮	I0.4		

2. 程序设计

程序设计如图 2.4.3 和图 2.4.4 所示。

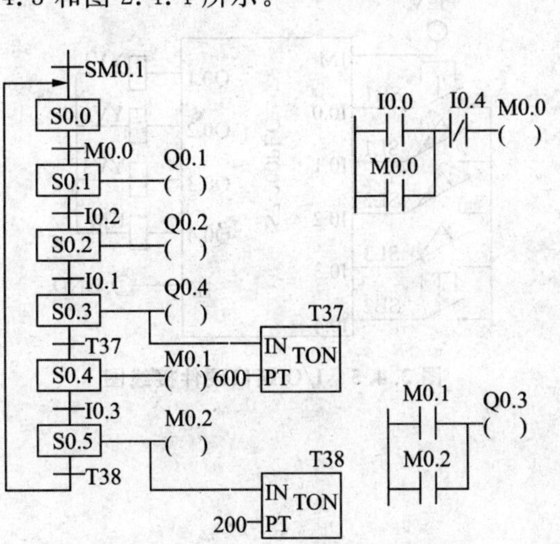

图 2.4.3　液体搅拌机顺序功能图

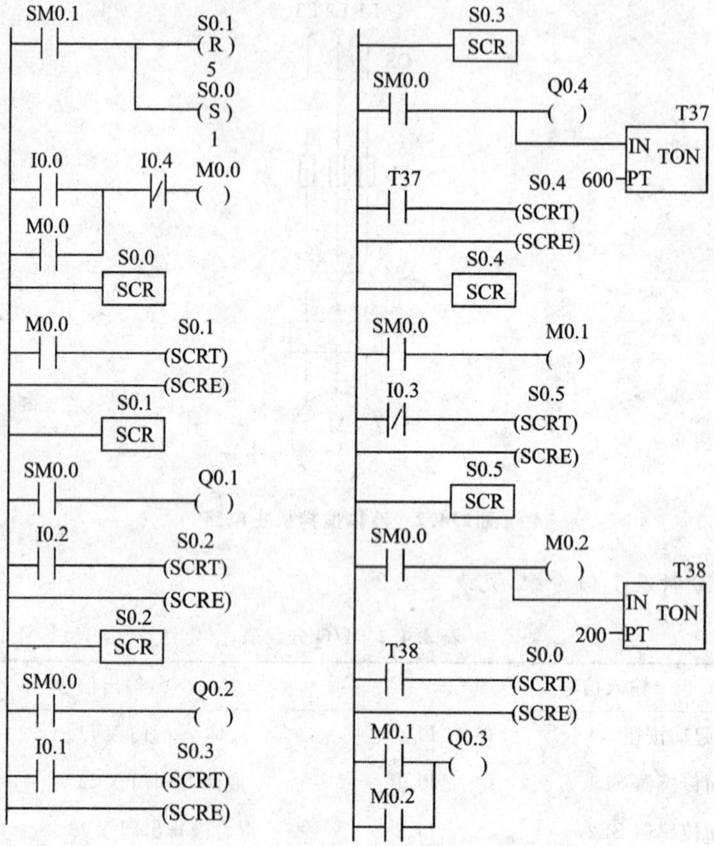

图 2.4.4　液体搅拌机控制梯形图

3. 硬件接线

该任务的 I/O 端硬件接线图如图 2.4.5 所示。

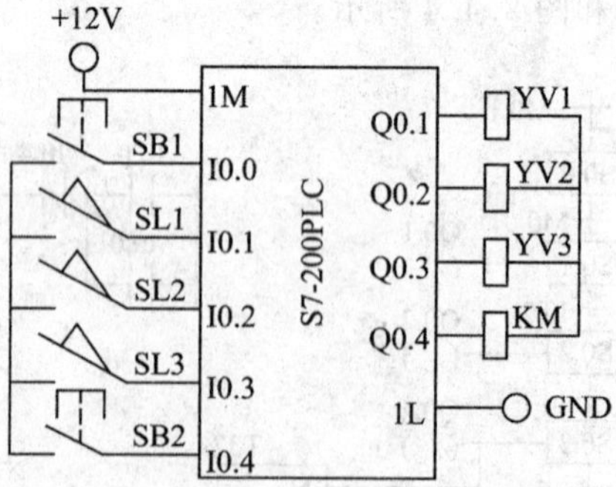

图 2.4.5　I/O 端口硬件接线图

知识拓展

绘制顺序功能图的注意事项：

① 两个步绝对不能直接相连，必须用一个转换将它们隔开。

② 两个转换也不能直接相连，必须用一个步将它们隔开。

③ 顺序功能图中的初始步一般对应于系统等待起动的初始状态，初始步可能没有输出处于 ON 状态，但初始步是必不可少的。

④ 自动控制系统应能多次重复执行同一工艺过程，因此在顺序功能图中一般应有由步和有向连线组成的闭环。

⑤ 在顺序功能图中，只有当某一步的前级步是活动步时，该步才有可能变成活动步。因此在进入 RUN 工作方式时，必须用初始化脉冲 SM0.0 的常开触点作为转换条件，将初始步预置为活动步，否则因顺序功能图中没有活动步，系统将无法工作。

思考与练习

1. 在图 2.4.6 中，电动机 M1 和 M2 驱动运动部件分别为 A 和 B，要求按下起动按钮后运动部件能顺序完成下列动作：

(1) 运动部件 A 从位置 1 到位置 2。

(2) 运动部件 B 从位置 3 到位置 4。

(3) 运动部件 A 从位置 2 到位置 1。

(4) 运动部件 B 从位置 4 到位置 3。

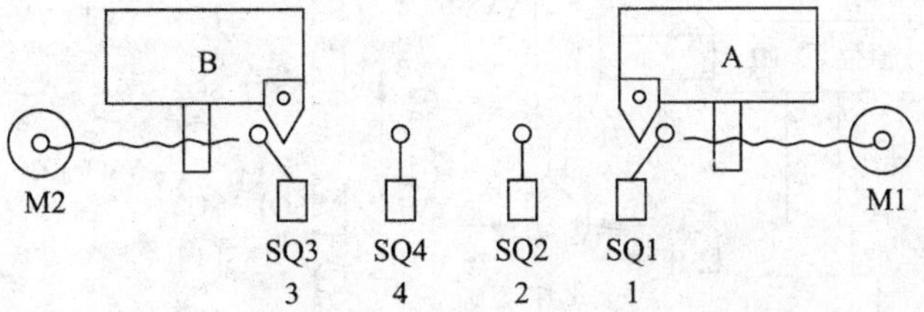

图 2.4.6　运动部件示意图

任务二　机械手的 PLC 控制系统设计

任务导入

机械手是能模仿人手和手臂的某些动作，完成某种功能，用以按固定程序抓取、搬运物件或操作工具的自动操作装置。机械手是最早出现的工业机器人，也是最早出现的现代机器人。它可代替人进行繁重劳动以实现生产的机械化和自动化，能在有害环境下操作以保护人的身体安全，因而广泛应用于机械制造、冶金、电子、轻工和原子能等部门。

在现今科技日新月异的进展之下，机械人手臂与人类手臂最大的区别就在于灵活度与耐力度。机械手的最大优势是可以重复地做同一动作，在机械正常的情况下永远也不会觉得累！它的特点是可以通过编程来完成各种预期的作业，构造和性能上兼有人和机器各自的优点。

总体控制要求：如面板图 2.4.7 所示，工件在 A 处被机械手抓取并放到 B 处。

机械手回到初始状态，SQ4＝SQ2＝1，SQ3＝SQ1＝0，原位指示灯 HL 点亮，按下起动开关 SB1，下降指示灯 YV1 点亮，机械手下降（SQ2＝0），下降到 A 处后（SQ1＝1）夹紧工件，夹紧指示灯 YV2 点亮。

夹紧工件后，机械手上升（SQ1＝0），上升指示灯 YV3 点亮，上升到位后（SQ2＝1），机械手右移（SQ4＝0），右移指示灯 YV4 点亮。

机械手右移到位后（SQ3＝1），下降指示灯 YV1 点亮，机械手下降。

机械手下降到位后（SQ1＝1），夹紧指示灯 YV2 熄灭，机械手放松。

机械手放松后上升，上升指示灯 YV3 点亮。

机械手上升到位（SQ2＝1）后左移，左移指示灯 YV5 点亮。

机械手回到原点后再次运行。

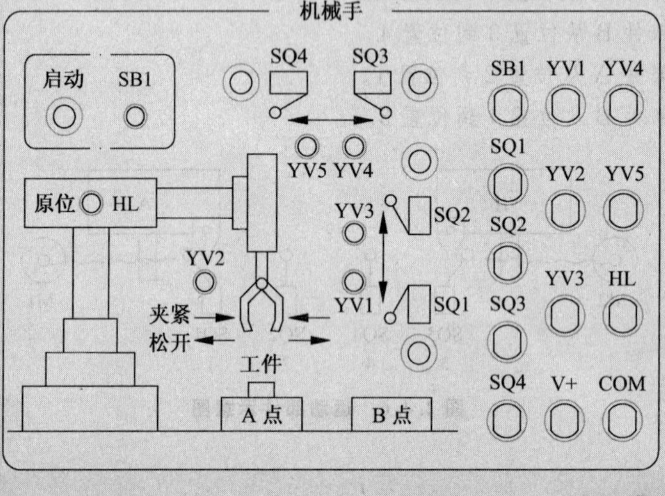

图 2.4.7　机械手示教面板

相关知识

1. 机械手的发展概况

专用机械手经过几十年的发展，如今已进入以通用机械手为标志的时代。通用机械手的应用和发展，促进了智能机器人的研制。智能机器人研制中涉及的知识内容，不仅包括一般的机械、液压、气动等基础知识，而且还包括一些电子技术、电视技术、通信技术、计算技术、无线电控制、仿生学和假肢工艺等，是一项综合性较强的新技术。目前国内外对发展这种新技术都很重视，几十年来，关于这项技术的研究和发展情况一直比较活跃，设计在不断地修改，品种在不断地增加，应用领域也在不断地扩大。

早在 20 世纪 40 年代，随着原子能工业的发展，出现了模拟关节式的第一代机械手。20 世纪 50～60 年代即制成了传送和装卸工件的通用机械手和数控示教再现型机械手，这种机械手也称第二代机械手。如尤尼曼特（Unimate）机械手即属于这种类型。20世纪60～70年代，又相继把通用机械手用于汽车车身的点焊和冲压生产自动线上，亦即第二代机械手这一新技术进入了应用阶段。20世纪80～90年代，装配机械手处于鼎盛时期，尤其在日本。20世纪90年代机械手在特殊用途上有了较大的发展，除了在工业上有广泛应用外，在农、林、矿业、航天、海洋、文娱、体育、医疗、服务业、军事领域上也有较大的应用。20世纪90年代以后，随着计算机技术、微电子技术、网络技术等的快速发展，机械手技术也得到飞速的多元化发展。

总之，目前机械手的主要经历分为三代：

第一代机械手主要是靠人工进行控制，控制方式为开环式，没有识别能力；改进的方向主要是降低成本和提高精度。第二代机械手设有电子计算机控制系统，具有视觉、触觉能力，甚至听和想的能力。这一阶段要研究安装各种传感器，把接收到的信息反馈给控制部件，使机械手具有感觉机能。第三代机械手能独立完成工作过程中的任务。它与电子计算机和电视设备保持联系，并逐步发展成为柔性系统FMS（flexible manufacturing system）和柔性制造单元FMC（flexible manufacturing cell）中的重要一环。

2. PLC在机械手中的应用

机械手通常应用于动作复杂的场合来代替人的反复操作，从而节省人的劳动。普通继电器由于其体积和接口等各方面限制，经常被应用于动作简单的电气及流水线控制。PLC因可靠性高、抗干扰能力强；控制系统构成简单、通用性强，编程简单、使用、维护方便；组合方便、功能强、应用范围广；体积小、重量轻、功耗低等优点被广泛应用于类似机械手的控制动作复杂的场合，本任务设计正是以PLC控制为基础从而实现机械手的各种动作。

任务实施

1. 分配I/O地址

该任务I/O地址分配表见表2.4.3。

表2.4.3 I/O地址分配表

序号	PLC地址（PLC端子）	电气符号（面板端子）	功能说明
1	I0.0	SB1	起动开关
2	I0.1	SQ1	下限位开关
3	I0.2	SQ2	上限位开关
4	I0.3	SQ3	右限位开关
5	I0.4	SQ4	左限位开关
6	Q0.0	YV1	下降指示灯
7	Q0.1	YV2	夹紧指示灯
8	Q0.2	YV3	上升指示灯
9	Q0.3	YV4	右移指示灯

续表

序号	PLC 地址(PLC 端子)	电气符号(面板端子)	功能说明
10	Q0.4	YV5	左移指示灯
11	Q0.5	HL	原位指示灯
12	主机 1M、面板 V+接电源+24V		电源正端
13	主机 1L,2L,3L,面板 COM 接电源 GND		电源地端

2. 硬件连接图

该任务的硬件连接图如图 2.4.8 所示。

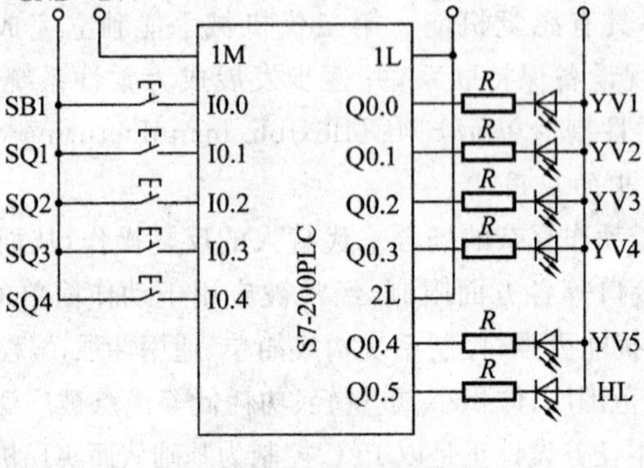

图 2.4.8 硬件接线图

3. 程序设计

该任务的程序设计梯形图如图 2.4.9 所示。

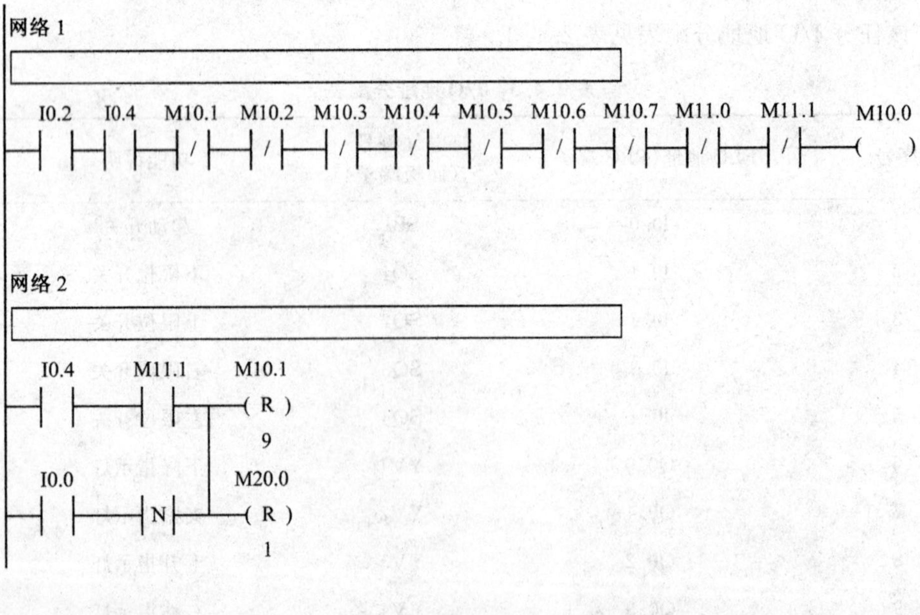

网络 3

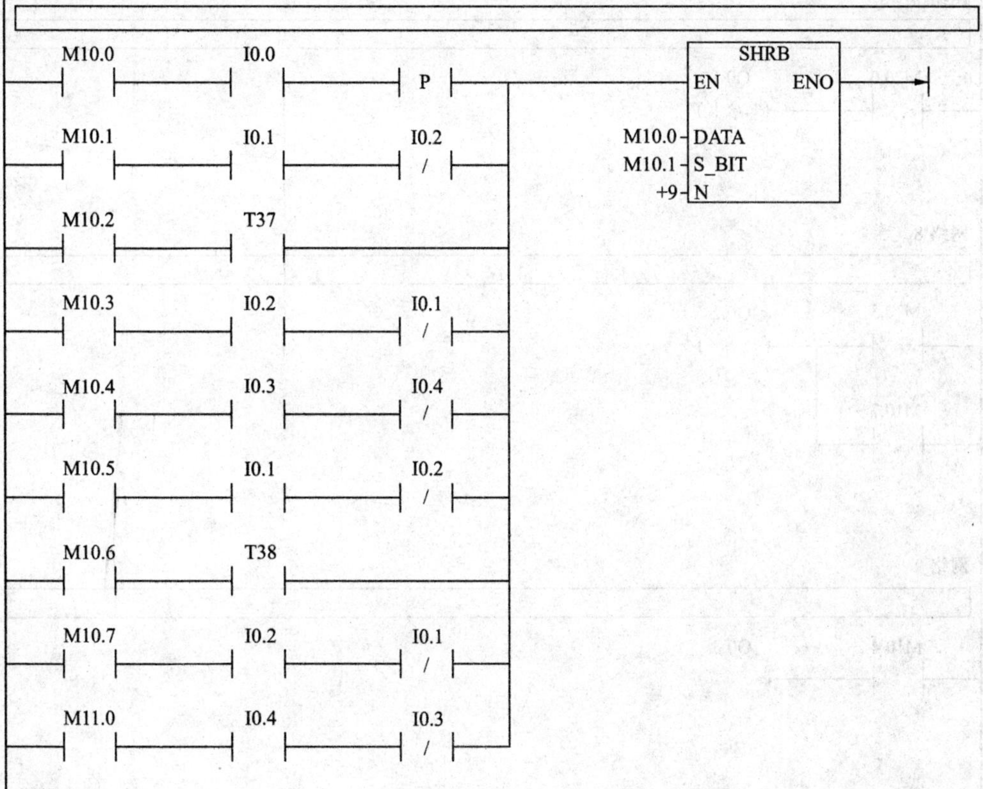

网络 4

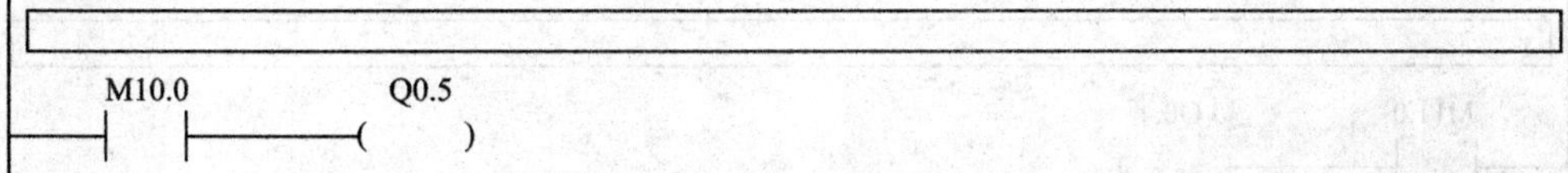

网络 5

网络 6

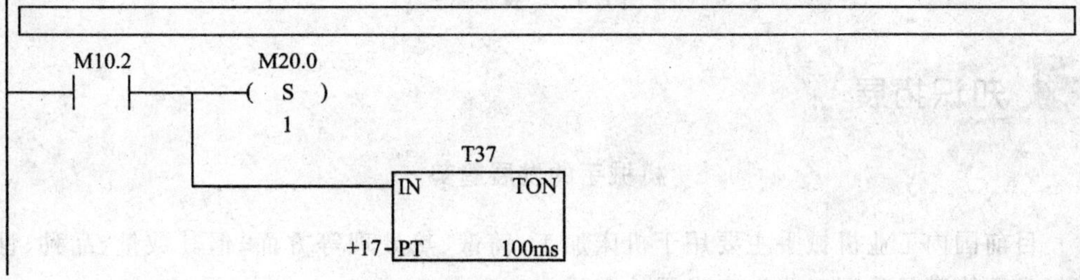

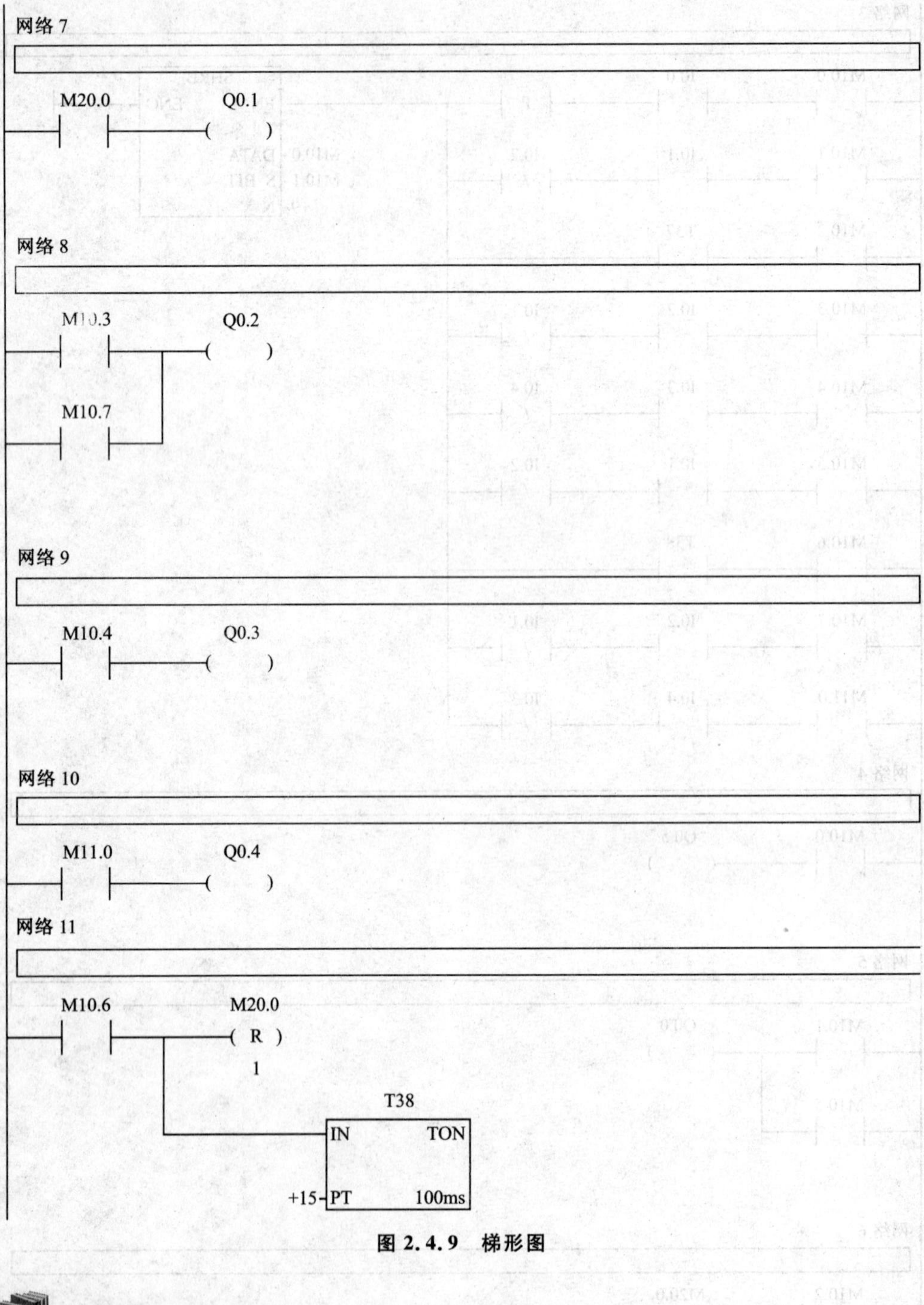

图 2.4.9　梯形图

知识拓展

机械手的发展趋势

目前国内工业机械手主要用于机床加工、铸锻、热处理等方面，但其数量、品种、性能等都不能满足我国工业生产发展的需要。

因此，国内机械手生产的主要目标是逐步扩大机械手应用范围，重点开发铸锻、热处理方面的机械手，以减轻劳动强度，改善作业条件。在应用专用机械手的同时，相应地发展通用机械手，有条件的还要研制示教式机械手、计算机控制机械手和组合式机械手等。

为实现上述目标，可将机械手各运动构件，如伸缩、摆动、升降、横移、俯仰等机构，以及适于不同类型的夹紧机构，设计成典型的通用机构，以便根据不同的作业要求，选用不用的典型部件，即可组成适用各种不同用途的机械手。这种方式既便于设计制造，又便于改换工作，扩大了应用的范围。同时我国机械手研制要提高精度，减少冲击，定位精确，以更好地发挥机械手的作用。此外还应大力研究伺服型、记忆再现型，以及具有触觉、视觉等性能的机械手，并考虑与计算机联用，使之逐步成为整个机械制造系统中的一个基本单元。

在国外机械制造业中，工业机械手应用较多，发展较快。目前主要应用于机床、模锻压力机的上下料，以及点焊、喷漆等作业中，它可按照事先制定的作业程序完成规定的操作，但是还不具备任何传感反馈能力，不能应付外界的变化。如发生某些偏离时，就将引起零部件甚至机械手本身的损坏。因此，国外机械手的发展趋势是研制具有某些智能的机械手，使其拥有一定的传感能力，能反馈外界条件的变化，并做出相应的变更。如位置发生稍微偏差时，能更正，并自行检测，重点是研究视觉功能和触觉功能。

视觉功能即在机械手上安装电视照相机和光学测距仪（即距离传感器）以及卫星计算机。工作时，电视照相机将物体形象变成视频信号，然后传送给计算机，以便分析物体的种类、大小、颜色和方位，并发出指令，控制机械手进行工作。

触觉功能即在机械手上安装触觉反馈控制装置。工作时机械手先伸出“手指”寻找工件，通过装在“手指”内的压力敏感元件产生触感作用，然后伸向前方，抓住工件。

机械手的抓力大小可通过装在“手指”内侧的压力敏感元件来控制，达到自动调整握力大小的目的。总之，随着传感技术的发展，机械手的装配作业的能力将进一步提高。

现今机械手的发展趋势更主要的是将机械手和柔性制造系统以及柔性制造单元相结合，从而根本改变目前机械制造系统的人工操作状态。

任务三 胶囊包装机控制系统设计

任务导入

本任务主要对封装胶囊机的控制系统进行设计。其工艺流程图如图 2.4.10 所示，在封装过程中，由进给电机输送包装胶囊的底板，到工位 1 以后，由填料电机搅动胶囊颗粒填入空壳内，到达工位 2 以后，由封口机给底板加封，加封完毕后，到达工位 3，完成切片。搅拌、封口、切片，同步完成。

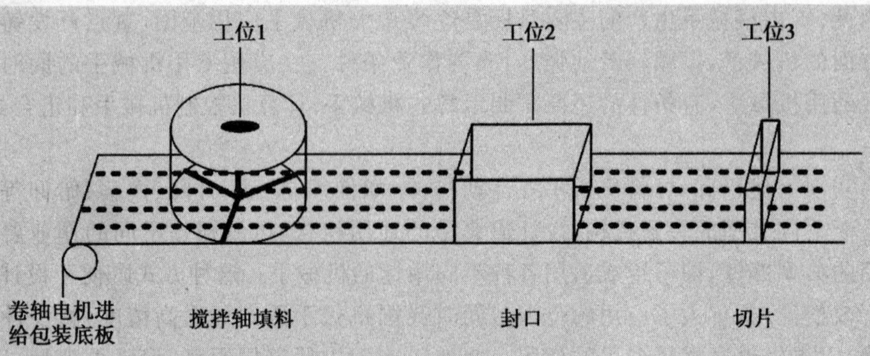

图 2.4.10　工艺图

任务实施

1. 确定外围 I/O 设备

本设计使用 4 台电动机，分别控制底板输送、搅拌、封口、切片操作。

2. 选定 PLC 的型号

选用的 PLC 是西门子公司的 S7-200 系列小型 PLC——CPU222。

3. 输入输出分配表(见表 2.4.4)

表 2.4.4　输入输出分配表

编号	元件名称	地址	功能描述
2 路数字输入			
1	按钮 1	I0.0	起动
2	按钮 2	I0.1	停止
4 路数字输出			
1	输出继电器 1	Q0.0	进给包装底板
2	输出继电器 2	Q0.1	填料电机搅拌填料
3	输出继电器 3	Q0.2	封口机封口
4	输出继电器 4	Q0.3	切片机切片

程序见表 2.4.5。

表 2.4.5 控制程序表

<table>
<tr><th>梯形图</th><th>说明</th></tr>
<tr><td>网络 1 网络标题
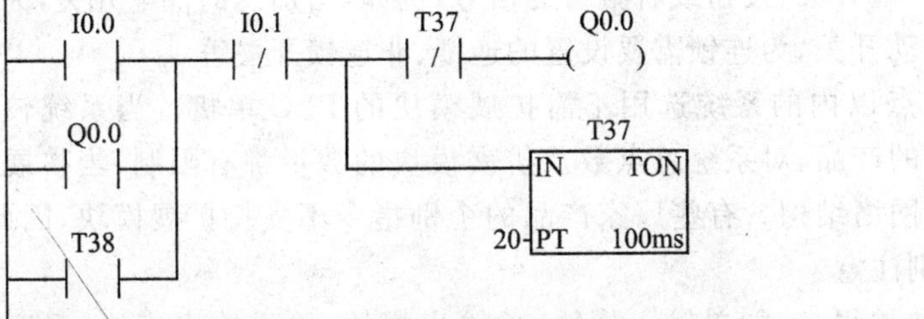
<table><tr><th>符号</th><th>地址</th><th>注释</th></tr><tr><td>KM1</td><td>Q0.0</td><td>包装底板进给</td></tr></table></td>
<td>起动、自锁
(1) 按【起动】按钮，I0.0 为 1，I0.0 常开变闭合，Q0.0 得电，自锁，同时时间继电器 T37 定时 2 s 开始
(2) 按【停止】按钮，I0.1 为 1，I0.1 常闭断开，Q0.0 失电</td></tr>
<tr><td>网络 2
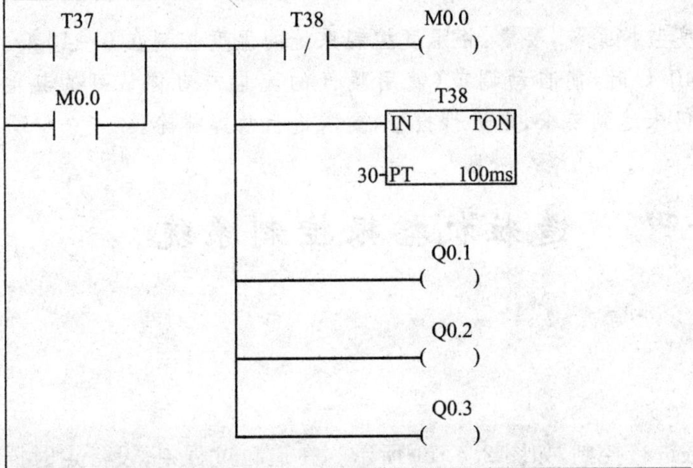
<table><tr><th>符号</th><th>地址</th><th>注释</th></tr><tr><td>KM2</td><td>Q0.1</td><td>搅拌电机填料</td></tr><tr><td>KM3</td><td>Q0.2</td><td>封口电机</td></tr><tr><td>KM4</td><td>Q0.3</td><td>切片</td></tr></table></td>
<td>(1) T37 定时时间到达 2 s，中间继电器 M0.0 线圈得电自锁，同时，T38 开始定时 3 s，工位 1 搅拌电机开始填料，同时，工位 2 封口机开始封口，切片机在工位 3 开始切片
(2) T38 定时 3 s 结束后，T38 常闭触点断开，M0.0 失去自锁，M0.0 复位，同时 T38 常开触点开始闭合，KM0.0 得电，自锁
(3) 循环工作</td></tr>
</table>

知识拓展

PLC 的选型(一)

在工程设计选型和估算时应详细分析工艺过程的控制要求，明确控制任务和范围，确定所需的操作和动作，然后根据控制要求估算输入输出点数，所需存储器的容量，确定 PLC 的功能、外部设备的选件等；最后，设计选择有较高性价比的 PLC 和相应的控制系统。

PLC 的生产厂家和品种很多，著名的厂商有美国的 A-B 公司、通用电气公司等，欧洲有德国的西门子公司、法国的 TE 公司等，日本有欧姆龙、三菱、富士、松下等公司，韩国有 LG 公司。目前，国内也已经自行研发了许多小型的 PLC，应用于工厂的自动化控制系统中。那么,如何选购 PLC 产品呢?

首先应确定系统用 PLC 是单机控制,还是形成网络,由此计算 PLC 输入输出点数,并且在选购 PLC 时要在实际需要点数的基础上留有余地(10%)。然后列出被控对象输入输出的设备名称,并且根据所带的输入输出点数进行统计。在统计时,应考虑为了控制的要求而增加的一些开关、按钮或者报警的信号,例如,增加总的供电开关,为手动需要而增加的手动、自动开关,为连锁需要设置的连锁、非连锁开关等。

输入输出点数在 80 点以内的系统选用不需扩展模块的 PLC 单机。当系统较大时,就要扩展。不同公司的产品,对系统总点数及扩展模块的数量都有限制,当扩展仍不能满足要求时,可采用网络结构。有些厂家产品的个别指令不支持扩展模块,因此,在进行软件编制时要特别注意。

各公司的扩展模块种类很多,如单输入模块、单输出模块、输入输出模块、温度模块、高速输入模块等。PLC 的这种模块化设计为用户的产品开发提供了方便。

思考与练习

1. 设计一个车间温度监控系统,要求:将温度控制系统的温度控制在 0～40 ℃,当温度低于 0 ℃或者高于 40 ℃时,能自动调节(使用暖气的流量或者你认可的其他方式),调整开始 10 min 内仍未达到要求,则进行报警,要求进行故障排除。

任务四 造粒机摇振控制系统

任务导入

本设计主要对摇振进行控制,如图 2.4.11 所示。在造粒过程中,设备定时摇振,当摇振时间到时,喷雾和主压(压缩空气)关闭,同时排风阀门关闭,摇振结束后,喷雾和排风阀门都打开,继续造粒。

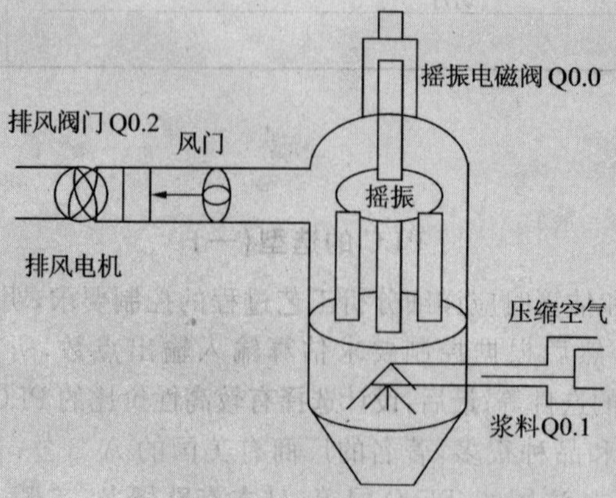

图 2.4.11 工艺图

任务实施

1. 确定外围I/O设备

本设计使用3个电磁阀控制摇振、喷雾和排风阀门,2个按键控制摇振的起动和停止。

2. 选定PLC的型号

选用的PLC是西门子公司的S7-200系列小型PLC——CPU222。

3. 输入输出分配表(见表2.4.6)

表2.4.6 I/O分配表

编号	元件名称	地址	功能描述
	2路数字输入		
1	按钮1	I0.0	起动
2	按钮2	I0.1	停止
	3路数字输出		
1	输出继电器1	Q0.0	摇振电磁阀
2	输出继电器2	Q0.1	喷雾电磁阀
3	输出继电器3	Q0.2	排风阀门电磁阀

4. PLC接线图(如图2.4.12所示)

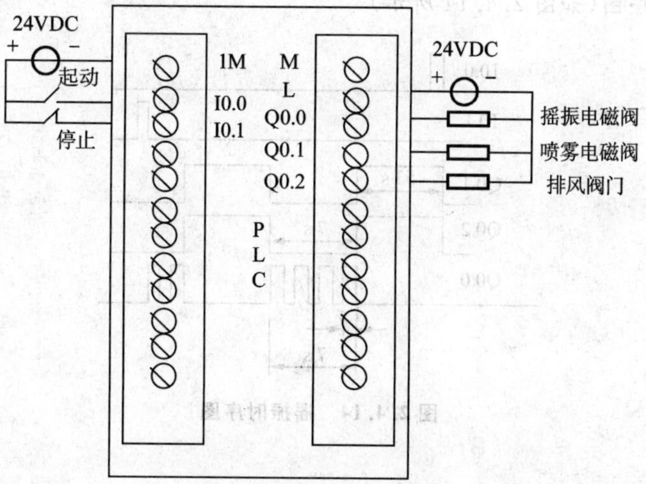

图2.4.12 PLC接线图

5. 摇振控制流程图(如图 2.4.13 所示)

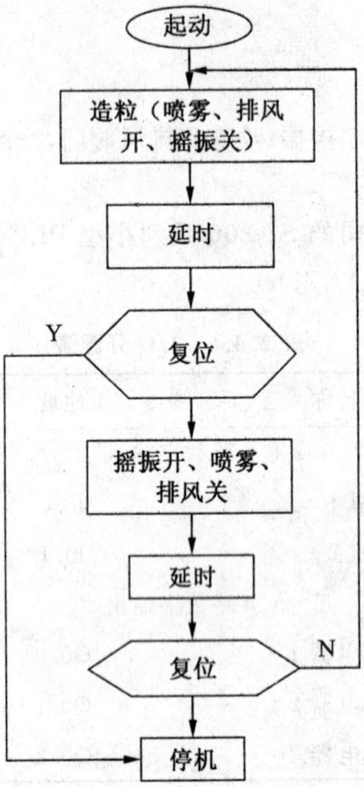

图 2.4.13 摇振控制流程图

6. 摇振时序图(如图 2.4.14 所示)

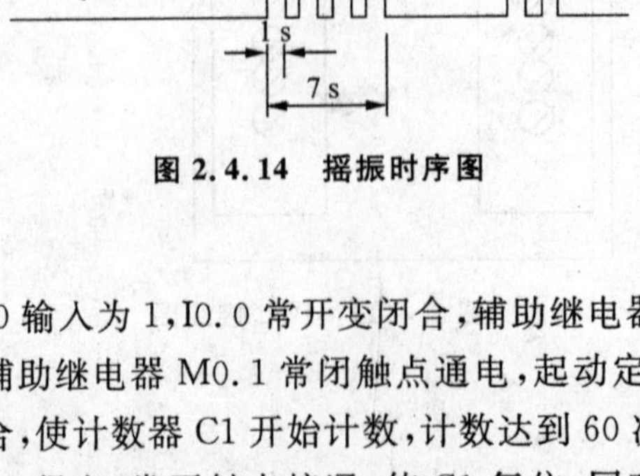

图 2.4.14 摇振时序图

7. 编程

按【起动】按钮，I0.0 输入为 1，I0.0 常开变闭合，辅助继电器 M0.2 线圈得电，常开触点吸合并自锁，然后辅助继电器 M0.1 常闭触点通电，起动定时器 T60 定时 1 s。此时，T60 的常开触点闭合，使计数器 C1 开始计数，计数达到 60 次，C1 的常开触点接通，使辅助中间继电器 M0.0 得电，常开触点接通，使 C1 复位，同时 T60 常开触点吸合使辅助继电器 M0.1 常闭触点断开，T60 复位。这样循环下去，C1 就 1 s 计数一次。

当计数值大于 0 小于 54 时，即 54 s 内喷雾和风门开，摇振关；当计数值大于 54 而小于 60 时，摇振开，喷雾和风门关。在程序下一次扫描时，M0.2 常开触点继续接通，使 T60 常开触点得电，常闭触点断开，C1 又开始计数，这样一直重复上述控制过程。直到按【停止】按钮，I0.1 输入为 1，I0.1 常闭变断开，中间辅助继电器 M0.2 线圈失电，其常开触点断开，控制过程终止。

程序见表 2.4.7。

表 2.4.7 造粒机摇振控制程序表

<table>
<tr><th>梯 形 图</th><th>说　明</th></tr>
<tr><td>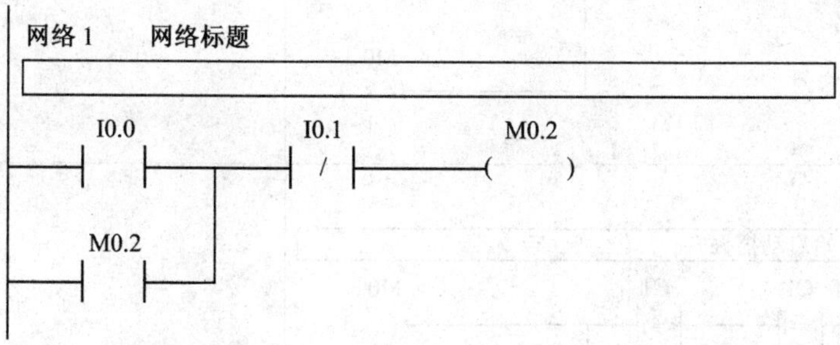
</td><td>(1) 按【起动】按钮，I0.0 为 1，I0.0 常开闭合，M0.2 得电，自锁
(2) 按【停止】按钮，I0.1 为 1，I0.1 常闭断开，中间辅助继电器 M0.2 失电</td></tr>
<tr><td>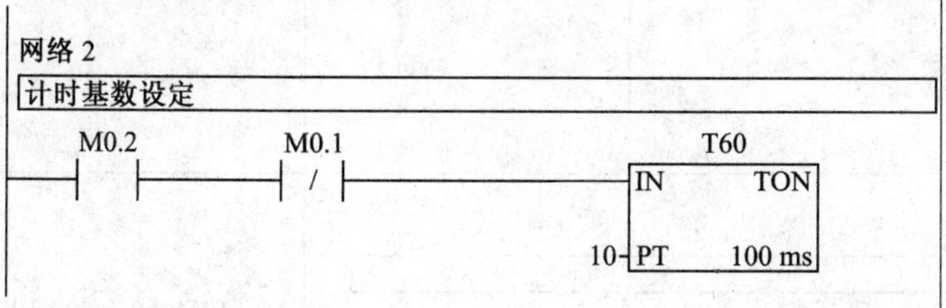
</td><td>(1) M0.1 为中间继电器的常闭触点
(2) T60 为 100 ms 定时器，定时时间为 1 s</td></tr>
<tr><td>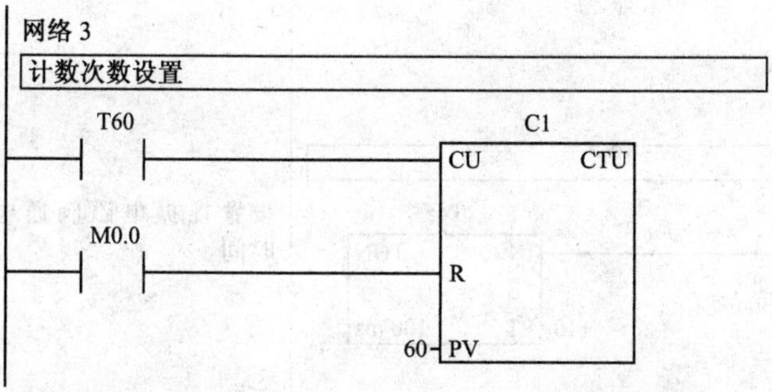
</td><td>(1) M0.0 为中间继电器触点，复位 C1
(2) C1 为计数器，计数 60 次</td></tr>
<tr><td>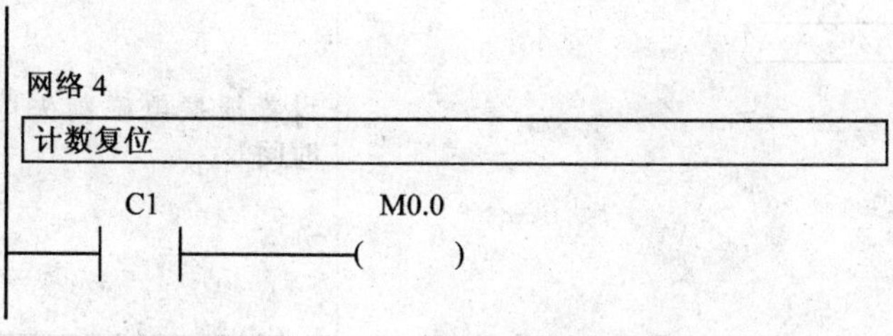
</td><td>M0.0 同上</td></tr>
</table>

续表

梯形图	说明
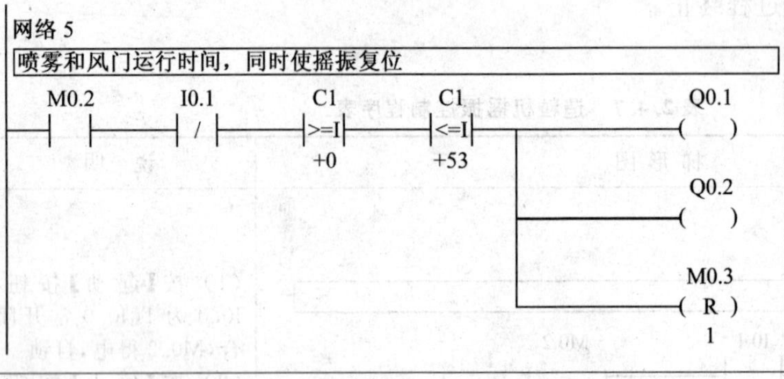	M0.3 为中间继电器，控制摇振的电磁阀
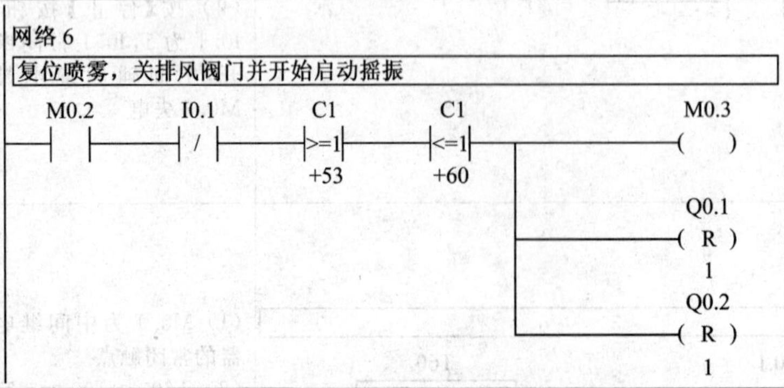	M0.3，M0.2 同上
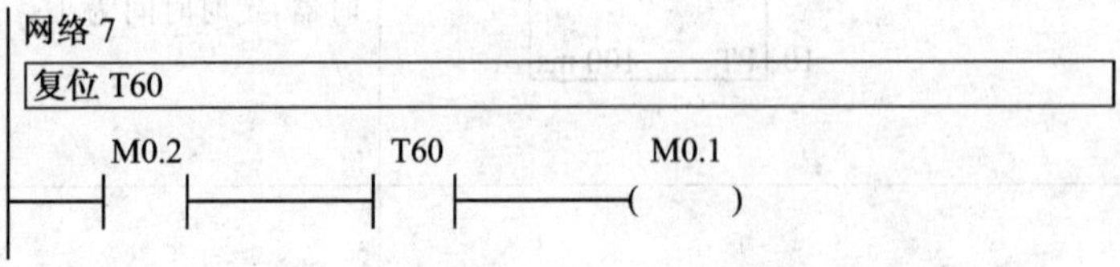	M0.1，M0.2，T60 同上
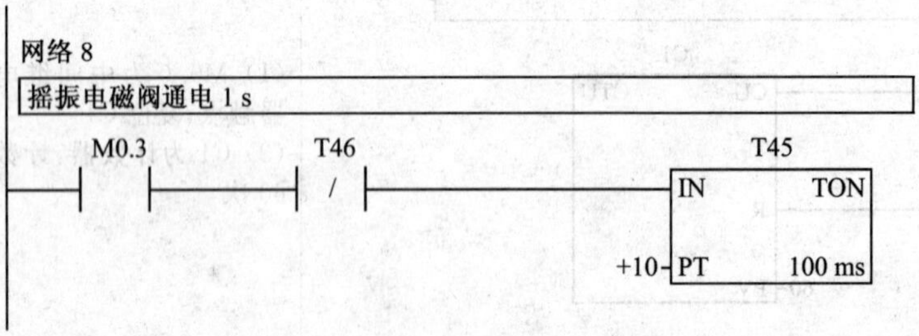	设置摇振电磁阀通电时间
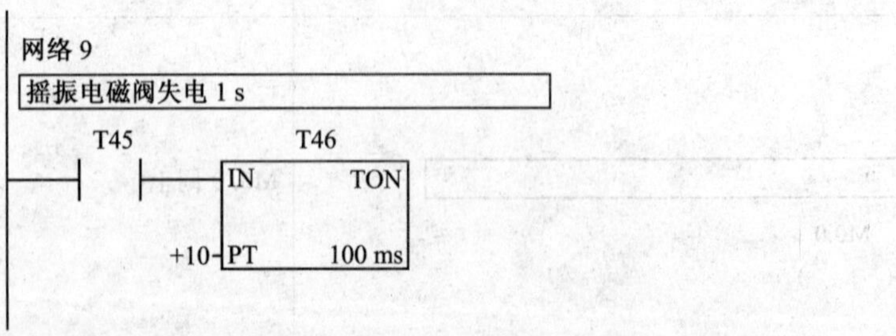	设置摇振电磁阀失电时间

续表

梯形图	说明
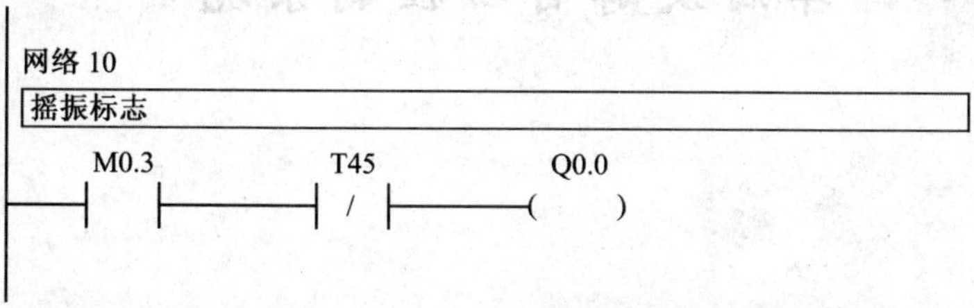	Q0.0 闪烁表示摇振

知识拓展

PLC 的选型(二)

根据 PLC 输出端所带负载是直流型还是交流型,是大电流还是小电流,以及 PLC 输出点动作的频率等,确定输出端采用继电器输出,还是晶体管输出,或是晶闸管输出。不同的负载选用不同的输出方式,这对系统的稳定运行是很重要的。

输出回路中的输出方式:继电器输出适合于不同公共点间带不同交、直流负载的情况,电流可达到 2 A;晶体管输出适用于同一公共点带直流负载的情况,并且允许高频率动作,响应时间可达 0.2 ms 以内;晶闸管输出则适宜高频动作,同一公共点带交流负载的情况。

不同的 PLC 产品,其 COM 点的数量是不一样的,有的一个 COM 点带 8 个输出点,有的带 4 个,也有的带 2 个或者 1 个输出点。当负载的种类多且电流大时,采用一个 COM 点带一两个输出点的 PLC 产品;当负载数量多而种类少时,采用一个 COM 点带 4~8 个输出点的 PLC 产品,这样会给电路设计带来很多方便。

思考与练习

1. 某控制系统有一盏灯,当开关 K1 闭合后,红灯亮 1 s 灭 1 s,累计点亮 0.5 h 后自行关闭。试编写控制程序。

2. 试用 PLC 控制发射型天塔。发射型天塔有 L1~L9 共 9 个指示灯,按下【起动】按钮后,9 个指示灯从 L1 开始每隔 2 s 依次点亮,并不断循环下去,试编写 PLC 程序。

3. 试编写一个控制电路,该电路中有 3 台电机,用一个按钮控制。第 1 次按下按钮,M1 起动,第 2 次按下按钮,M2 起动,第 3 次按下按钮,M3 起动,再按 1 次按钮,3 台电机都停止。

任务五　啤酒发酵自动控制系统

任务导入

啤酒发酵是一个非常复杂的生化变化过程，在啤酒酵母所含酶的作用下，其主要代谢产物是酒精和二氧化碳。另外，还有一系列的副产物，如酚类、醛类、酸类、酯类、酮类和硫化物等。这些发酵物决定了啤酒的风味、泡沫、色泽和稳定性等各项理化性能，使啤酒具有各自的独特性。

啤酒发酵是放热反应过程，随着反应的进行，罐内的温度会逐渐升高，随着二氧化碳等产物的不断产生，密闭罐内的压力会逐渐升高。发酵过程中的温度、压力直接影响到啤酒的质量和生产的效率，因此，对发酵过程中的温度、压力进行控制十分重要。

作为一个啤酒发酵控制系统，应该能够满足实际生产的要求。因此，从以下几个方面来考虑是十分必要的：

(1) 必须要符合啤酒发酵的工艺要求；

(2) 必须为用户提供较合理的控制解决方案；

(3) 应该符合流程控制的一般要求，包括温度的采集和控制、压力的采集和控制、控制过程中的保护等。

相关知识

1. 功能分析

目前通常采用锥形大罐“一罐法”进行发酵，即前酵、后酵及储酒等阶段均在同一大罐中进行。前酵过程中，酵母通过有氧呼吸大量繁殖，大部分发酵糖类分解。在这一过程初期，反应放出的热量会使温度自然上升，随着反应的进行，酵母的活性变大，反应放热继续增加，双乙酰含量逐渐减少，而芳香类醇含量增多。后酵是前酵的延续，进一步使残留的糖分解成二氧化碳溶于酒内达到饱和；再降温到－1～0 ℃，使其低温陈酿促进酒的成熟和澄清。

啤酒发酵过程中，其对象特性是时变的，并且存在很大的滞后。正是这种时变性和较大的时滞性造成温度控制的难点，而发酵温度直接影响着啤酒的风味、品质和产量，因而控制精度要求较高。

温度、浓度和时间是发酵过程中最主要的参数，三者之间相互制约，又相辅相成。发酵温度低，浓度下降慢，发酵副产物少，发酵的周期短。反之，发酵的温度高，浓度下降快，发酵副产物增多，发酵的周期长。因而必须根据产品的种类、酵母菌种、麦汁成分，在最短时间内达到发酵度和代谢产物的要求。

2. 控制原理分析

啤酒发酵对象的时变性、时滞性及其不确定性，决定了发酵罐控制必须采用特殊的控制算法。由于每个发酵罐都存在个体的差异，而且在不同的工艺条件、不同的发酵菌种下，对象特性也不尽相同，因此很难找到或建立某一确切的数学模型来进行模拟和预测控制。

为节省能源，降低生产成本，满足控制的要求，通过上、中、下 3 段液氨进口的两位式电磁阀来实现发酵罐温度的控制，其原理如图 2.4.15 所示。

对于采用外部冷媒间接换热方式来控制体积大、惯性大的发酵罐温度的情况，运用普通的控制方案极易引起大的超调和持续的震荡，很难取得预期的控制效果。即使在不同的季节，甚至在同一季节的不同发酵罐，所生产的啤酒品种也不可能完全相同，这就要求每个发酵罐具有各自独立的工艺控制曲线。这不仅要求高精度、高稳定性的控制，还要求控制系统有极大的灵活性。

3. 啤酒发酵自控系统工艺流程

根据锥形发酵大罐的特性，可以将发酵的全过程分成多个阶段：麦汁进罐、自然升温、还原双乙酰、一次降温、停留观察、二次降温、低温储酒，各阶段温度的曲线如图 2.4.16所示。

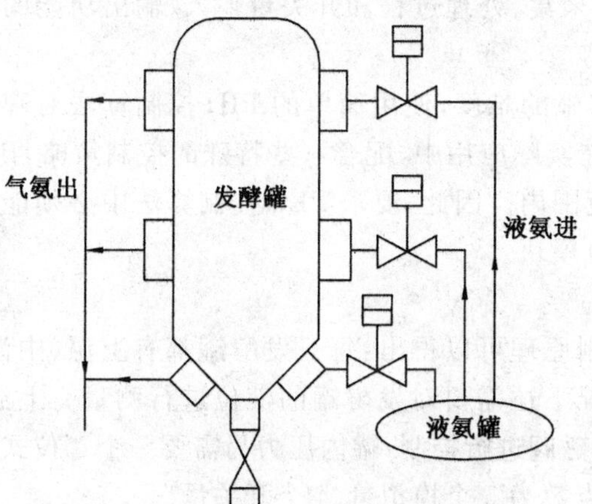

图 2.4.15　发酵控制过程原理图

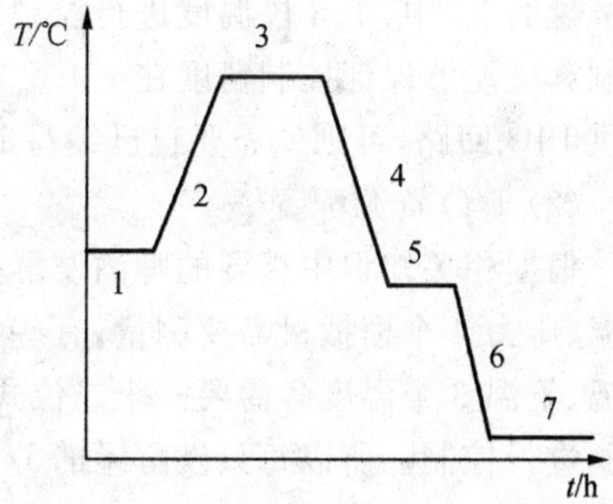

图 2.4.16　啤酒发酵控制过程曲线图

在各个阶段，对象的特性相对稳定，温度和压力的控制方面存在一定的规律性。在发酵开始前，根据工艺的要求预先设定工艺控制的温度、压力曲线；在发酵过程中，根据发酵进行的程度（发酵时间、糖度、双乙酰含量等），发酵罐上、中、下 3 段温度的差异，以及 3 段温度各自的变化趋势，自动正确选择各个阶段的控制策略，从而达到预期的控制效果。

下面对各个阶段进行简要的介绍：

(1) 麦汁进罐过程。在这个过程中，由糖化阶段产生的麦汁原料经由连接管道由糖化罐进入发酵罐中。

(2) 自然升温过程。麦汁进罐过程中，随着酵母的加入，酵母菌逐渐开始生长和繁殖。在这个过程中，麦汁在酵母菌的作用下发生化学反应，产生大量的二氧化碳和热量，这就使原料的温度逐渐上升。

(3) 还原双乙酰过程。在自然升温发酵过程中，化学反应能产生一种学名叫双乙酰的化学物质。这种物质对人体健康不利而且会降低啤酒的可口程度，所以在这个过程中需要将其除去，加强啤酒的品质。

(4) 降温过程。在(2)、(3)过程中啤酒发酵已经完成，降温过程其实属于啤酒发酵的后续过程，其作用是将发酵过程中加入的酵母菌进行沉淀、排出。

(5) 低温储酒过程。降温过程完成后，已经发酵完成的原料继续储存在发酵罐等待过滤、稀释、杀菌等过程的进行。

任务实施

1. 啤酒发酵自控系统 PLC 选型和资源配置

(1) PLC 选型

根据啤酒发酵的工艺流程和实际需要，PLC 的选型需要满足以下条件：

① 具有模拟量的采集、处理过程及开关量的输入/输出功能。

② 具有简单回路控制算法。

一般的 PLC 厂商都提供具有模拟量采集、处理过程和开关量输入/输出功能的不同型号和规格的产品，所以选择的范围很广。

在实际工程应用中，为了降低工程实施的难度，使用简单的 PID 控制算法对啤酒发酵罐的上、中、下 3 段温度进行控制。在实际应用中，配合一些特殊的控制策略，PID 控制算法能够保证控制精度在±0.5 ℃范围内。因此，要求 PLC 控制算法中必须能够提供 PID 回路，否则就需要自己编写 PID 模块。

(2) I/O 资源配置

根据相关知识中提到的啤酒发酵控制原理可以得出：每只发酵罐都有上温、中温、下温、压力 4 个模拟量需要测量，有些情况下还需要对发酵罐的液位进行测量。上温、中温、下温 3 个温度各需要一个二位式电磁阀进行控制，罐内压力另需要一个二位式电磁阀进行控制。所以每只发酵罐的 I/O 点数为 5 个模拟量、4 个开关量。

(3) PLC 其他资源配置

除 PLC 必需的 I/O 卡件之外，另外涉及的设备仪表有啤酒温度变送器、压力变送器、液位变送器等。

根据啤酒发酵过程的特点，啤酒发酵过程的温度范围最低可以到−1 ℃以下，最高到 12 ℃以上，一般可以选择量程为−5～45 ℃或者−10～90 ℃的温度变送器；压力变送器可以选择的量程为 0～200 kPa 或者 0～400 kPa。

2. 自控系统 PLC 程序设计

发酵过程中，根据发酵进行的程度(发酵时间、糖度、双乙酰含量等)，发酵罐上、中、下 3 段温度的差异，以及 3 段温度各自的变化趋势，为了达到预定的控制效果，采用自动或由操作人员手动选择控制的方法。

程序中设定了手动操作和自动控制选择开关，在任意阶段都能够实现两者间的切换，实现温度、压力的手动、自动选择控制。程序中有人工阶段选择开关，可以在任意阶段间跳转，从而避免因操作人员偶尔操作失误而无法实现后续程序正常运行的情况。

(1) 程序流程图设计

根据啤酒工艺流程的介绍，可以总结出基本的程序流程如图 2.4.17 所示。

(2) PLC 功能模块程序设计

① 计算出啤酒发酵时间。在程序中必须能够得到每个发酵罐的起始发酵时间，然后由当前时间计算出罐内啤酒的已经发酵时间。这个过程中需要考虑到的问题是，每个月的天数及该年是否为闰年等。

② 计算当前时刻的设定温度。处在发酵过程中的每一个发酵罐根据各自的生产需要，都有一个工艺设定曲线。在计算出发酵的时间之后，可以通过计算得到当前时刻的设定温度。

③ 计算当前时刻的电磁阀开度。计算出当前时刻的设定温度之后，可以计算出温度的偏差值，使用简单的 PID 控制回路就可以计算出电磁阀的开度。由于电磁阀是二位式的，所以其阀的开关动作为占空比连续变化的 PWM 输出。电磁阀 PWM 输出波形如图 2.4.18 所示。

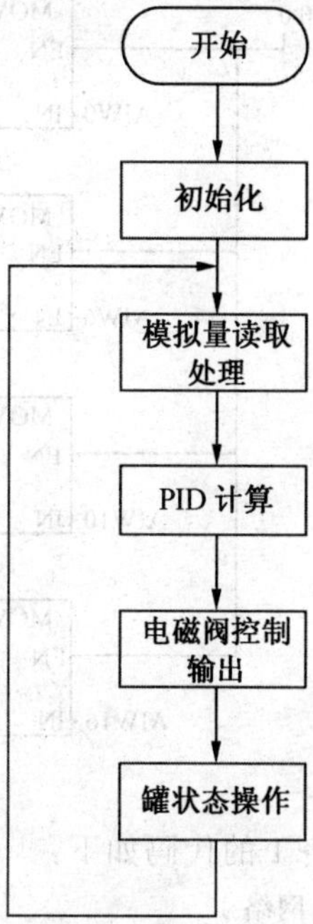

图 2.4.17 啤酒发酵控制过程程序流程图

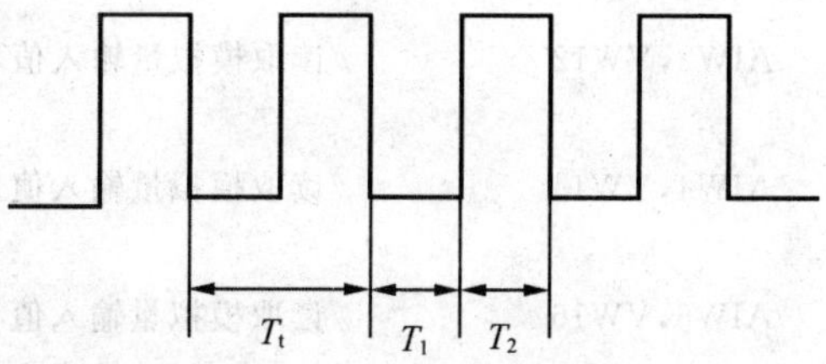

图 2.4.18 电磁阀 PVVM 输出波形图

图 2.4.18 中，T_t 为电磁阀动作周期，T_1 为电磁阀关闭时间，T_2 为电磁阀打开时间，它们之间关系为 $T_t = T_1 + T_2$。电磁阀的阀位值 $= T_2/T_t \times 100\%$。

3. 啤酒发酵自控系统 PLC 程序说明

下面对本任务的核心程序进行分析说明。

(1) 模拟量信号采集处理

模拟量采集部分由网络 1～网络 3 组成。主要完成温度、压力、液位等模拟量的采集和处理。网络 1 的梯形图如图 2.4.19 所示。

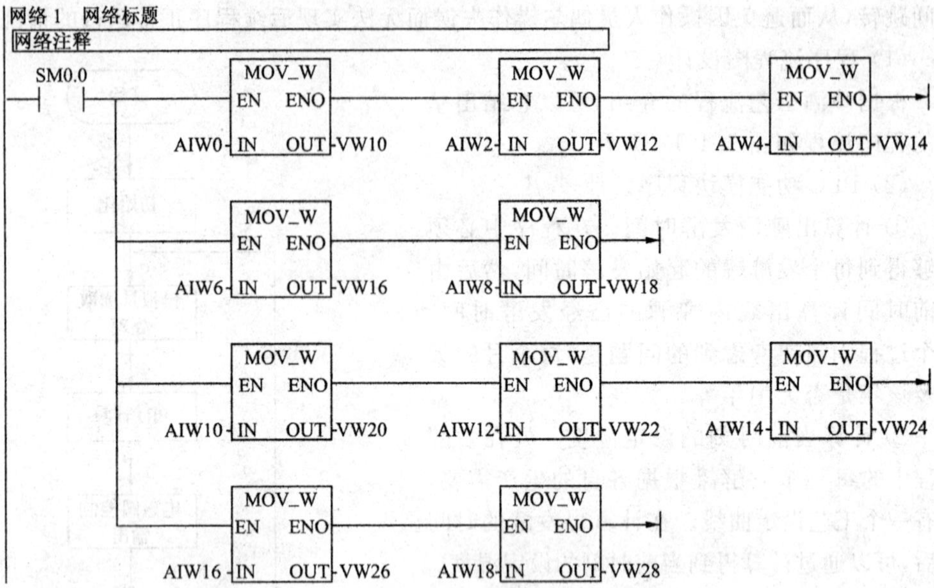

图 2.4.19　网络 1 梯形图

网络 1 的代码如下：

```
网络 1
LD        SM0.0           //程序运行时,始终为 ON
LPS
MOVW      AIW0,VW10       //读取模拟量输入值,1＃发酵罐上部温度
AENO
MOVW      AIW2,VW12       //读取模拟量输入值,1＃发酵罐中部温度
AENO
MOVW      AIW4,VW14       //读取模拟量输入值,1＃发酵罐下部温度
LRD
MOVW      AIW6,VW16       //读取模拟量输入值,1＃发酵罐压力
AENO
MOVW      AIW8,VW18       //读取模拟量输入值,1＃发酵罐液位
LRD
MOVW      AIW10,VW20      //读取模拟量输入值,2＃发酵罐上部温度
AENO
MOVW      AIW12,VW22      //读取模拟量输入值,2＃发酵罐中部温度
AENO
MOVW      AIW14,VW24      //读取模拟量输入值,2＃发酵罐下部温度
LPP
MOVW      AIW16,VW26      //读取模拟量输入值,2＃发酵罐压力
AENO
MOVW      AIW18,VW28      //读取模拟量输入值,2＃发酵罐液位
```

网络 2 的梯形图如图 2.4.20 所示。

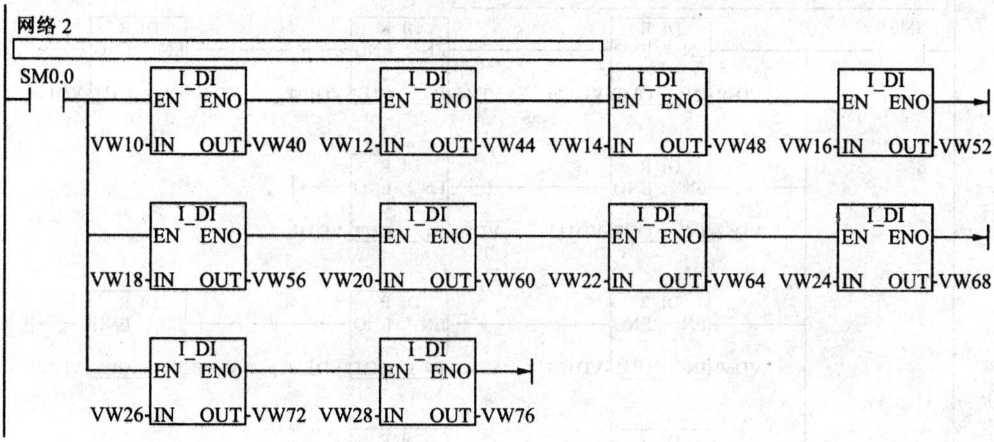

图 2.4.20 网络 2 梯形图

网络 2 的代码如下：

```
网络 2
LD      SM0.0
LPS
ITD     VW0,VW40
AEN0
ITD     VW12,VW44
AENO
ITD     VW14,VW48
AENO
ITD     VW16,VW52
LRD
ITD     VW18,VW56
AENO
ITD     VW20,VW60
AENO
ITD     VW22,VW64
AENO
ITD     VW24,VW68
LPP
ITD     VW26,VW72
AENO
ITD     VW28,VW76
```

网络 3 的梯形图如图 2.4.21 所示。

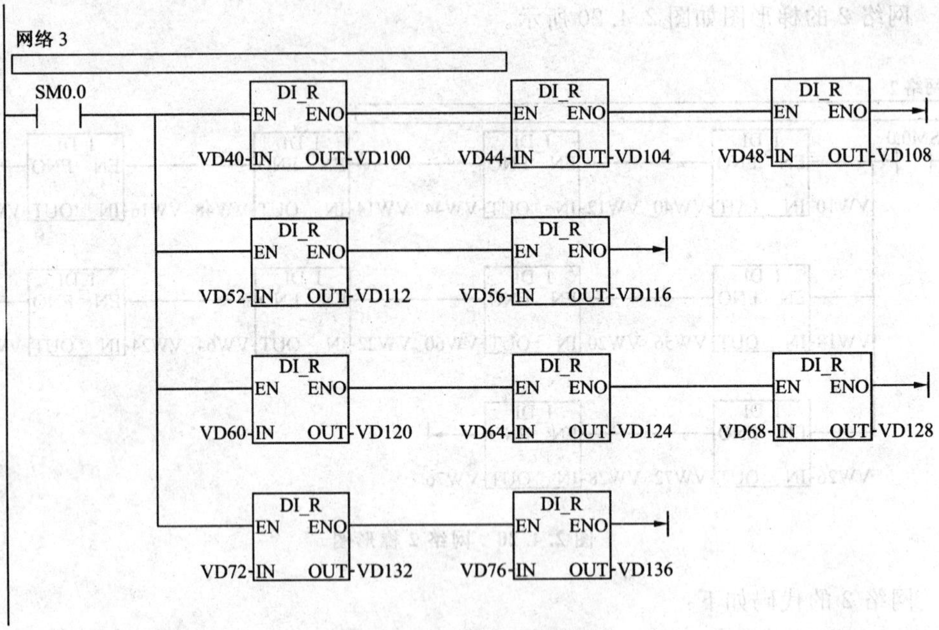

图 2.4.21　网络 3 梯形图

网络 3 的代码如下：

```
网络 3
LD      SM0.0
LPS
DTR     VD40,VD100        //将 1#发酵罐上部温度由整数转变为浮点数
AENO
DTR     VD44,VD104        //将 1#发酵罐中部温度由整数转变为浮点数
AENO
DTR     VD48,VD108        //将 1#发酵罐下部温度由整数转变为浮点数
LRD
DTR     VD52,VD112        //将 2#发酵罐上部温度由整数转变为浮点数
AENO
DTR     VD56,VD116        //将 2#发酵罐中部温度由整数转变为浮点数
LRD
DTR     VD60,VD120        //将 2#发酵罐下部温度由整数转变为浮点数
AENO
DTR     VD64,VD124
AENO
DTR     VD68,VD128
LPP
DTR     VD72,VD132
AENO
DTR     VD76,VD136
```

(2) 发酵状态处理

根据操作人员输入的当前操作状态，对每个发酵罐的状态进行相应的设置。这个

过程由网络 4～网络 8 来实现。

网络 4 的梯形图如图 2.4.22 所示。

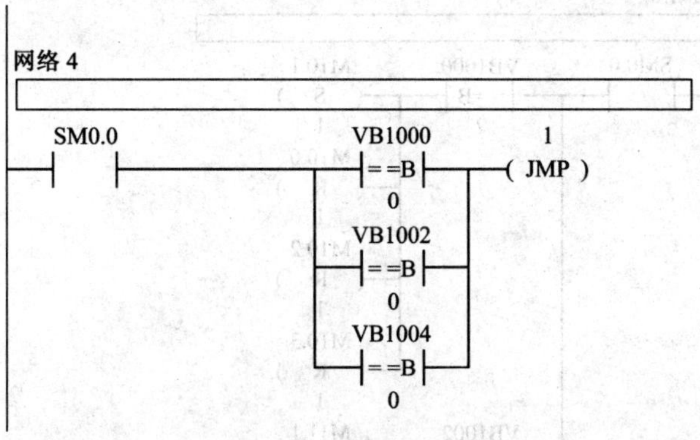

图 2.4.22　网络 4 梯形图

网络 4 实现的代码如下：

```
网络 4
LD        SM0.0           //常闭触点
LDB=      VB1000,0        //1＃发酵罐停止发酵
OB=       VB1002,0        //2＃发酵罐停止发酵
OB=       VB1004,0        //3＃发酵罐停止发酵
ALD
JMP       1
```

网络 5 的梯形图如图 2.4.23 所示。

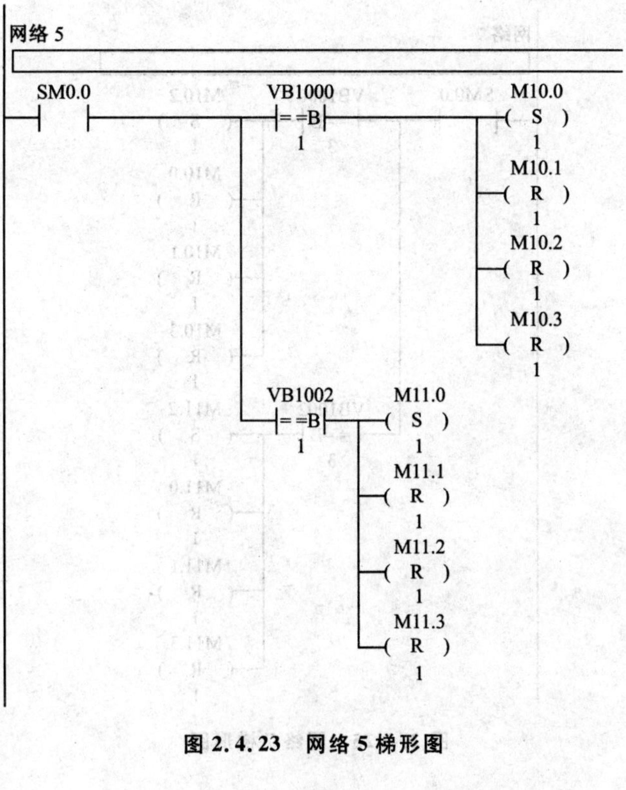

图 2.4.23　网络 5 梯形图

网络 6 的梯形图如图 2.4.24 所示。

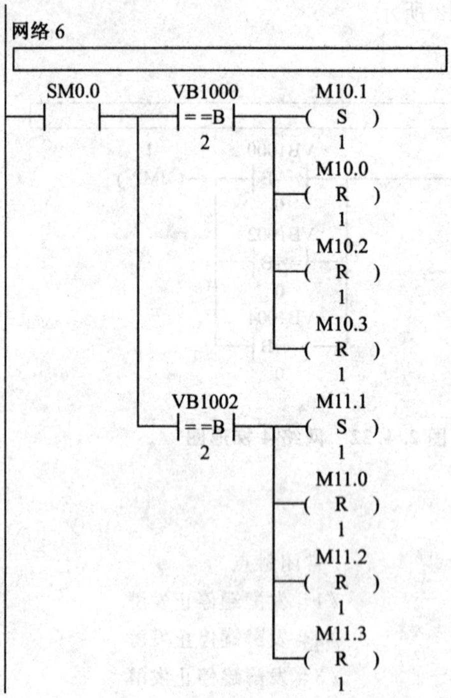

图 2.4.24　网络 6 梯形图

网络 7 的梯形图如图 2.4.25 所示。

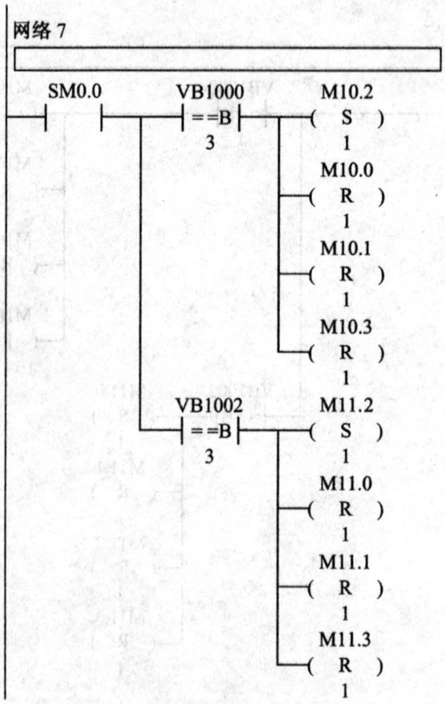

图 2.4.25　网络 7 梯形图

网络 8 的梯形图如图 2.4.26 所示。

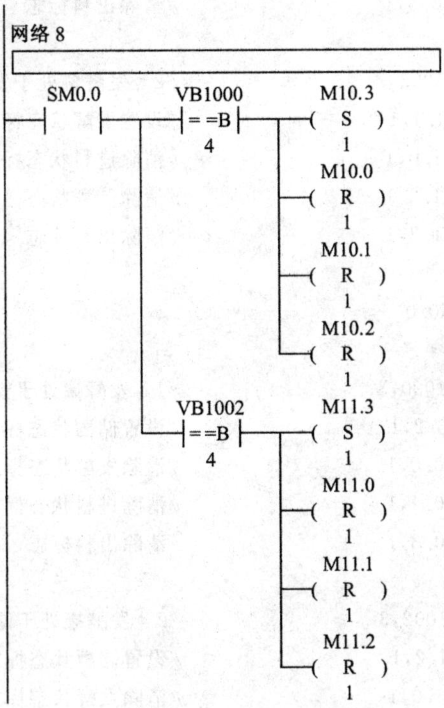

图 2.4.26　网络 8 梯形图

网络 5～网络 8 的代码如下：

```
网络 5
LD        SM0.0
LPS
AB=       VB1000,1        //1＃发酵罐处于进料状态
S         M10.0,1         //设置进料状态标志
R         M10.1,1         //清除发酵状态标志
R         M10.2,1         //清除储酒状态标志
R         M10.3,1         //清除出料标志
LPP
AB=       VB1002,1        //2＃发酵罐处于进料状态
S         M11.0,1         //设置进料状态标志
R         M11.1,1         //清除发酵状态标志
R         M11.2,1         //清除储酒状态标志
R         M11.3,1         //清除出料标志
网络 6
LD        SM0.0
LPS
AB=       VB1000,2        //1＃发酵罐处于发酵状态
S         M10.1,1         //设置发酵状态标志
R         M10.0,1         //清除进料状态标志
```

```
R       M10.2,1        //清除储酒状态标志
R       M10.3,1        //清除出料标志
LPP
AB=     VB1002,2       //2#发酵罐处于发酵状态
S       M11.1,1        //设置发酵状态标志
R       M11.0,1        //清除进料状态标志
R       M11.2,1        //清除储酒状态标志
R       M11.3,1        //清除出料标志
网络 7
LD      SM0.0
LPS
AB=     VB1000,3       //1#发酵罐处于储酒状态
S       M10.2,1        //设置储酒状态标志
R       M10.0,1        //清除发酵状态标志
R       M10.1,1        //清除进料状态标志
R       M10.3,1        //清除出料标志
LPP
AB=     VB1002,3       //2#发酵罐处于储酒状态
S       M11.2,1        //设置储酒状态标志
R       M11.0,1        //清除发酵状态标志
R       M11.1,1        //清除进料状态标志
R       M11.3,1        //清除出料标志
网络 8
LD      SM0.0
LPS
AB=     VB1000,4       //1#发酵罐处于出料状态
S       M10.3,1        //设置出料状态标志
R       M10.0,1        //清除发酵状态标志
R       M10.1,1        //清除进料状态标志
R       M10.2,1        //清除储酒标志
LPP
AB=     VB1002,4       //2#发酵罐处于出料状态
S       M11.3,1        //设置出料状态标志
R       M11.0,1        //清除发酵状态标志
R       M11.1,1        //清除进料状态标志
R       M11.2,11       //清除储酒标志
```

(3) 温度设定值的计算

下面是温度设定值的计算程序。温度设定值的计算由网络 9～网络 13 组成。

对发酵罐温度使用 PID 控制必须具备的条件是设定的温度和实际的温度。

计算温度设定值很简单，就是按比例求值。如图 2.4.27 所示，直线 a 是温度设定曲线的一部分，t_1 和 t_2 是直线的两个端点的横坐标，T_1 和 T_2 是直线的两个端点的纵坐标，t 是当前的时间，T 就是当前的设定温度。用很简单的比例关系式就可以求出当

前的设定温度值 T。

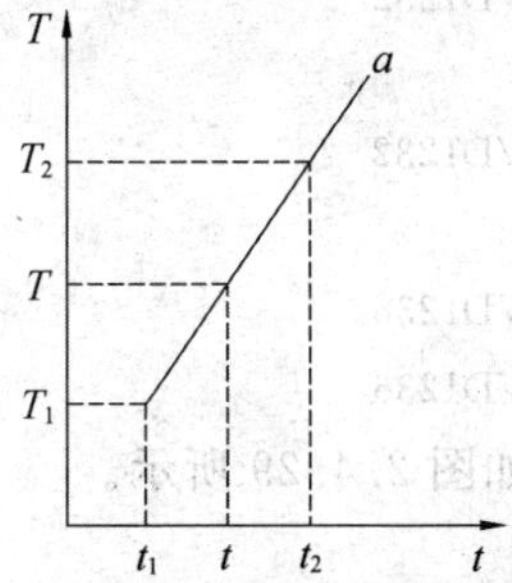

图 2.4.27 温度设定值的计算

$$T=\frac{T_2-T_1}{t_2-t_1}\times(t-t_1)+T_1$$

网络 9～网络 10 的梯形图如图 2.4.28 所示。

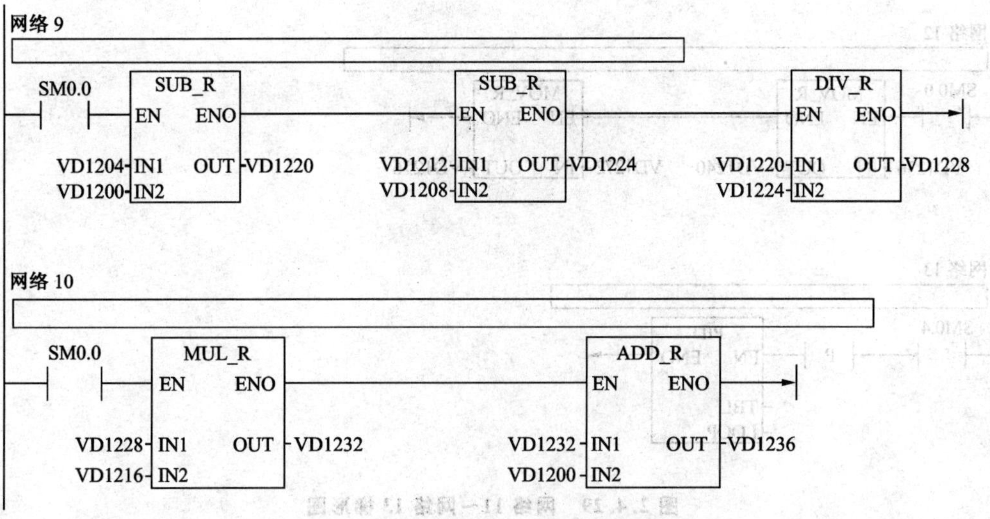

图 2.4.28 网络 9～网络 10 梯形图

网络 9～网络 10 的代码如下：

```
网络 9
LD          SM0.0
MOVR        VD1204,VD1220        //下面程序是根据公式计算设定温度的过程
AENO
-R          VD1200,VD1220
AENO
MOVR        VD1212,VD1224
AENO
-R          VD1208,VD1224
AENO
MOVR        VD1220,VD1228
/R          VD1224,VD1228
网络        10
```

```
LD          SM0.0
MOVR        VD1228,VD1232
AENO
*R          VD1216,VD1232
AENO
MOVR        VD1232,VD1236
+R          VD1200,VD1236
```

网络 11～网络 13 的梯形图如图 2.4.29 所示。

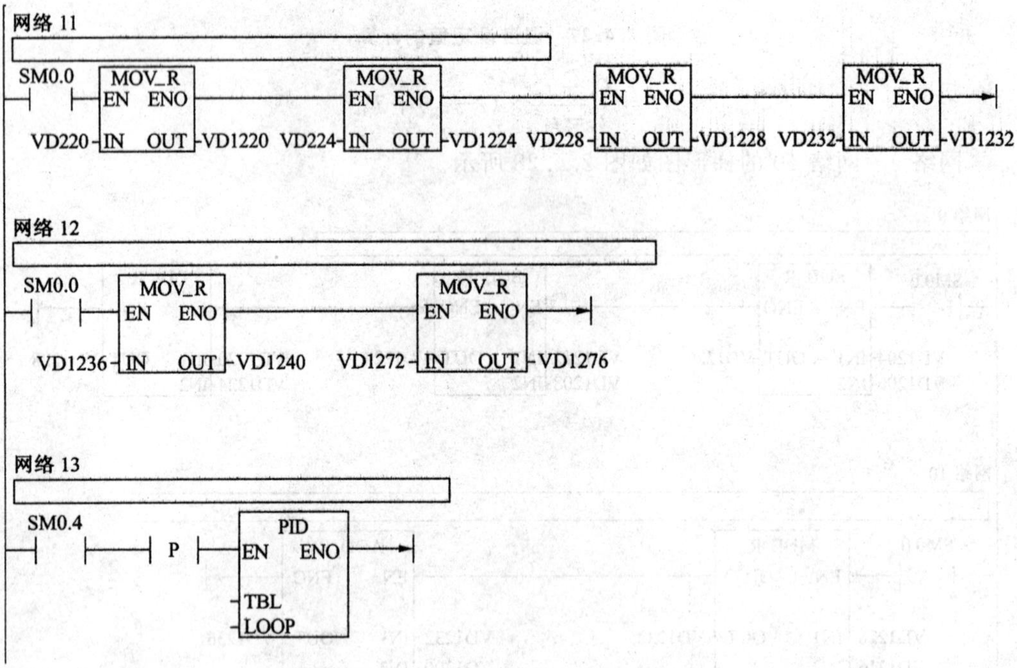

图 2.4.29　网络 11～网络 13 梯形图

网络 11～网络 13 的代码如下：

```
网络 11
LD          SM0.0
MOVR        VD220,VD1220
AENO
MOVR        VD224,VD1224
AENO
MOVR        VD228,VD1228
AENO
MOVR        VD232,VD1232
网络 12
LD          SM0.0
MOVR        VD1236,VD1240
AENO
```

```
MOVR        VD1272,VD1276
网络 13
LD          SM0.4
EU
CALL        PID计算:SBR2
```

(4) PID回路计算

在计算出温度的设定值以后,就可以根据以下的PID计算式计算出对应的输出值。

$$M_n = M_{n-1} + K_C \times [(E_n - E_{n-1}) + \frac{T_S}{T_T} \times E_n + \frac{T_D}{T_S} \times (PV - 2PV_{n-1} + PV_n)]$$

网络14～网络20就是根据上面的公式计算回路调节输出值的一段程序。

网络14及网络15梯形图如图2.4.30所示。

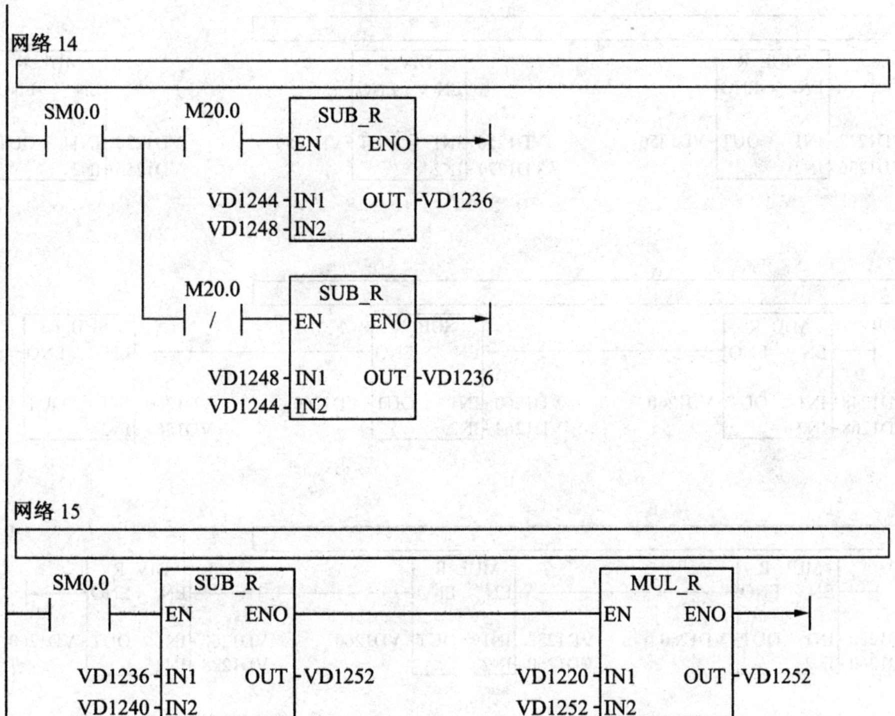

图2.4.30 网络14～网络15梯形图

网络14及网络15的代码如下:

```
网络 14
LD          SM0.0
LPS
A           M20.0
MOVR        VD1244,VD1236
-R          VD1248,VD1236
LPP
AN          M20.0
```

```
MOVR        VD1248,VD1236
-R          VD1244,VD1236
网络 15
LD          SM0.0
MOVR        VD1236,VD1252
AENO
-R          VD1240,VD1252
AENO
*R          VD1220,VD1252
```

网络 16～网络 18 的梯形图如图 2.4.31 所示。

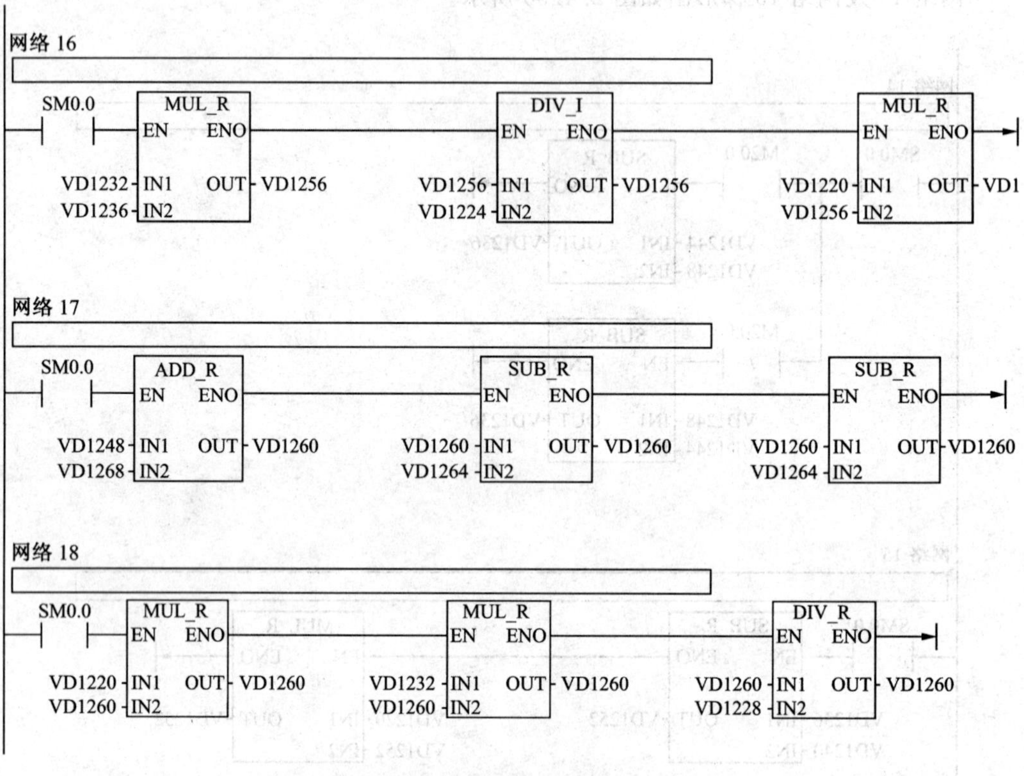

图 2.4.31 网络 16～网络 18 梯形图

网络 16～网络 18 的代码如下：

```
网络 16
LD          SM0.0
MOVR        VD1232, VD1256
AENO
*R          VD1236, VD1256
AENO
1R          VD1224, VD1256
AENO
*WOVR       VD1220, VD1
```

```
    *R          VD1256, VD1
网络 17
    LD          SM0.0
    MOVR        VD1248,VD1260
    AENO
    +R          VD1268,VD1260
    AENO
    -R          VD1264,VD1260
    AENO
    -R          VD1264,VD1260
网络 18
    LD          SM0.0
    *R          VD1220,VD1260
    AENO
    *R          VD1232,VD1260
    AENO
    /R          VD1228,VD1260
```

网络 19～网络 20 的梯形图如图 2.4.32 所示。

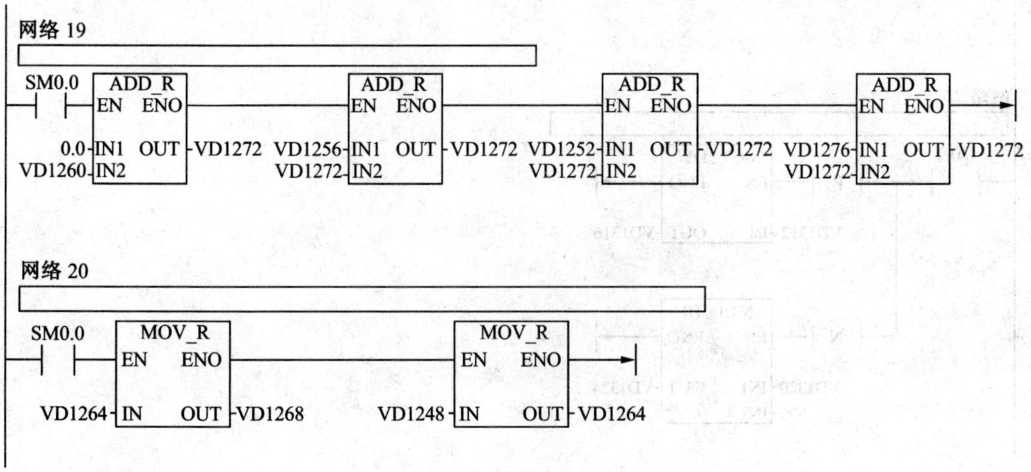

图 2.4.32 网络 19～网络 20 的梯形图

网络 19～网络 20 的代码如下：

```
网络 19
    LD          SM0.0
    MOVR        0.0,VD1272
    AENO
    +R          VD1260,VD1272
    AENO
    +R          VD1256,VD1272
    AENO
    +R          VD1252,VD1272
```

```
AENO
+R              VD1276,VD1272 //VD1272 就是 PID 程序计算的输出值
网络 20
LD              SM0.0
MOVR            VD1264,VD1268
AENO
MOVR            VD1248,VD1264
```

(5) 电磁阀控制

计算 PID 的输出值之后，就要相应的调节电磁阀的输出以控制发酵罐内的温度值。由于 PID 输出值及发酵阶段不同，计算出的电磁阀开关时间也就不同。这段程序由网络 21～网络 24 组成。

网络 21～网络 22 的梯形图如图 2.4.33 所示。

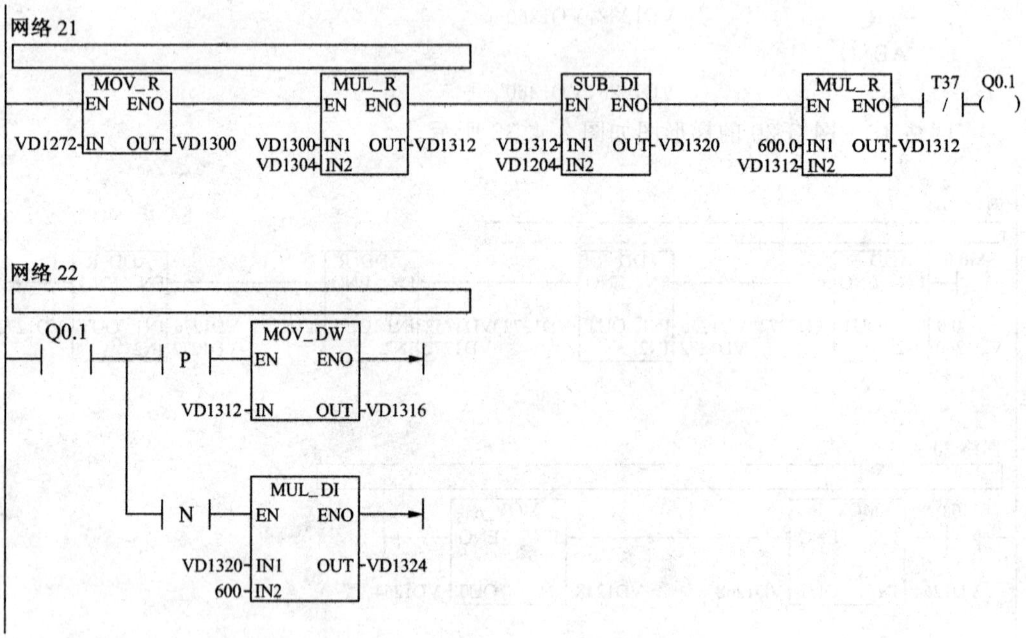

图 2.4.33　网络 21～网络 22 梯形图

网络 21～网络 22 的代码如下：

```
网络 21
MOVR            VD1272,VD1300          //PID 输出值
AENO
MOVR            VD1300,VD1312
AENO
*R              VD1304,VD1312          //PID 输出值与温度控制周期相乘
AENO
MOVD            VD1312,VD1320
AENO
```

```
-D          VD1204,VD1320       //总温度控制周期减去阀开时间等于
                                  阀关时间
AENO
*R          600.0,VD1312        //温度控制时间由小时改为分钟
AENO
AN          T37                 //根据阀开时间控制电磁阀的时间
=           Q0.1
网络 22
LD          Q0.1
LPS
EU
MOVD        VD1312,VD1316       //电磁阀打开瞬间,给定阀开的时
                                  间值
LPP
ED
MOVD        VD1320,VD1324       //电磁阀关瞬间,给定阀关的时间值
*D          600,VD1324
```

网络 23～网络 34 的梯形图如图 2.4.34 所示。

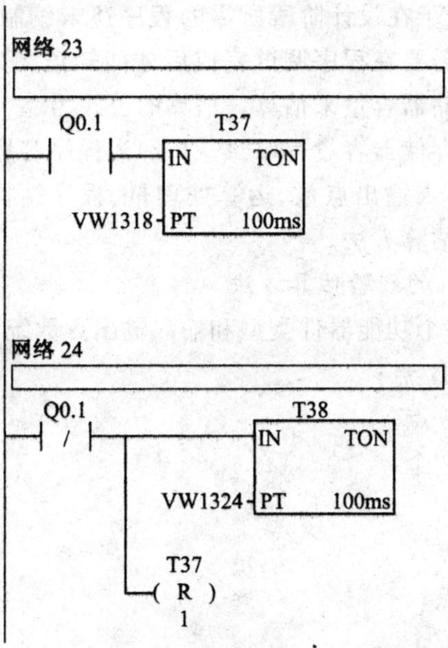

图 2.4.34　网络 23～网络 24 梯形图

网络 23～网络 24 的代码如下：

```
网络 23
LD          Q0.1
TON         T37,VW1318          //定时器控制阀开时间
网络 24
LDN         Q0.1
```

```
TON      T38,VW1324        //定时器控制阀关时间
  R      T37,1
```

4. 设计小结

啤酒发酵过程是一个比较复杂的物理、化学过程,整个工艺流程包括进料、保温、发酵、降温、储酒、出料,以及后续一些工段如空罐、洗罐等。在控制算法方面,只涉及 PID 的单回路控制,使得整个过程十分简单明了,但是本书所涉及的只是整个工艺流程中的一部分,其余大部分程序将随现场用户需求及控制工艺的不同而改变。

知识拓展

PLC 的选型(三)

尽管国外各厂家的 PLC 产品大体相同,但也有一定的区别。目前还未发现完全兼容各公司的产品。各个公司的开发软件都不相同,而用户程序的存储容量和指令的执行速度是两个重要的指标。一般存储容量越大,速度越快的 PLC 价格越高,但应该根据系统的大小合理选用 PLC 产品。

存储器容量和程序容量是有区别的。存储器容量是 PLC 本身能提供的硬件存储单元的大小。程序容量是用户可以使用存储器的存储单元的大小。因此,程序容量总是小于存储器容量的。由于在设计阶段所需的程序还未编制,因此程序容量在设计阶段是不知道的,程序容量需要在程序调试完成后才能知道。为了设计时对程序容量有一定的估算,通常依据存储器容量来估算。估算的公式为

$$存储器容量=(1.1\sim1.2)\times程序容量$$

程序容量的估算与输入输出点数、运算处理量、程序结构、控制要求等因素有关。通常,可以采用下列几种估算方法。

1. 根据输入输出点数的经验估算方法

经验估算法是根据每个功能器件类型和输入输出点数统计所需程序容量。

开关量输入:10～20 B/点;

开关量输出:5～10 B/点;

定时器(计数器):2 B/个;

寄存器:1 B/个;

模拟量输入:100 B/点;

模拟量输出:200 B/点;

与计算机接口:300 B/个。

模拟量的内存是按小于 10 个模拟量总点数估算的,如总点数大于 10 点,应适当加大内存估算的字节数;反之,可适当减小内存估算的字节数。

开关量输入点数与开关量输出点数之比一般按 3∶2 估算。开关量的估计值根据应用规模确定,对规模较大的应用场合,可选用较小的估计值。

2. 根据控制要求难易程度的估算方法

$$程序容量=K\times总输入输出点数$$

式中,简单控制系统,$K=6$;普通系统,$K=8$;较复杂系统,$K=10$;复杂系统,$K=12$。

3. 根据原有继电器的数量进行估算的方法

对原有的继电器控制系统，采用 PLC 代替，可采用成本估算方法，即平均按每个继电器有 1 个线圈和 6 个接入点，每步按一两个字节估算，因此，可按每个继电器用 9 个字节来估算。

对小型的 PLC，通常产品的输入输出点数固定，而考虑到它的应用场合一般较简单，所以，其提供存储器的容量常有一定余量。对由用户确定输入输出板或卡件数量的场合，才需估算存储器容量。

PLC 编程可采用 3 种方式，一是用一般的手持编程器编程，它只能用商家规定的语句表中的语句编程，这种方式效率低，但对于系统容量小、用量小的产品比较适宜，并且其体积小，易于现场调试，造价也较低。二是用图形编程器编程，该编程器采用梯形图编程，方便直观，一般的电气人员短期内就可以应用自如，但该编程器价格偏高。三是采用个人计算机加 PLC 软件包编程，这是效率最高的一种方式，但大部分公司的 PLC 开发软件包价格较高，并且不易于现场调试。因此，应根据系统的大小与难易、开发周期的长短及资金的情况合理选购 PLC 产品。

由于大公司的产品质量有保障，技术支持好，一般售后服务也好，有利于产品的扩展与软件的升级，所以应尽量选用大公司的产品。

思考与练习

1. 一个水箱有一条进水管和一条出水管，进水管的水流量随时间不断变化，要求控制出水管阀门的开度，使液位始终保持在水满时液位的 75%。系统使用比例积分控制，假设采用下列控制参数值：K_C 为 0.6，T_S 为 0.4 秒，T_I 为 20 min。

2. 设计一个电机可以双向运转的 PLC 梯形图。控制要求：

电机沿某一方向运转时，按下【反向旋转】按钮，要经过 5 s 才能接通反向旋转的主电路，以保证有足够的时间刹车停转；如果同时按下两个方向运转的起动按钮，则电机停转，且不起动。

[illegible]

思考与练习

[illegible]

第三部分

PLC 运行与维护

可编程序控制器是一个故障率极低、安装十分方便的控制器。和其他设备一详，可编程序控制器也需要正确安装、经常检查和科学维护。下面以 S7-200 可编程序控制器为例，说明可编程序控制器的安装、检查和维护。

模块一

S7-200 的安装

S7-200 既可以安装在控制柜背板上，也可以安装在标准导轨上；既可以水平安装，也可以垂直安装。安装时应注意以下 3 点。

(1) 远离干扰

在安装元器件时，总是把产生高电压和高电子噪声的设备与诸如 S7-200 这样的低压、逻辑型的设备分隔开。

在控制柜背板上安排 S7-200 时，应区分发热装置并把电子器件安排在控制柜中温度较低的区域内；电子器件在高温环境下工作会缩短其无故障时间。

要考虑控制柜背板的布线，避免将低压信号线和通讯电缆与交流供电线和高能量、开关频率很高的直流线路布置在一个线槽中。

(2) 为接线和散热留出适当的空间

S7-200 设备的设计采用自然对流散热方式，在器件的上方和下方都必须留有至少 25 mm 的空间，以便于正常的散热。前面板与背板的板间距离也应至少保持 75 mm。

垂直安装时，其允许的最高环境温度要比水平安装时低 10 ℃，而且 CPU 应安装在所有扩展模块的下方。

在安排 S7-200 设备时，应给接线和连接通讯电缆留出足够的空间。当配置 S7-200 系统时，可以灵活地使用 I/O 扩展电缆。

(3) 电源预算

所有的 S7-200 CPU 都有一个内部电源，为 CPU 自身、扩展模块和其他用电设备提供 24 V 直流电源。

S7-200 为系统中的所有扩展模块提供 5 V 直流逻辑电源。要确保 CPU 所提供的 5 V 电源能够满足所选择的所有扩展模块的需要。如果配置要求超出了 CPU 的供电能力，只有去掉一些模块或者选择一个供电能力更强的 CPU。

S7-200 的所有 CPU 也提供 24 V 直流传感器电源，此 24 V 直流电源可以为输入点、扩展模块上的继电器线圈或者其他设备供电。如果设备用电量超过了传感器供电预算，必须为系统另配一个外部 24 V 直流供电电源。

如果使用了外部 24 V 直流供电电源，要确保该电源没有与 S7-200 CPU 上的传感器电源并联使用，否则会造成严重的人身伤害和设备损坏。为了加强电子噪音保护，建议将不同电源的公共端(M)连在一起。

1. S7-200 模块的安装

在安装和拆卸电子器件之前，要确保该设备的供电已被切断。同样，也要确保与该设备相关联的设备的供电已被切断。带电情况下安装或拆卸 S7-200 及其相关设备，有可能导致电击或者设备误动作，造成严重的人身伤害和设备损坏。

S7-200 的 CPU 和扩展模块都有安装孔，可以很方便地安装在背板上。图 3.1.1 为 S7-200 模块的安装尺寸。

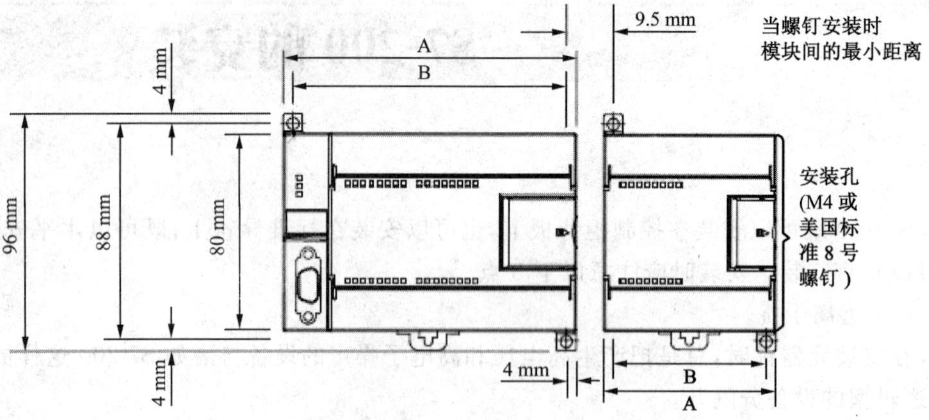

图 3.1.1 安装尺寸

(1) CPU 和扩展模块的安装

① 面板安装

a. 按照表 3.1.1 所示的尺寸进行定位、钻安装孔(用 M4 或美国标准 8 号螺钉)。

b. 用合适的螺钉将模块固定在背板上。

c. 将扩展模块的扁平电缆连到前盖下面的扩展口。

表 3.1.1 CPU 和扩展模块的安装

S7-200 模块		宽度 A/mm	宽度 B/mm
CPU221 和 CPU222		90	82
CPU224		120.5	112.5
CPU224XP		140	132
CPU226		196	188
扩展模块	4 点、8 点直流和继电器 I/O(8I、4Q、8Q、4I/4Q)	46	38
扩展模块	16 点数字量 I/Q(16I、8I/8Q)、模拟量 I/Q(4AI、4AI/1AQ)、RTD、热电偶、PROFIBUS、以太网、因特网、AS 接口、8 点交流	71.2	63.2
扩展模块	32 点数字量 I/O(16I/16Q)	137.3	129.3

② DIN 导轨安装

a. 保持导轨固定点的间隔为 75 mm。

b. 打开模块底部的 DIN 夹子，将模块背部卡在 DIN 导轨上。

c. 将扩展模块的扁平电缆连到前盖下面的扩展口。

d. 旋转模块贴近 DIN 导轨，合上 DIN 夹子。仔细检查模块上 DIN 夹子与 DIN 导轨是否紧密固定。为避免模块损坏，不要直接按压模块正面，而要按压安装孔的部分。

(2) 拆卸 CPU 或者扩展模块

按照以下步骤拆卸 S7-200 CPU 或扩展模块:

① 拆除 S7-200 的电源。

② 拆除模块上的所有连线和电缆。

③ 打开前盖,拔掉相邻模块的扩展扁平电缆。

④ 拆掉安装螺钉或者打开 DIN 夹子。

⑤ 拆下模块。

(3) 拆卸和安装端子排

① 端子排的拆卸:

a. 打开端子排安装位置的上盖,以便可以接近端子排。

b. 把螺丝刀插入端子块中央的槽口中。

c. 如图 3.1.2 所示用力下压并撬出端子排。

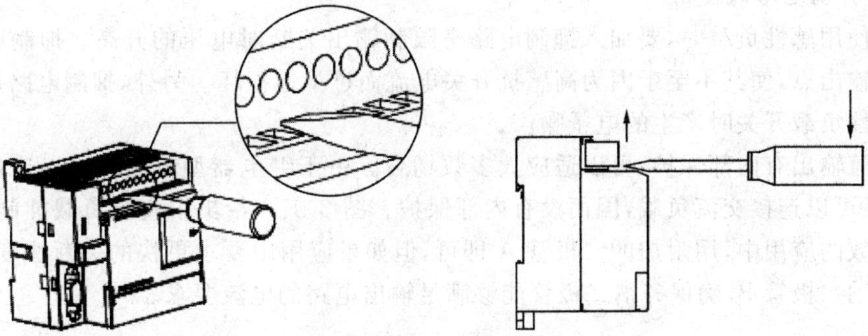

图 3.1.2 拆卸端子排

② 端子排的安装:

a. 打开端子排的上盖。

b. 确保模块上的插针与端子排边缘的小孔对正。

c. 将端子排向下压入模块,确保端子块对准了位置并锁住。

2. 接地和接线

对所有电器设备进行合理地接地和接线是非常重要的,它能够确保系统具备最优的操作特性,同时能够为 S7-200 提供更好的电子噪声保护。

在接地和接线之前,必须先确保设备的电源已被切断。同样,也要确保与该设备相关联的设备的供电已被切断。

(1) S7-200 接地

最佳的接地方案应该确保 S7-200 及其相关设备在同一点接地。这个单独的接地点应该直接连接到大地。为了提高抗电子噪声保护特性,建议将所有直流电源的公共点连接到同一个单一接地点上。同样建议将 24 V 直流传感器供电的公共点(M)接地。所有的接地线应该尽量短并且具有较粗的线径($1.5\ mm^2$)。

选择接地点时,应当考虑安全接地要求和对隔离器件的适当保护。

(2) S7-200 接线

在设计 S7-200 的接线时,应该提供一个单独的开关,能够同时切断 S7-200 的

CPU、输入电路和输出电路的所有供电，也可以为每一输出电路都提供熔断器或其他限流设备作为额外的保护。

在有可能遭受雷击浪涌的线路上安装浪涌抑制器件，避免将低压信号线和通讯电缆与交流线和高能量快速开关的直流线设计在同一个走线槽中，使用双绞线并且用中性线或者公共线与能量线或者信号线相配对。

导线应尽量短，并且保证其线径能够满足电流要求。端子排适合的线径为 0.5～1.5 mm^2。使用屏蔽电缆可以得到最佳的抗电子噪声特性。通常将屏蔽层接地可以得到最佳效果。

当输入电路由一个外部电源供电时，要在电路中添加过流保护器件。如果使用 S7-200 CPU 上的 24 V 直流传感器供电电源，则无须额外添加过流保护器件，因为此电源已经有限流保护。

在通信网络中，如果不使用中继器，通讯电缆的最大长度为 50 m。

3. 抑制电路的使用

在使用感性负载时，要加入抑制电路来限制输出关断时电压的升高。抑制电路可以保护输出点，使其不至于因为高感抗开关电流而过早地损坏。另外，抑制电路还可以限制感性负载开关时产生的电子噪声。

直流输出有内部保护，可以适应大多数场合。由于继电器型输出既可以连接直流负载，又可以连接交流负载，因而没有内部保护。图 3.1.3 给出了直流负载抑制电路。在大多数的应用中，用附加的二极管 A 即可，但如果应用中要求更快的关断速度，则需加上齐纳二极管 B，确保齐纳二极管能够满足输出电路的电流要求。

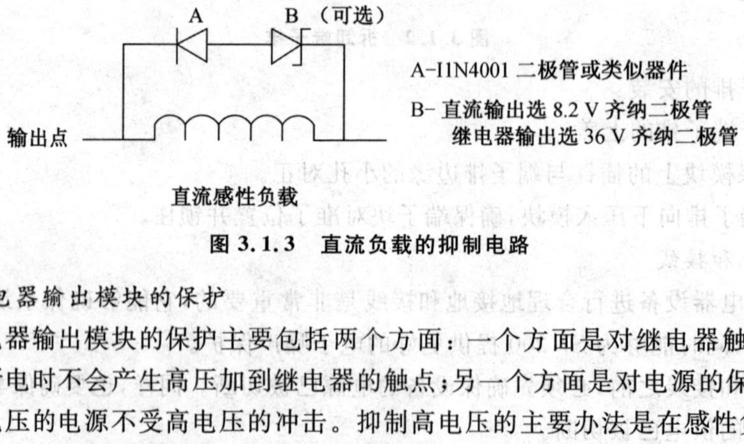

图 3.1.3 直流负载的抑制电路

4. 继电器输出模块的保护

对继电器输出模块的保护主要包括两个方面：一个方面是对继电器触点的保护，使电感在断电时不会产生高压加到继电器的触点；另一个方面是对电源的保护，使为继电器提供电压的电源不受高电压的冲击。抑制高电压的主要办法是在感性负载两端并联阻容(RC)吸收电路，对交流电源除了用 RC 吸收之外，还可以并联压敏电阻以消除电压冲击，如图 3.1.4 所示。

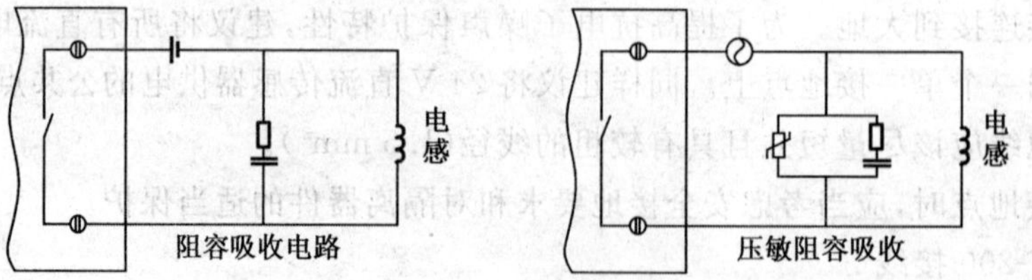

图 3.1.4 交流负载抑制电路

模块二

可编程序控制器的故障检查与处理

PLC系统在长期运行过程中，可能会出现一些故障。PLC自身故障可以靠自诊断判断，外部故障则主要根据程序分析判断。常见故障有电源系统故障、主机故障、通讯系统故障、模块故障、软件故障等。

1. 常见故障的总体检查与处理

总体检查的目的是找出故障点的大方向，然后逐步细化，确定具体故障点，达到消除故障的目的。常见故障的总体检查与处理的程序如图3.2.1所示。

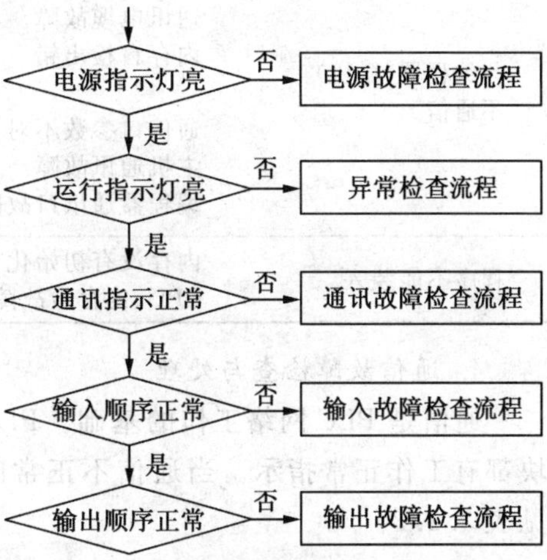

图3.2.1 常见故障检查与处理程序

2. 电源故障检查与处理

PLC系统主机电源、扩展机电源、模块中电源……任何电源显示不正常时都要进入电源故障检查流程，如果各部分功能正常，只能是LED显示有故障，否则应首先检查外部电源，如果外部电源无故障，再检查系统内部电源故障。检查顺序和内容见表3.2.1。

表3.2.1 电源故障检查与处理

故障现象	故障原因	解决办法
电源指示灯灭	指示灯坏或保险丝断	更换
	无供电电压	加入电源电压；检查电源接线和插座使之正常
	供电电压超限	调整电源电压，使之在规定范围
	电源坏	更换

3. 异常故障检查与处理

PLC系统最常见的故障是停止运行（运行指示灯灭）、不能起动、工作无法进行，但是电源指示灯亮。这时，需要进行异常故障检查，检查顺序和内容见表3.2.2。

表 3.2.2 异常故障检查与处理

故障现象	故障原因	解决办法
不能起动	供电电压超过上极限 供电电压低于下极限 内存自检系统出错 CPU、内存板故障	降压 升压 清内存、初始化 更换
工作不稳定 频繁停机	供电电压接近上、下极限 主机系统模块接触不良 CPU、内存板内元器件松动 CPU、内存板故障	调整电压 清理、重插 清理、带手套按压元器件 更换
与编程器(微机) 不通信	通讯电缆插接松动 通讯电缆故障 内存自检出错 通信口参数不对 主机通讯故障 编程器通讯口故障	按紧后重新联机 更换 内存清零,拔去停电记忆电池几分钟后再联机 检查参数和开关,重新设定 更换 更换
程序不能装入	内存没有初始化 CPU、内存板故障	清内存,重写 更换

4. 通信故障检查与处理

通信是 PLC 网络工作的基础。PLC 网络的主站、各从站的通信处理器、通信模块都有工作正常指示。当通信不正常时,需要进行通讯故障检查,检查顺序和内容见表 3.2.3。

表 3.2.3 通讯故障检查与处理

故障现象	故障原因	解决办法
单一模块不通信	接插不好 模块故障 组态不对	按紧 更换 重新组态
从站不通信	分支通讯电缆故障 通信处理器松动 通信处理器地址开关错 通信处理器故障	拧紧插接件或更换 拧紧 重新设置 更换
主站不通信	通讯电缆故障 调制解调器故障 通信处理器故障	排除故障、更换 断电后再起动,无效更换 清理后再起动,无效更换
通信正常,但通信故障灯亮	某模块插入或接触不良	插入并按紧

5. 输入输出故障检查与处理

输入输出模块直接与外部设备相连,是容易出故障的部位,虽然输入输出模块故障容易判断,更换快,但是输入输出模块的损坏往往都是由外部原因造成的,如果不及时查明故障原因,消除故障,将对 PLC 系统造成很大危害。检查顺序和内容见表 3.2.4 和表 3.2.5。

表 3.2.4 输入故障检查与处理

故障现象	故障原因	解决办法
输入模块单点损坏	过电压，特别是高压串入	消除过电压和串入的高压
输入全部不接通	未加外部输入电源 外部输入电压过低 端子螺钉松动 端子板连接器接触不良	接通电源 加额定电源电压 将螺钉拧紧 将端子板锁紧或更换
输入全部断电	输入回路不良	更换模块
特定编号输入点不接通	输入器件不良 输入配线断线 端子接线螺钉松动 端子板连接器接触不良 输入信号接通时间过短 输入回路不良 OUT 指令用了该输入号	更换 检查输入配线排除故障 拧紧 将端子板锁紧或更换 调整输入器件 更换模块 修改程序
特定编号输入点不关断	输入回路不良 OUT 指令用了该输入号	更换模块 修改程序
输入不规则地通、断	外部输入电压过低 噪音引起误动作 端子螺钉松动 端子板连接器接触不良	使输入电压在额定范围内 采取抗干扰措施 拧紧螺钉 将端子板拧紧或更换
异常输入点编号连续	输入模块公共端螺钉松动 端子板连接器接触不良 CPU 不良	拧紧螺钉 将端子板锁紧或更换连接器 更换 CPU
输入动作指示灯不亮	指示灯坏	更换

表 3.2.5 输出故障检查与处理

故障现象	故障原因	解决办法
输出模块单点损坏	过电压，特别是高压串入	消除过电压和串入的高压
输出全部不接通	未加负载电源 负载电源电压低 端子螺钉松动 端子板连接器接触不良 保险丝熔断 I/O 总线插座接触不良 输出回路不良	接通电源 加额定电源电压 将螺钉拧紧 将端子板锁紧或更换 更换 更换 更换
输出全部不关断	输出回路不良	更换模块
特定编号输出点不接通	输出接通时间短 程序中继电器号重复 输出器件不良 输出配线断线 端子螺钉松动 端子板连接器接触不良 输出继电器不良 输出回路不良	更换 修改程序 更换 检查输出配线，排除故障 拧紧 将端子板锁紧或更换 更换 更换

续表

故障现象	故障原因	解决办法
特定编号输出不关断	程序中输出指令的继电器号重复 输出继电器不良 漏电流或残余电压使其不能关断 输出回路不良	修改程序 更换模块 更换负载或添加假负载电阻 更换
输出端不规则地通、断	外部输出电压过低 噪音引起误动作 端子螺钉松动 端子板连接器接触不良	使输入电压在额定范围内 采取抗干扰措施 拧紧螺钉 将端子板拧紧或更换
异常输出点编号连续	输出模块公共端螺钉松动 端子板连接器接触不良 CPU 不良 保险丝坏	拧紧螺钉 将端子板锁紧或更换连接器 更换 CPU 更换
输出动作指示灯不亮	指示灯坏	更换

模块三

可编程程序控制器的检修与维护

PLC 的主要构成元件以半导体器件为主。考虑到环境的影响，随着使用时间的增长，元件总是要老化的。因此定期检修与做好日常维护是非常必要的。

每个 PLC 都有确定的检修时间，一般每 6 个月至 1 年检修 1 次。当外部环境条件较差时，可以根据情况把间隔缩短。定期检修的内容见表 3.3.1。

表 3.3.1 定期检修内容

检修项目	检修内容	判断标准
供电电源	在电源端子处测量电压变化范围是否在标准范围内	电压变化范围： 上限不高于 110%供电电压 下限不低于 85%供电电压
外部环境	环境温度 环境湿度 积尘情况	0～55 ℃ 35%～85%RH 不结露 不积尘
输入输出用电源	在输入输出端子处测电压变化是否在标准范围内	以各输入输出规格为准
安装状态	各单元是否可靠固定 电缆的连接器是否完全插紧 外部配线的螺钉是否松动	无松动 无松动 无异常
寿命元件	电池、继电器、存储器等	以各元件规格为准

对于具体的 PLC 的故障检查可能有一定的特殊性，表 3.3.2 给出了 S7-200 的故障检查和处理方法。

表 3.3.2 S7-200 硬件故障诊断

问题	可能原因	解决方法
输出不工作	(1) 被控制的设备产生了损坏输出的电气浪涌 (2) 程序错误 (3) 接线松动或不正确 (4) 输出过载 (5) 输出被强制	(1) 当接感性负载时，需要接入抑制电路 (2) 修改程序 (3) 检查接线，若不正确，要改正。 (4) 检查输出的负载 (5) 检查 CPU 是否有被强制的 I/O

续表

问题	可能原因	解决方法
CPU SF(系统故障)灯亮	(1) 用户程序错误 0003—看门狗错误 0011—间接寻址 0012—非法的浮点数	(1) 对于编程错误,检查 FOR,NEXT,JMP,LBL 和比较指令的用法
	(2) 电气干扰 0001 到 0009	(2) 对于电气干扰,检查接线,控制盘良好接地和高电压与低电压不并行引线是很重要的;把 24 V 直流传感器电源的 M 端子接地
	(3) 元件损坏 0001 到 0010	(3) 查出原因后,更换元件
电源损坏	电源线引入过电压	把电源分析器连接到系统,检查过电压尖锋的幅值和持续时间;根据检查的结果给系统配置抑制设备
电子干扰问题	(1) 不合适的接地 (2) 在控制柜内交叉配线	(1) 纠正不正确的接地系统 (2) 纠正控制盘良好接地和高电压与低电压不合理的布线;把 24 V 直流传感器电源的 M 端子接地
	(3) 对快速信号配置了输入滤波器	(3) 增加系统数据块中的输入滤波器的延迟时间
当连接一个外部设备时通信网络损坏(计算机接口、PLC 的接口或 PC/PPI 电缆损坏)	如果所有的非隔离设备(例如 PLC、计算机和其他设备)连到一个网络,而该网络没有一个共同的参考点,通讯电缆提供了一个不期望的电流通路;这些不期望的电流可以造成通信错误或损坏电路	(1) 检查通信网络 (2) 更换隔离型 PC/PPI 电缆 (3) 当连接没有共同电气参考点的机器时,使用隔型 RS-485 to RS-485 中继器
STEP7-Micro/Win 32 通信问题		检查通信网络信息后处理
系统出错		检查错误代码信息后处理

为了便于对 PLC 系统的故障进行检查,S7-200 设置了故障的错误代码供故障诊断使用。系统故障时,查看 S7-200 故障信息,判断故障来源。进入 STEP-Micro/Win 32 主菜单,单击【PLC-information】查看故障信息。故障信息分为 3 类。

1. 致命错误

致命错误会导致 CPU 停止执行用户程序。依据错误的严重性,一个致命错误会导致 CPU 无法执行某个或所有功能。处理致命错误的目标是使 CPU 进入安全状态,可以对当前存在的错误状况进行询问并响应。

当一个致命错误发生时,CPU 执行以下任务:

① 进入 STOP(停止)方式。

② 点亮系统致命错误和 STOP 指示灯。

③ 断开输出。

这种状态将会持续到错误清除之后。表 3.3.3 列出了从 CPU 上可以读到的致命错误代码及其描述。

表 3.3.3 致命错误代码及其含义

错误代码	错误描述
0000	无致命错误
0001	用户程序检查和错误
0002	编译后的梯形图程序检查和错误
0003	扫描看门狗超时错误
0004	内部 EEPROM 错误
0005	内部 EEPROM 用户程序检查和错误
0006	内部 EEPROM 配合参数检查错误
0007	内部 EEPROM 强制数据检查错误
0008	内部 EEPROM 缺省输出表值检查错误
0009	内部 EEPROM 用户数据、DBl 检查错误
000A	存储器卡失灵
000B	存储器卡上用户程序检查和错误
000C	存储器卡配置参数检查和错误
000D	存储器卡强制数据检查和错误
000E	存储器卡缺省输出表值检查和错误
000F	存储器卡用户数据、DB1 检查错误
0010	内部软件错误
0011	比较接点间接寻址错误
0012	比较接点非法值错误
0013	存储器卡空，或 CPU 不识别该卡

2. 运行时刻程序错误

在程序正常运行中，可能会产生非致命错误（如寻址错误）。在这种情况下，CPU 会产生一个非致命错误代码。表 3.3.4 列出了这些非致命错误代码及其描述。

表 3.3.4 非致命错误代码及其含义

错误代码	错误描述
0000	无错误
0001	执行 HDEF 之前，HSC 不允许
0002	输入中断分配冲突，已分配给 HSC
0003	到 HSC 的输入分配冲突，已分配给输入中断
0004	在中断程序中企图执行 ENI，DISI 或 HDEF 指令
0005	第一个 HSC/PLS 未执行完之前，又企图执行同编号的第二个 HSC/PLS
0006	间接寻址错误
0007	TODW（写实时时钟）或 TODR（读实时时钟）数据错误

续表

错误代码	错误描述
0008	用户子程序嵌套层数超过规定
0009	在程序执行 XMT 或 RCV 时,通讯口 0 又执行另一条 XMT 或 RCV 指令
000A	在同一 HSC 执行时,又企图用 HDEF 指令再定义该 HSC
000B	在通讯口 1 上同时执行 XMT/RCV 指令
000C	时钟卡不存在
000D	重新定义已经使用的脉冲输出
000E	PTO 个数设为 0
0091	范围错(带地址信息),检查操作数范围
0092	某条指令的计数域错误(带计数信息)
0094	范围错(带地址信息),写无效存储器
009A	用户中断程序试图转换成自由口模式

3. 编译规则错误

当下载一个程序时 CPU 将对该程序进行编译,如果 CPU 发现程序有违反编译规则之处(如非法指令),CPU 就会停止下载,并生成一个非致命编译规则错误代码。表 3.3.5 列出了违反编译规则所产生的错误代码及其描述。

表 3.3.5 编译规则的错误代码及其含义

错误代码	错误描述
0080	程序太大无法编译
0081	堆栈溢出,必须把一个网络分成多个网络
0082	非法指令
0083	无 MEND 或主程序中有不允许的指令
0085	无 FOR 指令
0086	无 NEXT 指令
0087	无标号
0088	无 RET,或子程序中有不允许的指令
0089	无 RETI,或中断程序中有不允许的指令
008C	标号重复
008D	非法标号
0090	非法参数
0091	范围错(带地址信息),检查操作数范围
0092	指令计数域错误(带计数信息),确认最大计数范围
0093	FOR/NEXT 嵌套层数超出范围
0095	无 LSCR 指令(装载 SCR)
0096	无 SCRE 指令(SCR 结束)或 SCRE 前面有不允许的指令
0097	程序中有不带编号的或带编号的 EU/ED 指令
0098	程序中用不带编号的 EU/ED 指令进行实时修改
0099	隐含程序网络太多

思考与练习

1. S7-200接线有哪些要求？
2. 简述可编程控制器故障检修与处理的一般步骤。
3. 简述可编程控制器定期维护内容。

附 录

一、S7-300 型 PLC 简介

SIMATIC S7-300 可编程序控制器是专门用于制造行业，特别是汽车和包装行业的创新性系统解决方案。这种模块化控制器可作为理想的集中和分散配置通用自动化系统。安全技术和运动控制也可与标准自动化一起被集成进该通用控制器中。

SIMATIC S7-300 可编程序控制器可节省安装空间，并且具有模块化设计的特点。

大量的模块可根据任务的不同被用于扩展集中系统或创建分散结构的系统，并促进备件成本效益的经济性。SIMATIC S7-300 可编程序控制器是一个可以有效节省用户额外投资和维护成本的综合系统。

（一）标准型 S7-300 的硬件结构

S7-300 型为标准模块式结构化 PLC，各种模块相互独立，并各自安装在固定的机架上，相互联系形成一个完整的 PLC 控制系统，如图 F.1 所示。

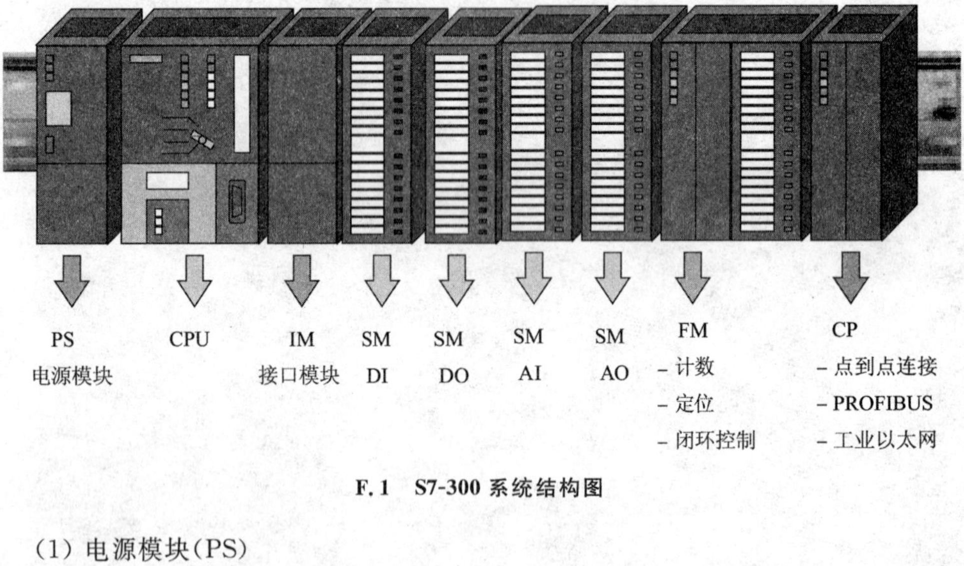

F.1 S7-300 系统结构图

(1) 电源模块(PS)

将市电电压(AC 120/230 V)转换为 DC 24 V，为 CPU 和 24 V 直流负载电路(信号模块、传感器、执行器等)提供直流电源。输出电流有 2 A，5 A，10 A 三种。

正常：绿色 LED 灯亮。

过载：绿色 LED 灯闪。

短路：绿色 LED 灯暗(电压跌落，短路消失后自动恢复)。

电压波动范围：5%。

(2) CPU 模块

各种 CPU 有不同的性能，例如有的 CPU 集成有数字量和模拟量输入/输出点，有的 CPU 集成有 PROFIBUS-DP 等通信接口。CPU 前面板上有状态故障指示灯、模式

开关、24 V 电源端子、电池盒与存储器模块盒(有的 CPU 没有)。

(3) 接口模块 (IM)

接口模块用于多机架配置时连接主机架(CR)和扩展机架(ER)。S7-300 通过分布式的主机架和 3 个扩展机架,最多可以配置 32 个信号模块、功能模块和通信处理器。

连接:IMS 360 发送、IMR 361 接收;对于双层组态,常用硬连线的 IM 365 接口模块。

距离:采用 IM 365、两层机架,电缆最大长度可达 1 m;采用 IM 360/361、多层机架,机架之间电缆最大长度为 10 m。

(4) 信号模块(SM)

数字量输入模块(DI):24 V DC,120/230 V AC。

数字量输出模块(DO):24 V DC,继电器。

模拟量输入模块(AI):电压,电流,电阻,热电偶。

模拟量输出模块(AO):电压,电流。

(5) 功能模块 (FM)

功能模块主要用于对时间要求苛刻、存储器容量要求较大的过程信号处理任务。

计数:计数器模块。

定位:快速/慢速进给驱动位置控制模块、电子凸轮控制器模块、步进电动机定位模块、伺服电动机定位模块等。

闭环控制:闭环控制模块。

工业标识系统:接口模块、称重模块、位置输入模块、超声波位置解码器等。

(6) 通讯处理器(CP)

扩展中央处理单元的通讯任务,提供以下的联网能力:点到点连接,PROFIBUS,工业以太网。

(二) S7-300CPU 模块

(1) CPU 模块的分类

S7-300CPU 模块可分为紧凑型 CPU(6 种)、标准型 CPU(5 种)、革新型 CPU(5 种)、户外型 CPU(3 种)、故障安全型 CPU(3 种)、特种型 CPU(2 种)。

① 紧凑型 CPU

CPU 312C:带有集成的数字量输入和输出,并具有与过程相关的功能,比较适合具有较高要求的小型应用。CPU 运行时需要微存储卡(MMC)。

CPU 313C:带有集成的数字量和模拟量的输入和输出,并具有与过程相关的功能,能够满足对处理能力和响应时间要求较高的场合。CPU 运行时需要微存储卡(MMC)。

CPU 313C-2PtP:带有集成的数字量输入和输出及一个 RS422/485 串口,并具有与过程相关的功能,能够满足处理量大、响应时间要求高的场合。CPU 运行时需要微存储卡(MMC)。

CPU 313C-2DP:带有集成的数字量输入和输出及 PROFIBUS DP 主/从接口,并具有与过程相关的功能,可以完成具有特殊功能的任务,可以连接标准 I/O 设备。CPU 运行时需要微存储卡(MMC)。

CPU 314C-2PtP：带有集成的数字量和模拟量 I/O 及一个 RS422/485 串口，并具有与过程相关的功能，能够满足对处理能力和响应时间要求较高的场合。CPU 运行时需要微存储卡(MMC)。

CPU 314C-2DP：带有集成的数字量和模拟量的输入和输出及 PROFIBUS DP 主/从接口，并具有与过程相关的功能，可以完成具有特殊功能的任务，可以连接单独的 I/O设备。CPU 运行时需要微存储卡(MMC)。

② 标准型 CPU

CPU 313：具有扩展程序存储区，成本低，比较适用于需要高速处理的小型设备。

CPU 314：可以进行高速处理及中等规模的 I/O 配置，用于安装中等规模的程序及中等指令执行速度的程序。

CPU 315：具有中到大容量程序存储器，比较适用于大规模的 I/O 配置。

CPU 315-2DP：具有中到大容量程序存储器和 PROFIBUS DP 主/从接口，比较适用于大规模的 I/O 配置或建立分布式 I/O 系统。

CPU 316-2DP：具有大容量程序存储器和 PROFIBUS DP 主/从接口，可进行大规模的 I/O 配置，比较适用于具有分布式或集中式 I/O 配置的工厂应用。

③ 革新型 CPU

CPU 312(新型)：是一款全集成自动化(TIA)的 CPU，比较适用于对处理速度中等要求的小规模应用。CPU 运行时需要微存储卡(MMC)。

CPU 314(新型)：对二进制和浮点数运算具有较高的处理性能，比较适用于对程序量中等要求的应用。CPU 运行时需要微存储卡(MMC)。

CPU 315-2DP(新型)：具有中、大规模的程序存储容量和数据结构，如果需要可以使用 SIMATIC 功能工具；对二进制和浮点数运算具有较高的处理性能；具有 PROFIBUS DP 主/从接口。可用于大规模的 I/O 配置或建立分布式 I/O 结构。CPU 运行时需要微存储卡(MMC)。

CPU 317-2DP：具有大容量程序存储器，可用于要求很高的应用；能够满足系列化机床、特殊机床及车间应用的多任务自动化系统；与集中式 I/O 和分布式 I/O 一起，可用作生产线上的中央控制器；对二进制和浮点数运算具有较高的处理性能；具有 PROFIBUS DP 主/从接口，可用于大规模的 I/O 配置，可用于建立分布式 I/O 结构；可选用 SIMATIC 工程工具，能够在基于组件的自动化中实现分布式智能系统。CPU 运行时需要微存储卡(MMC)。

CPU 318-2DP：具有大容量程序存储器和 PROFIBUS DP 主/从接口，可进行大规模的 I/O 配置，比较适用于分布式 I/O 结构。

④ 户外型 CPU

CPU 312 IFM：具有紧凑式结构的户外型产品。内部带有集成的数字量 I/O，具有特殊功能和特殊功能的特殊输入。比较适用于恶劣环境下的小系统。

CPU 314 IFM：具有紧凑式结构的户外型产品。内部带有集成的数字量 I/O，并具有扩展的特殊功能。比较适用于恶劣环境下且对响应时间和特殊功能有较高要求的系统。

CPU 314(户外型)：具有高速处理时间和中等规模 I/O 配置的 CPU。比较适用于恶劣环境下,要求中等规模的程序量和中等规模的指令执行时间的系统。

⑤ 故障安全型 CPU

CPU 315F:基于 SIMATIC CPU S7-300C,集成有 PROFIBUS DP 主/从接口,可以组态为一个故障安全型系统,满足安全运行的需要。使用带有 PROFIBUS 协议的 PROFIBUS DP,可实现与安全相关的通讯;利用 ET200M 和 ET200S 可以与故障安全的数字量模块连接;可以在自动化系统中运行与安全无关的标准模块。CPU 运行时需要微存储卡(MMC)。

CPU 315F-2DP:基于 SIMATIC CPU 315-2DP,集成有一个 MPI 接口、一个 DP/MPI 接口,可以组态为一个故障安全型自动化系统,满足安全运行的需要。使用带有 PROFIsafe 协议的 PROFIBUS DP,可实现与安全无关的通讯;可以与故障安全型 ET200S PROFIsafe I/O 模块进行分布式连接;可以与故障安全型 ET200M I/O 模块进行集中式和分布式连接;标准模块的集中式和分布式使用,可满足与故障安全无关的应用。CPU 运行时需要微存储卡(MMC)。

CPU 317F-2DP:具有大容量程序存储器、一个 PROFIBUS DP 主/从接口、一个 DP 主/从 MPI 接口,两个接口可用于集成故障安全模块,可以组态为一个故障安全型自动化系统,可满足安全运行的需要。可以与故障安全型 ET200M I/O 模块进行集中式和分布式连接;与故障安全型 ET200S PROFIsafe I/O 模块可进行分布式连接;标准模块的集中式和分布式使用,可满足与故障安全无关的应用。CPU 运行时需要微存储卡(MMC)。

⑥ 特种型 CPU

CPU 317T-2DP:除具有 CPU 317-2DP 的全部功能外,增加了智能技术/运动控制功能,能够满足系列化机床、特殊机床及车间应用的多任务自动化系统,特别适用于同步运动序列(如与虚拟/实际主设备的耦合、减速器同步、凸轮盘或印刷点修正等);增加了本机 I/O,可实现快速技术功能(如凸轮切换、参考点探测等);增加了 PROFBUS DP (DRIVE)接口,可用来实现驱动部件的等时连接。与集中式 I/O 和分布式 I/O 一起,可用作生产线上的中央控制器;在 PROFIBUS DP 上,可实现基于组件的自动化分布式智能系统。

CPU 317-2 PN/DP:具有大容量程序存储器,可用于要求很高的应用;能够在 PROFInet 上实现基于组件的自动化分布式智能系统;借助 PROFInet 代理,可用于基于部件的自动化(CBA)中的 PROFIBUS DP 智能设备;借助集成的 PROFInet I/O 控制器,可用在 PROFInet 上运行分布式 I/O;能够满足系列化机床、特殊机床及车间应用的多任务自动化系统;与集中式 I/O 和分布式 I/O 一起,可用作生产线上的中央控制器;可用于大规模的 I/O 配置、建立分布式 I/O 结构;对二进制和浮点数运算具有较高的处理能力;组合了 MPI/PROFIBUS DP 主/从接口;可选用 SIMATIC 工程工具。CPU 运行时需要微存储卡(MMC)。

(2) CPU 模块的操作

RUN-P:可编程运行模式。在此模式下,CPU 不仅可以执行用户程序,在运行的同时,还可以通过编程设备(如装有 STEP 7 的 PG、装有 STEP 7 的计算机等)读出、修改、监控用户程序。

RUN:运行模式。在此模式下,CPU 执行用户程序,还可以通过编程设备读出、监控用户程序,但不能修改用户程序。

STOP:停机模式。在此模式下,CPU 不执行用户程序,但可以通过编程设备(如装有 STEP 7 的 PG、装有 STEP 7 的计算机等)从 CPU 中读出或修改用户程序。在此位置可以拔出钥匙。

F.2 PLC 操作示意图

MRES:存储器复位模式。该位置不能保持,当开关在此位置释放时将自动返回到 STOP 位置。将钥匙从 STOP 模式切换到 MRES 模式时,可复位存储器,使 CPU 回到初始状态,如图 F.2 所示。

SF(红色):系统出错/故障指示灯。CPU 有硬件或软件错误时亮。

BATF(红色):电池故障指示灯(只有 CPU313 和 314 配备)。当电池失效或未装入时,指示灯亮。

DC5V(绿色):+5 V 电源指示灯。CPU 和 S7-300 总线的 5 V 电源正常时亮。

FRCE(黄色):强制作业有效指示灯。至少有一个 I/O 被强制状态时亮。

RUN(绿色):运行状态指示灯。CPU 处于"RUN"状态时亮;LED 在"Startup"状态以 2 Hz 频率闪烁;在"HOLD"状态以 0.5 Hz 频率闪烁。

STOP(黄色):停止状态指示灯。CPU 处于"STOP"或"HOLD"或"Startup"状态时亮;在存储器复位时,LED 以 0.5 Hz频率闪烁;在存储器置位时,LED 以 2 Hz 频率闪烁,如图 F.3 所示。

BUS DF(BF)(红色):总线出错指示灯(只适用于带有 DP 接口的 CPU)。出错时亮。

SF DP:DP 接口错误指示灯(只适用于带有 DP 接口的 CPU)。当 DP 接口故障时亮。

F.3 状态灯示意图

(三) S7-300 型 PLC 的特点

(1) 循环周期短、处理速度高。

(2) 指令集功能强大(包含 350 多条指令),可用于复杂功能。

(3) 产品设计紧凑,可用于空间有限的场合。

(4) 模块化结构,设计更加灵活。

(5) 有不同性能档次的 CPU 模块可供选用。

(6) 有功能模块和 I/O 模块可选择。

(7) 有可在露天恶劣条件下使用的模块类型。

二、可编程序控制系统设计师职业简介

(一) 职业标准

本职业共设 4 个等级,分别为四级可编程序控制系统设计师(国家职业资格四级)、三级可编程序控制系统设计师(国家职业资格三级)、二级可编程序控制系统设计师(国家职业资格二级)、一级可编程序控制系统设计师(国家职业资格一级)。

可编程序控制系统(PLC)设计师职业资格证书现阶段分为4个等级,由高到低依次为:一级、二级、三级、四级,目前最高等级为二级。

(二) 工作内容

(1) 进行PLC应用系统的总体设计和PLC的配置设计。

(2) 选择PLC模块和确定相关产品的技术规格。

(3) 进行PLC编程和设置。

(4) 进行外围设备参数设定及配套程序设计。

(5) 进行控制系统的设计、整体集成、调试与维护。

(三) 职业概况

可编程序控制器(PLC)是20世纪60年代以来发展极为迅速的一种新型工业控制装置。现代PLC应用综合了计算机技术、自动控制技术和网络通信技术,其应用越来越广泛、深入,已进入到系统的过程控制、运动控制、通信网络、人机交互等领域。

由于PLC应用向智能化和网络化方向发展(智能化是指PLC应用除具有传统的顺序控制功能外,还增加了用于过程控制和位置控制的各种专用接口及智能控制算法;而网络化是指以触摸屏为代表的人机接口实现了PLC与用户之间的灵活的信息交换)且逐渐成为主流趋势,此类应用人员已经形成规模。

从市场规模推算目前从业人员在各行业的分布大致如下:纺织21.04%、冶金14.56%、汽车11.94%、食品饮料10.56%、电子制造7.6%、化工6.96%、电厂5.16%、造纸4.04%、石油开采及冶炼3.86%、建材3.28%、市政3.04%、其他7.96%。

因此,规范可编程序控制系统设计人员的从业行为,把教育与培训工作逐步纳入标准化、制度化的轨道,对提高行业职工队伍的整体素质,促进行业的大发展有着不可小视的作用。

(四) 鉴定对象

(1) 从事电气或自动化工程设计的工程师。

(2) 从事电气或自动化工程维修的技术人员。

(3) 从事电子电工、电气设备维护的人员。

(4) 从事自动化控制教学的人员。

(5) 从事电子电气或自动化工程设计的在校大学生。

(五) 考试样卷

试题1 霓虹灯显示屏系统设计

(1) 本题分值:25分

(2) 考核时间:40 min

(3) 考核形式:笔试

(4) 具体考核要求

现有一块3×8的LED点阵屏,如图F.4所示,图中共有3行8列24个指示灯组成霓虹灯方阵。

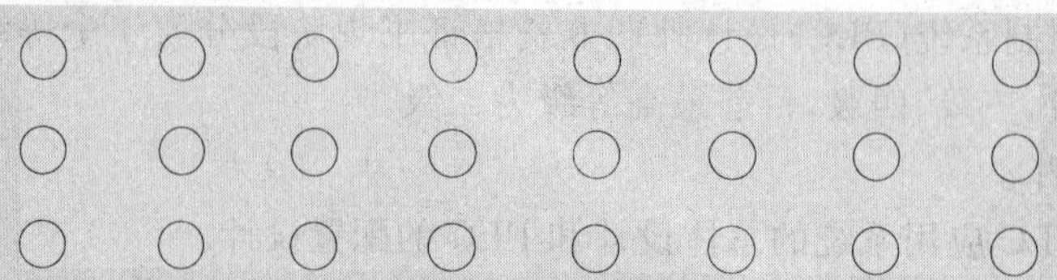

F.4　试题 1 图

通过转换开关 SA1 选择模式一，该显示屏可实现以列为单位的控制。按下起动按钮，从第 8 列显示 0.3 s 开始，后改为第 7 列……，移动到第 1 列后变常亮，以此类推，第 2 次也从第 8 列开始，到第 2 列后常亮，直至 8 列全部亮，闪烁 3 s 后重新开始。按下【停止】按钮，显示按下【停止】按钮的这一状态，再次按下起动按钮，继续以上的控制流程。

当 SA1 选择模式二时，方阵以行为单位进行控制。按下起动按钮后，分别以 0.3 s从下往上翻动，10 次后，改为从上往下再翻动 10 次。如此循环。按下【停止】按钮后，全部指示灯熄灭。

根据题目要求，采用 PLC 系统完成设计任务。

1. 选择题。下列每题给出的 4 个选项中，至少有一个选项是符合题目要求的。请仔细分析上述项目的要求，通过查阅考场准备的技术手册来选择正确的选项。将所选项的字母填写在括号内，多选或少选均不得分。

(1) PLC 供电电源的选择：该 PLC 系统中要求采用交流电源进行供电，下列哪几台 PLC 不能满足系统要求(　　)。(4 分)

A. FX2N-32MR　　B. TWDLCDA40DRF
C. H2U-1616MR　　D. 6ES7 211-0BA23-0XB0

(2) PLC 输出规格的选择：从控制方式考虑，当控制系统要求 PLC 的输出点为继电器型，下列哪几台 PLC 不能作为本系统的控制器(　　)。(4 分)

A. FX1S-20MT-D　　B. TWDLCAA10DRF
C. H1U-0806MR　　D. 6ES7 211-0AA23-0XB0

(3) PLC 输入/输出点数的选择：从 PLC 容量角度考虑时，下列哪几台 PLC 不能作为系统的控制器(　　)。(4 分)

A. 6ES7 211-0BA23-0XB0　　B. FX2N-16MR
C. TWDLCAA10DRF　　D. H2U-3232MR

(4) PLC 扩展单元的选择：当 PLC 的控制模块的输出点已有 20 个，需要增加下列哪几种模块才能完成功能(　　)。(4 分)

A. 6ES7 222-1BF22-0XA0　　B. FX2N-8EYR
C. H2U-0016ERN　　D. TWWDDDI16DT

2. 根据系统要求，画出控制系统框图，信号按功能分类，驱动元件按驱动控制元件分类(9 分)。

试题 2　五相十拍步进驱动器控制系统设计

(1) 本题分值:60 分

(2) 考核时间:120 min

(3) 考核形式:实操

(4) 具体考核要求

1. 定义

采用逻辑指令实现五相十拍步进驱动器控制系统的控制。

2. 系统描述

步进电机是一种将电脉冲信号转换为电动机旋转角度的执行机构。当步进驱动器接收到一个脉冲时,就驱动步进电动机按照设定的方向旋转一个固定的角度(称为步距角)。也就是说步进电机是按照固定的角度一步一步转动的。因此可以通过脉冲数量控制步进电机的运行角度,并通过相应的装置控制运动的进程。

3. 控制任务

(1) 对于五相十拍步进电动机,其控制要求为:按下起动按钮,定子磁极 A 通电,1 s 后 A,B 同时通电;再过 1 s,B 通电,同时 A 失电;再过 1 s,B,C 同时通电……,以此类推如图 F.5 所示。

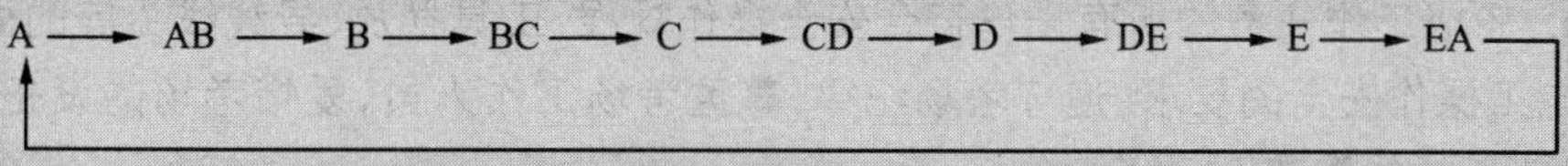

F.5　试题 2 图

(2) 控制系统应有两种工作模式:

模式一:按下停止按钮,所有信号均停止输出,按下起动按钮后,总是按照图附录 1.5 信号所示输出。

模式二:按下停止按钮,信号锁相输出,如输出 BC 时按下停止按钮,系统在 BC 停止并保持输出 BC,按下起动按钮,下一个信号 C 开始输出。

4. 编写程序

根据系统的功能要求,完成下列操作。

(1) 根据现场设备,编制开关量输入/输出地址分配表,并画出相应的外部接线图。

(2) 根据现场提供的 PLC,合理设置以下的系统参数。

a. 设置 PLC 与计算机通讯的波特率;

b. 设置 PLC 中定时器与计数器的比例;

c. 根据输入信号的类型,合理设置输入延时滤波,将输入滤波延时调整为 12.8 ms 或 16 ms;

d. 设置 PLC 的掉电保持存储区。

(3) 编写 PLC 程序,注意程序的编写要求符合 IEC61131-3 标准规范。

5. 系统调试

a. 要求使用万用表检测系统的供电电源电压、输入端口电流、输出端口电压；

b. 使用万用表检测传感器信号，调整传感器的位置、灵敏度及极性；

c. 编写程序时要求给程序块、输入/输出端口标明注释；

d. 调试时，要求使用时序图监控各个 I/O 端口的时序变化；

e. 要求使用在线监控功能检测各个 I/O 端口、内部寄存器的状态及存储器的数值；

f. 要求使用强制指令测试各个输出端口的状态变化；

g. 要求使用断点进行程序的单步调试。

6. 操作要求

a. 在鉴定站提供的实训考试装置上，按照题目要求完成系统的设计。在使用计算机编写程序时，保存的文件名为工位号。

b. 按照系统功能的要求正确安装元器件，元件在配线板上布置要合理，安装要正确、紧固，布线要求横平竖直，应尽量避免交叉跨越，接线紧固、美观。

c. 操作过程中正确使用工具和仪表。

d. 设备组装与调试的工艺步骤合理，方法正确，PLC 控制程序编写简明可靠，条理清晰，科学合理；参数设置可靠合理，符合技术规范和安全要求。

e. 完成工作任务的所有操作符合安全操作规程；工具摆放、导线线头等的处理，符合电工操作安全的要求；遵守考场纪律，尊重考场工作人员，爱惜考场的设备和器材，保持工位的整洁。

f. 编写程序完成控制要求中所有的功能，完成考核设备的整体调试。

g. 考核员在验收程序时完成相应的功能测试。

(说明：考试时间到，考生必须停止操作并离场等候，由考评员通知进场测试一次。)

7. 否定项说明：若考生出现下列情况之一，则本题成绩记为 0 分。

a. 现场设备的安装不能完成控制要求，未完成硬件的组装；

b. 验收测试时未出现与要求相符的动作过程或出现主要硬件严重损坏；

c. 在考试过程中使用移动的数字存储装置进行程序拷贝；

d. 考核时间到后仍继续操作或有其他不服从考评员管理的行为；

e. 在考试过程中出现严重违反电工安全操作规程的行为。

试题 3　程序中断运行的故障诊断

(1) 本题分值：15 分

(2) 考核时间：20min

(3) 考核形式：笔试

(4) 具体考核要求

现有一套 PLC 系统，在正常运行一段时间后，系统未按程序指定功能完成动作，经检查，PLC 的供电电源正常，输入信号和执行机构正常，程序未出现人为的改动，请分析现场可能出现的故障原因并给出解决方案。

1. 将可能引起故障的原因罗列出来，根据原因分析检测方法和排除手段，当故障原因和解决方法及排除手段不一致时，该故障原因描述无效。

2. 故障原因应从系统正常工作一段时间以后发生的故障来解释，检测手段切实可行，主要工具应以万用表为主，配合其他常见工具。

三、S7-200 指令汇编(表 F.1)

表 F.1　S7-200 常用指令

操作码	操作数	说　明
LD	N	装载
LDN	N	取反后装载
A	N	与
AN	N	取反后与
O	N	或
ON	N	取反后或
NOT		栈顶值取反
EU		上升沿检测
ED		下降沿检测
S	S_BIT,N	置位一个区域
R	S_BIT,N	复位一个区域
=	N	赋值(输出)
ADD	IN1,OUT	加法
SUB	IN1,OUT	减法
MUL	IN1,OUT	乘法
DIV	IN1,OUT	除法
SQRT	IN1,OUT	平方根
INC	OUT	整数递增
DEC	OUT	整数递减
PID	Table,Loop	比例/积分/微分回路控制
SHRB	DATA,S_BIT,N	移位寄存器
SRB	OUT,N	字节右移 N 位
SLB	OUT,N	字节左移 N 位
RRB	OUT,N	字节循环右移 N 位

续表

操作码	操作数	说 明
RLB	OUT,N	字节循环左移 N 位
TON	T×××,TP	通电延时定时器
TOF	T×××,TP	断电延时定时器
CTU	C×××,PV	加计数器
CTD	C×××,PV	减计数器
END		程序的条件结束
STOP		切换到“STOP”模式
WDR		看门狗复位 300 ms
JMP	N	跳到指定的标号
LBL	N	指令标记跳转目的地(n)的位置
CALL	N	调用子程序,可以有 16 个可选参数
SBR	N	定义被调用的子程序
CRET		子程序条件返回
RET		子程序无条件返回
FOR-NEXT		循环指令
MOVE	IN,OUT	传送指令
SWAP	IN	字节交换
FILL		内存填充
BCDI	OUT	BCD 码转换为整数
IBCD	OUT	整数转换为 BCD 码
DTR	IN,OUT	双整数转换为实数
ITD	IN,OUT	整数转换为双整数
BTI	IN,OUT	字节转换为整数
ITB	IN,OUT	整数转换为字节
ROUND	IN,OUT	四舍五入取整
TRUNC	IN,OUT	取整指令
SEG	IN,OUT	段码指令
DECO	IN,OUT	译码指令
ENCO	IN,OUT	编码指令
CRETI		中断条件返回
ATCH		中断连接
ENI		全局中断允许

续表

操作码	操作数	说　明
DISI		全局中断禁止
XMT	TABLE,PORT	发送
RCV	TABLE,PORT	接收
NETR	TABLE,PORT	网络读
NETW	TABLE,PORT	网络写
HDEF	HSC,MODE	高速计数器定义
HSC	N	高速计数器
PLS	×	脉冲输出
ALD		电路块串联
OLD		电路块并联
SLCR	N	顺控继电器段的起动
SLCT	N	顺控继电器段的转换
SLCE		顺控继电器段的结束

参考文献

[1] 汪晓萍:《可编程控制系统开发实例导航》,人民邮电出版社,2011 年。
[2] 台方:《可编程控制器应用教程》,中国水利水电出版社,2009 年。
[3] 周占怀:《PLC 技术及应用项目化教程》,中国海洋大学出版社,2012 年。
[4] 郭艳萍:《电气控制与 PLC 应用》,人民邮电出版社,2013 年。
[5] 陈琼:《机床电气控制与 PLC 应用》,中国海洋大学出版社,2013 年。